装备科技译著出版基金

# 摩擦系统中的噪声与振动
## Noise and Vibration in Friction Systems

[白俄罗斯] Vladimir P. Sergienko　Sergey N. Bukharov 著

王威远　王明明　姚建均　译

国防工业出版社

·北京·

著作权合同登记　图字:军-2017-029号

### 图书在版编目（CIP）数据

摩擦系统中的噪声与振动／（白俄）弗拉基米尔·P.
瑟吉安科（Vladimir P. Sergienko），（白俄）谢尔盖·
N. 布哈罗夫（Sergey N. Bukharov）著；王威远，王明
明，姚建均译. —北京：国防工业出版社，2018.11
书名原文：Noise and Vibration in Friction Systems
ISBN 978-7-118-11718-9

Ⅰ．①摩… Ⅱ．①弗… ②谢… ③王… ④王… ⑤姚
… Ⅲ．①摩擦-机械系统-减振降噪-研究 Ⅳ.
①TB53

中国版本图书馆 CIP 数据核字（2018）第 249460 号

※

国防工业出版社 出版发行
（北京市海淀区紫竹院南路 23 号　邮政编码 100048）
天津嘉恒印务有限公司印刷
新华书店经售

*

开本 710×1000　1/16　印张 14　字数 247 千字
2018 年 11 月第 1 版第 1 次印刷　印数 1—2000 册　　定价 79.00 元

**（本书如有印装错误，我社负责调换）**

国防书店：(010)88540777　　　发行邮购：(010)88540776
发行传真：(010)88540755　　　发行业务：(010)88540717

# 前　　言

  本书分析了振动过程中的基本问题以及摩擦系统噪声与振动的理论基础。书中概括和总结了关于摩擦副振动声学领域的文献数据与研究成果，其内容涵盖了车辆制动系统与变速箱等实际工程结构。作者研究了降低并消除非平稳摩擦过程中噪声与振动现象的主要途径，其关注的焦点是材料科学在本领域中的发展，特别针对先进复合材料在改善摩擦副结构声振特性方面的应用进行了详细论述。

  本书主要面向专门从事和解决机械工程、机械与运输工具维护、产品质量认证等领域中摩擦与声振问题的研究人员、技术人员、本科生及研究生。

Vladimir P.　Sergienko

Sergey N.　Bukharov

于戈梅利，白俄罗斯

# 缩写与符号

| | |
|---|---|
| ADC | Analog-digital converter, 模 – 数转换 |
| AFM | Atomic force microscopy, 原子力显微镜 |
| AS | Approximate spectrum, 近似谱 |
| BPV | Brake pressure variation, 制动压力变化 |
| BTV | Brake torque variation, 制动转矩变化 |
| DFT | Discrete fourier transform, 离散傅里叶变换 |
| DTV | Disk thickness variation, (制动)盘片厚度变化 |
| EPSI | Electron pulse speckle interferometry, 电子脉冲散斑干涉术 |
| FFT | Fast fourier transform, 快速傅里叶变换 |
| FM | Friction material, 摩擦材料 |
| FTV | Friction torque variation, 摩擦转矩变化 |
| FS | Friction-induced self-oscillations, 摩擦自激振荡 |
| LDV | Laser doppler vibrometer, 多普勒激光测振仪 |
| LM | Lubricating material, 润滑材料 |
| MDOB | Multidisc oil-cooled brake, 多盘式油冷制动器 |
| SEM | Scanning electron microscopy, 扫描电子显微镜 |
| VMC | Vibration-measuring converter, 振动测量转换器 |
| $A_c$ | Contour area, 轮廓面积 |
| $A_r$ | Actual contact spot, 实际接触点 |
| $D$ | Index of damping capacity, 阻尼能力指数 |
| $E_д$ | Dynamic elasticity modulus, 动弹性模量 |
| $F$ | Friction force, 摩擦力 |
| $I_h$ | Linear wear rate, 线性磨损率 |
| $L_p$ | Sound pressure level, 声压级 |
| $N$ | Normal to the friction surface force, 摩擦面法向力 |

| $P$ | Pressure,压力 |
|---|---|
| $S$ | Area,面积 |
| $T$ | Temperature,温度 |
| $c$ | Viscosity,黏度 |
| $f$ | Oscillation frequency（sound）,振荡频率（噪声） |
| $f_p$ | Resonant frequency,共振频率 |
| $g$ | Free fall acceleration,自由落体加速度 |
| $h_n$ | $n$ th mode attenuation factor,$n$ 阶模态衰减因子 |
| $k$ | Stiffness,刚度 |
| $m$ | Mass,质量 |
| $p$ | Sonic pressure,声压 |
| $t$ | Time,时间 |
| $v$ | Velocity of relative displacement,相对位移速度 |
| $x,\dot{x},\ddot{x}$ | Coordinate, velocity, and acceleration,坐标、速度、加速度 |
| $\varepsilon$ | Linear deformation,线性变形 |
| $\eta$ | Loss factor,损耗因子 |
| $\lambda$ | Wavelength, complex eigenvalue,波长、复特征值 |
| $\mu$ | Friction coefficient,摩擦系数 |
| $\rho$ | Density of medium,介质密度 |
| $\omega$ | Angular oscillation frequency,振荡角频率 |

# 目　　录

# 第1章 绪 论

世界上致力于高科技产品设计与制造的一流企业与研究中心都在积极解决机械耗散系统中的声振问题,这些系统包括各种车辆、飞行器、复杂家用电器以及其他应用目标等[1]。该领域研究之所以获得广泛关注,一定程度上是缘于生态方面的要求,机械系统噪声已经被欧盟经济委员会认定为一个重要的生态学参数[2-4]。

由于车辆中存在非平稳摩擦副,因此,在交通运输领域,降低实体零件间因摩擦而产生的不良噪声与振动显得尤为重要。

非平稳摩擦副的主要特征包括时变的摩擦参数、载荷、速度、温度以及摩擦材料参数等。如果上述任意一个表征摩擦接触的参数为变量,则该摩擦过程可以认为是非平稳摩擦过程。制动器和摩擦离合器被认为是应用最为广泛的非平稳摩擦副结构,其运行过程往往伴随着显著的噪声与振动等级,而这些现象会降低机器结构的安全性、可靠性和适用性,并对产品的质量及竞争力造成严重影响。

制动器和摩擦离合器中摩擦单元的声振耦合行为一方面会造成机器使用者对噪声与振动环境的不适,同时,也会显著降低单个零件乃至机器整体的耐用性。不仅如此,上述问题通常难以预测[5-7]。虽然与该课题相关的学术论文数量众多,但是在设计与试验方法方面如何能够满足现行规范与标准并提高上述产品的舒适性和竞争力仍然进展缓慢。

有趣的是,近些年来,开发摩擦材料与制动器系统的专业公司已经直接或间接地提高了50%的预算总额用于支撑噪声与振动领域的试验与理论研究[8]。一般而言,振动与噪声问题在设计阶段末尾甚至定型后准备生产前才得以考量,这是因为在设计调试过程中试图降低噪声与振动通常需要额外的成本。因此,考虑到后期维修及相关费用,制造商正努力开发在设计阶段就具有良好声振特性的制动器系统。

对于汽车制动盘等单元而言,现有规程能够支持预选摩擦零件,表1.1中给出了制动器摩擦副选择的不同标准。这些标准已经被世界知名汽车制造厂商所采用,并符合国家及国际规则与法律文件,如 SAE、ISO、DIN、EN、JASO、Euro

Spec 等,这些标准对于汽车质量的影响能够通过十分制方法进行评估[8]。从表中可以看出,振动与噪声是汽车质量评估过程中的重要标准。若要降低制动器以及传动系统中的振动与噪声,主要方法是改变连接结构的形式,如提高摩擦副的几何精度或加入新的结构单元如阻尼器等。需要指出的是,科学文献中鲜有提及摩擦体的组成与结构对系统整体振动与噪声等级的影响。就当前而言,利用摩擦学和材料科学的最新成果,通过优化摩擦材料的组成结构探究降低摩擦连接中声振现象的可行途径具有非常重要的现实意义。

表 1.1  摩擦副选择标准

| 被估参数 | | 准则 | 单位 | 评分 |
|---|---|---|---|---|
| 摩擦系数 | 磨合阶段 | $\mu$ 与 $\mu_{av}$ 之间的绝对偏差 | — | 8 |
| | 平均值 | $\mu_{av}$ 与 $\mu_n$ 之间的绝对偏差 | % | 7 |
| | 稳定平均值 | $\mu_{av}$ 与 $\mu_{min}$ 或 $\mu_{max}$ 的差值 | % | 9 |
| | 热致衰减 | $\mu$ 与 $\mu_{av}$ 之间的绝对偏差 | % | 6 |
| | 压力灵敏度 | $\mu$ 与 $\mu_{av}$ 之间的绝对偏差 | % | 7 |
| | 温度灵敏度 | $\mu$ 与 $\mu_{av}$ 之间的绝对偏差 | % | 8 |
| | 速度灵敏度 | $\mu$ 与 $\mu_{av}$ 之间的绝对偏差 | % | 7 |
| 噪声 | 台架试验 | 噪声等级 | dBA | 8 |
| | 行驶试验 | 噪声等级 | dBA | 7 |
| 振动 | 振动(冷/热) | 振动等级 | db/1 m/s | 8 |
| | 盘片厚度变化(DTV)所致振动 | 盘片厚度变化 | μm | 9 |
| 磨损 | 衬套 | 衬套磨损 | mm/GJ | 7 |
| | 盘片 | 盘片磨损 | mm/GJ | 8 |
| 衬套材料物理参数 | 可压缩性(冷) | 衬套厚度变化 | μm | 7 |
| | 可压缩性(热) | 衬套厚度变化 | μm | 5 |
| | 热传导率 | 热传导系数 | W/(m·K) | 4 |
| | 膨胀性 | 尺寸变化 | μm | 6 |
| | 剪切强度 | 最大外力值 | N | 6 |
| 衬套材料生物安全性 | 铅 | 含量 | 质量百分数 | 4 |
| | 镉 | 含量 | 质量百分数 | 2 |
| | 致癌纤维 | 含量 | 质量百分数 | 7 |
| | 其余 | 含量 | 质量百分数 | 7 |
| 磨损产物 | 盘面及衬套表面积聚性 | 主观评估 | — | 8 |

2

# 参 考 文 献

1. N.K. Myshkin, M.I. Petrokovets, *Friction, Lubrication, and Wear. Physical Foundations and Technical Applications of Tribology* (Fizmatizdat, Moscow, 2007), p. 367
2. Regulations of EC UNO, Uniform Provisions Concerning the Approval of Motor Vehicles of Categories M, N and O with Regard to Their Braking, vol. 13 (09)
3. Regulations EC UNO, *Uniform Provisions Concerning the Approval of Motor Vehicles Having at Least Four Wheels with Regard to Their Noise Emission*, vol. 51 (02)
4. Tractors and Machines Agricultural Self-Propelled, General Safety Specification. State Standard GOST 12.2.019 (2006). Introduction 09.12.05, (Belarus Institute of Standardization and Certification, Minsk, 2005), p. 15
5. H. Abendroth, Worldwide Brake—Friction Material Testing Standards, Challenges, Trends. Proc. 7th Int. Symp. Yarofri, Friction products and materials, Yaroslavl, 9–11 Sept 2008, pp. 140–150
6. H. Abendroth, B. Wernitz, The integrated test concept: Dyno-vehicle, performance-noise, B. *SAE Paper*, 2000-01-2774, 2000
7. V. Vadari, M. Albright, D. Edgar, An introduction to brake noise engineering. *Sound and Vibration* [Electronic resource], (2006), http://www.roushind.com. Accessed: 15 Sept 2006
8. R. Mowka, Structured development process in stages of OE-projects involving with Western European car manufacturer. Proc. 5th Int. Symp. of Friction Products and Materials Yarofri, (Yaroslavl, 2003), pp. 228–232
9. Y. Pleskachevskii, V.P. Sergienko, Friction materials with polymeric matrix: promises in research, state of the art and market. Sci. Innov. **5**, 47–53 (2005)

3

# 第 2 章　振荡过程与振动

振荡代表了一类最为广泛的重复性运动,即周期运动。机械振荡(振动)广泛存在于各个工程领域、日常生活以及自然界中,事实上,振荡并不能存在于一个独立域中。在设计工程对象时,超出预期的振动被认为是不满足要求和不安全的。因此,了解振动的激励原因、行为状态以及预期过程对于尽量减轻或消除其影响就显得尤为重要。本章阐述了机械系统振动过程的基础知识,其中包含了具有摩擦行为的对象在内。本章的核心概念及重点内容是非线性过程的基本理论,该理论对于理解摩擦单元中所发生的物理现象不可或缺。

## 2.1　机械系统振动的基本概念

若一个过程中,某个(某些)特定物理量在由增到减继而由减到增之间进行交替转换,则该过程称为振荡过程。此过程通常具有时变特征[1]。

振荡的一个重要特征是转换过程的重复性,但在某些情况下,物理量由增到减或由减到增的转换只会出现一次。这种现象可能会发生在诸如冲击过程中。

通常,振荡过程可能只由一部分物理量所表征,而该过程中的其他物理量并不发生振荡。因此,振荡现象是否显现取决于我们对该过程研究的侧重以及阐释试验与理论现象所采用的仪器设备和数学工具。

可能产生振荡过程的物理系统称为振荡系统。该系统形式可能是机械的、声学的、电气的、电磁的、机电的或其他形式(取决于发生在该系统中的物理现象)。

无论是声学、电气还是机械系统,只要具有显著的振荡特性均是振动理论的研究对象。本节主要针对声学及机械振动系统进行详细论述。

机械系统中的振荡过程,特别是弹性扰动通过结构与固体零部件(如金属、陶瓷、塑料等)进行传播的过程称为振动。振动的标准定义是:振动代表了一种运动,在该运动过程中某一点或机械系统的标量产生了振荡扰动[1]。通常情况下,振荡与振动往往具有相同的含义。设备内部通过设计基元进行传播的振动也称为结构噪声。

除纵波(唯一可以在气体和液体中传播的波形)外,固体介质还能够传递横波、表面波、弯曲波以及其他受结构单元尺寸限制的波形。这些波形可以表征为本征速度及其他特征(如弯曲波速取决于板的固有频率及尺寸)。在传播过程中,波形能够进行相互转换从而将结构振动中的复杂特征信息通过时间与空间上的频率以及不稳定性(对外界因素的响应)加以呈现。

振动首先会在固体单元中产生,继而激励周围环境产生振荡,如空气或液体。然而,也会存在相反的情况,此时,流体在所接触的对象间引发强烈的振动。振动作为一类振荡过程能够用周期性的标准分为周期性、准周期性以及非周期性(摆动量)。当所有表征过程的振荡值以相同的顺序及时间间隔 $T$ 重复出现时,就会观察到周期性振动。最小的 $T$ 值则称为振荡(振动)周期。

数值 $f = 1/T$ 表示以赫(每秒振荡数)为单位的振动频率。对于圆周运动的情况,采用角(圆)频率较为方便,其数值等于 $2\pi s$ 时间间隔内的循环数(振荡,整周运动)。角速度则是以每秒转过的角度进行衡量的。

振动过程往往与线性加速度现象同时发生,此时,总的影响可以描述为瞬时振动与线性加速度值的叠加。周期性振动可能是单一简谐运动,也可能是多重简谐运动的叠加。

准周期性振动包括了由一系列频率不可通约的简谐振荡相叠加所表征的振荡运动。准周期性振动也许具有一个最终的时间间隔,经过该间隔时刻,振荡值会重复出现。该间隔称为准周期[2]。

### 2.1.1　振动参数

用随时间的变化来表征振荡过程的物理量称为振荡量,它们可以是真实量或虚拟量、标量或向量、确定量或随机量。

所研究的振荡量 $x$ 在某一时刻 $t$ 的值称为瞬时值,即

$$x = x(t)$$

在振动过程中,用以标示选定点位置的任意坐标值称为振动位移,记为 $s(t)$。

振荡量的平均模数可以定义为在给定时间间隔 $T$ 内振荡量绝对值的算数平均值或积分平均值,即

$$\bar{x} = \frac{1}{T} \int_{t_0}^{t_0+T} |x(t)| \, \mathrm{d}t \tag{2.1}$$

对于 $n$ 个离散振荡量值 $x$,其平均模数为

$$\bar{x} = \frac{1}{n} \sum_{i=1}^{n} |x_i| \tag{2.1a}$$

振荡量的均方根可以定义为在给定时间间隔 $T$ 内振荡量平方的算数平均值或平方积分均值的平方根,即

$$\tilde{x} = \sqrt{\frac{1}{T} \int_{t_0}^{t_0+T} x^2(t) \, \mathrm{d}t} \qquad (2.2)$$

对于 $n$ 个离散振荡量值 $x$,其均方根为

$$\tilde{x} = \sqrt{\frac{1}{n} \sum_{i=1}^{n} x_i^2} \qquad (2.2a)$$

在工程领域,经常采用位移对时间的一阶及二阶导数对振动进行估计,其中一阶导数称为振动速度,即

$$v = \frac{\mathrm{d}s(t)}{\mathrm{d}t} = \dot{s} \qquad (2.3)$$

二阶导数称为振动加速度,即

$$a = \frac{\mathrm{d}^2 s(t)}{\mathrm{d}t^2} = \ddot{s} \qquad (2.4)$$

在实践中,研究人员常采用对数级以使结果的比较变得简单。以 dB 为单位的振动速度 $L_v$ 的对数表达式为

$$L_v = 20\lg\left(\frac{v}{v_0}\right) \qquad (2.5)$$

式中:$v$ 为振动速度的均方值估计,m/s;$v_0$ 为振动速度初始值(限值)。

振动加速度 $L_a$ 也有类似的对数单位 dB 表示方法,其对应的给定阈值水平为 $a_0$(单位为 m/s$^2$)

$$L_a = 20\lg\left(\frac{a}{a_0}\right) \qquad (2.6)$$

振动速度及加速度阈值水平对于每一具体情况也有所不同。噪声的可听阈值可设为零分贝(参见第 3 章),与之相比,振动分贝的经验值通常取振动速度等于 $5 \times 10^{-8}$ m/s 以及振动加速度等于 $3 \times 10^{-4}$ m/s$^2$。振动灵敏度阈值则可以达到 70dB。

需要指出的是,ISO 2631 - 1 - 1997 中要求采用振动加速度作为基础测量参数。即便是在振动速度更好测量的低频工况中,该标准也规定需要将振动速度转化为振动加速度。

振动(振荡)能量 $N$ 可以通过作用力 $F$ 与振动速度 $v$ 的乘积得到,即

$$N = Fv\cos\varphi \qquad (2.7)$$

式中:$\varphi$ 为力的作用方向与振动速度之间的夹角。

### 2.1.2　振荡过程的分类

振荡过程可以通过振荡量随时间的变化确定,其瞬时值则能够通过以下方式表达出来:

(1)数学关系;

(2)数表值;

(3)图片或曲线。

在给定时间间隔内,一系列振荡量瞬时值的组合构成了时间模态振型。正如我们所了解的一样,空间模态振型是周期振动系统中的点集在某时刻的构型,在该时刻各点相对平衡位置的偏移量不能全部为零。"空间"一词通常可以省略。所有偏移量均方值与均值的比称为形状因子,即

$$K_\varphi = \frac{\tilde{x}}{\bar{x}} \tag{2.8}$$

要描述给定时刻的振荡过程也需要介绍相位的概念。相位采用角度或弧度进行衡量。相位可以预先给定,例如,通过振荡量瞬时值及其时间导数的集合能够明确定义振荡过程。

在相平面内将 $x$ 与 $\mathrm{d}x/\mathrm{d}t$ 之间的关系表示出来有助于对复杂振荡过程的理解。因此,我们在横轴上列出函数 $x(t)$ 的值,相同时刻的一阶导数值 $\mathrm{d}x/\mathrm{d}t$ 则在纵轴上标出。

根据振荡过程的相角变化,相平面内图像点的有序运动构成了相轨迹。在相轨迹上加入箭头可以明确地表示出相位状态变化的方向。相轨迹的特殊规律能够使我们获得所研究的振荡过程在特征方面的重要结论。

振荡量在每个给定时间间隔内的极值包括最大值和最小值,它们之间的差异构成了峰-峰值。极值的绝对值称为峰值 $x_p = |x_{\max}|$。峰值与均方差值的比称为峰值系数,该系数用作衡量振动载荷作用于弹性系统所产生振动速度或加速度大小的标准,即

$$K_a = \frac{x_p}{\tilde{x}} \tag{2.9}$$

需要指出的是,实际物理量随时间变化的函数多种多样但并不复杂。振荡量特征随时间的明显变化可能是由于本身数值的变化,也可能是在给定时间间隔内其导数的变化。我们将通过实例对某些最为典型的振荡过程加以讨论。

### 2.1.3　简谐振动

当周期性振动的瞬时值与线性时间函数的正弦或余弦成正比时称为简谐振

动,例如:

$$x = A\sin(\omega t + \varphi) \tag{2.10}$$

式中:$A$ 为幅值;$\omega$ 为角频率;$\varphi$ 为相位。

简谐振动幅值表示简谐振荡量所能达到的最大绝对值,等于简谐振动峰-峰值的 $1/2$。自变量 $\omega t + \varphi$ 称为相角,此处 $\varphi$ 为初始相角或初相位。

简谐振动可以用振动位移 $s(t)$、速度 $v(t)$ 以及加速度 $a(t)$ 表示出来,其形式分别为

$$s(t) = A\sin(\omega t) \tag{2.11}$$

$$v(t) = A\omega\cos(\omega t) \tag{2.12}$$

$$a(t) = -\omega^2 A\sin(\omega t) \tag{2.13}$$

由式(2.10)~式(2.13)可知,与振动位移相比,振动速度的相角变化为 $\pi/2$,振动加速度相角变化为 $\pi$。这意味着简谐振动速度向量图在位移向量之前 $\pi/2$,而加速度向量则领先位移向量 $\pi$。因此,简谐振动位移及加速度具有反相特征。

对于简谐振动,由关系式(2.11)~式(2.13)所表示的物理量具有以下性质,即

$$\begin{cases} \bar{x} = \dfrac{2}{\pi}A = 0.6366A \\[2mm] \tilde{x} = \dfrac{A}{\sqrt{2}} = 0.7071A \\[2mm] K_\Phi = \dfrac{A}{2\sqrt{2}} = 1.11 \\[2mm] K_a = \sqrt{2} = 1.41 \end{cases} \tag{2.14}$$

多谐振动是指所研究的质点同时满足多个间歇振荡规律。多谐振动可以通过多个简谐振动相叠加的形式进行分析。

有一种情况也很常见,即某一点(体)的运动是通过若干频率并不严格相关的简谐振动之和所构成。这样的振动并不能归为周期性振动,因为在特定时间间隔内,即使是某一简谐成分频率的微小变化都可能彻底改变该系统复杂的振动模式[3]。

### 2.1.4 非确定性振动

我们将所有形式的冲击以及非周期振荡与非周期振动联系起来。

冲击加速度的产生可能是由于碰撞、阶跃、爆炸或其他类似的现象。碰撞的过程复杂多样,最简单的理想化碰撞模型可以由两个通过缓冲弹簧相连的质量块表示出来,如图2.1所示。

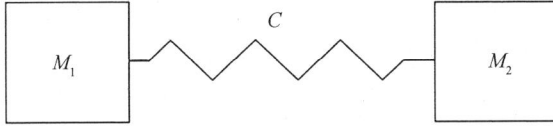

图2.1　两质量块碰撞的理想化模型

在实际当中,单元或集合中的碰撞部位所经历的是阻尼振荡过程,碰撞会在低加速度值下进行多次重复。冲击加速度可能会持续几十微秒(刚体系统)至几百微秒(阻尼系统)。刚体系统的加速度可能会达到数万(重力加速度 $g \approx 9.807\mathrm{m/s^2}$)。

对于最简单的情况,冲击加速度的形式可以定义如下[4]。在碰撞前,设 $M_1$ 为静止状态,此时,$M_2$ 以速度 $v_0 = \mathrm{d}x_1/\mathrm{d}t$ 向 $M_1$ 运动。当弹簧接触到 $M_1$ 时开始压缩并使 $M_1$ 和 $M_2$ 都产生加速度,即

$$M_1 \frac{\mathrm{d}^2 x_1}{\mathrm{d}t^2} - c(x_2 - x_1) = 0 \tag{2.15}$$

$$M_2 \frac{\mathrm{d}^2 x_2}{\mathrm{d}t^2} - c(x_1 - x_2) = 0 \tag{2.16}$$

式中:$x_1$ 和 $x_2$ 分别为质量块 $M_1$ 和 $M_2$ 的位移。

对式(2.15)进行两次求导并将所得结果代入式(2.15)和式(2.16)所示加速度 $\ddot{x}_1$ 和 $\ddot{x}_2$ 中,即

$$\frac{\mathrm{d}^4 x_1}{\mathrm{d}t^4} + \frac{c}{M_1}\left(1 + \frac{M_1}{M_2}\right)\frac{\mathrm{d}^2 x_1}{\mathrm{d}t^2} = 0 \tag{2.17}$$

因此,式(2.17)的解具有以下形式,即

$$\frac{\mathrm{d}^2 x_1}{\mathrm{d}t^2} = a_1(t_0)\sqrt{\frac{cM_1M_2}{M_1 + M_2}}\sin\left(\frac{c}{M_1} \cdot \frac{M_1 + M_2}{M_2}\right)^{1/2} t \tag{2.18}$$

从式(2.18)中可以知道,加速度在线性范围内呈现半正弦脉冲的形式。

通过时-频关系可以对脉冲(冲击)过程进行分析。

时域内冲击特征(图2.2)参数包括位移函数 $s(t)$、速度 $v(t)$、加速度 $a(t)$、冲击幅值($A_s$,$A_v$,$A_a$)、冲击持续时间 $\tau$、冲击前沿时间 $\tau_f$[4]。

为了在频域内了解冲击过程,利用傅里叶积分将冲击函数作为非周期过程

9

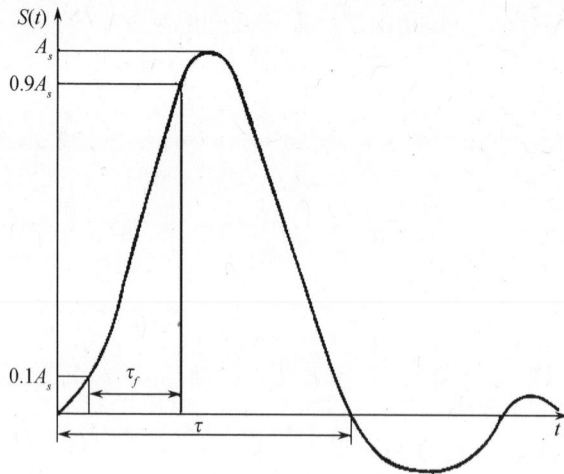

图 2.2　冲击脉冲的时域描述

在频域内进行分解,分解后的函数频率成分从零到无穷连续变化(参见 2.3.1 节)。

### 2.1.5　随机振动

随机过程是用随机值表征的关于变量 $t$ 的连续函数。随机振动的特征在于一个或几个参数(幅值、频率、相位)在时域中具有随机性。因此,已知随机振动的结果是不可重现的,也就是说,这些结果也具有随机性。就此而言,应当构建整体性认知方法确定随机振动的参数。描述随机振动的一个可靠方法是借助概率及统计的方法。

在随机振动的统计结果不随时间变化的情况下,该振动称为平稳振动,而概论特性随时间变化的振动则称为非平稳振动。如果通过时间平均所得到的随机振动统计特性与相应的总体平均特性(整体认知)一致,则该振动过程称为遍历振动。

随机振动 $x(t)$ 可以通过参数分布值或矩函数的积分 $P(x)$ 或微分 $p_x$ 函数解析地表示出来。随机值 $x$ 完全由概论分布 $P(x) = P\{X < x\}$ 决定,其中 $P$ 是不等式 $X < x$ 成立的概率。随机值 $x_1, x_2, \cdots, x_n$ 由 $n$ 维分布函数确定,即

$$P(x_1, x_2, \cdots, x_n) = P\{X_1 < x_1, X_2 < x_2, \cdots, X_n < x_n\} \tag{2.19}$$

随机过程 $x(t)$ 能够通过一组随机坐标表示并通过类似的积分分布函数预先给定,即

$$P(x_1, t_1, x_2, t_2, \cdots, x_n, t_n) = P\{X(t_1) < x_1, X(t_2) < x_2, \cdots, X(t_n) < x_n\}$$

$$\tag{2.20}$$

10

因此,对于随机函数组合 $\{x(t_1),\ x(t_2),\cdots,x(t_n)\}$ 可以确定 $n+s$ 维积分分布函数,即

$$P(x_{11}t_1,\cdots,x_{1n}t_n;\cdots;x_{s1}t_1,\cdots,x_{sn}t_n)$$

$$=P\{X_1(t)<x_{11},\cdots,X_1(t_n)<x_{1n};\cdots;X_s(t_1)<x_{s1},\cdots,X_s(t_n)<x_{sn}\}\quad(2.21)$$

随机过程参数分布的微分规律可以通过对分布积分函数求导获得,即

$$p(x_1,t_1;\cdots;x_n,t_n)=\frac{\partial^n P(x_1,t_1;\cdots;x_n,t_n)}{\partial x_1,\cdots,\partial x_n}\quad(2.22)$$

除分布函数外,在随机过程的分析当中也经常使用矩函数。根据研究目标的不同,这些函数称为混合矩和样本矩,同时又可以再分为初始矩和中心矩。

一个随机函数的 $k$ 阶混合初始矩可以由以下关系式给出,即

$$m_{n1,n2,\cdots,ns}(t_1,t_2,\cdots,t_s)=M\{[x(t_1)]^{n1},\cdots,[x(t_s)]^{ns}\}$$

$$=\int_{-\infty}^{+\infty}\cdots\int_{-\infty}^{+\infty}x_1^{n1}\cdots x_s^{ns}f(x_1,t_1;\cdots;x_s,t_s)\,dx_1\cdots dx_s$$

$$(2.23)$$

上述两式中:$P(x_1,t_1;\cdots;x_s,t_s)$ 为 $s$ 维概率分布密度;$M$ 为均值标记。

随机函数的混合中心矩具有类似的形式:

$$d_{n1,n2,\cdots,ns}(t_1,\cdots,t_s)=M\{[x_0(t_1)]^{n1},\cdots,[x_0(t_s)]^{ns}\}$$

$$=\int_{-\infty}^{+\infty}\cdots\int_{-\infty}^{+\infty}[x_1-m_1(t_1)]^{n1}\cdots$$

$$[x_s-m_1(t_s)]^{ns}p(x_1,t_1;\cdots;x_s,t_s)\,dx_1\cdots dx_s\quad(2.24)$$

在实践中最适用的是以下矩函数。

一阶原点矩函数:随机过程的数学期望,即

$$m_1(t)=M[x(t)]=\int_{-\infty}^{+\infty}xp(x,t)\,dx\quad(2.25)$$

对于平稳随机过程,有

$$m_1(t)=m_1=\int_{-\infty}^{\infty}xp(x)\,dx\quad(2.26)$$

一阶中心矩等于零。

二阶矩函数当中的原点矩函数为

$$m_2(t)=M[x(t)]^2\quad(2.27)$$

二阶混合原点矩为

$$m_{1,1}(t_1,t_2) = M[x(t_1),x(t_2)] \tag{2.28}$$

二阶中心矩函数(方差)为

$$d_2(t) = M[x(t) - m_1(t)]^2 \tag{2.29}$$

相关函数的表达式为

$$R(t_1,t_2) = M\{[x(t_1) - m_1(t_1)][x(t_2) - m_1(t_2)]\} \tag{2.30}$$

需要注意:

$$R(t_1,t_2) = m_{1,1}(t_1,t_2) - m_1(t_1)m(t_2) \tag{2.31}$$

相关函数反映了随机过程的时间特征。换言之,相关函数确定了随机过程值在不同时刻的相关程度(统计关系)。相关函数具有两种类型,即自相关函数和互相关函数。随机过程 $x(t)$ 在不同时刻 $t_1$ 和 $t_2$ 的自相关函数可以由以下关系式得到,即

$$R(t_1,t_2) = M[x_0(t_1)x_0(t_2)]$$

$$= \int_{-\infty}^{+\infty}\int_{-\infty}^{+\infty}[x_1 - m_1(t_1)][x_2 - m_1(t_2)]p(x_1,t_1,x_2,t_2)\mathrm{d}x_1\mathrm{d}x_2$$

$$\tag{2.32}$$

两个随机过程 $x(t)$ 和 $y(t)$ 的互相关函数由以下方程决定,即

$$R_{xy}(t_1,t_2) = M[x_0(t_1)y_0(t_2)]$$

$$= \int_{-\infty}^{+\infty}\int_{-\infty}^{+\infty}[x - m_{x1}(t_1)][y - m_{y1}(t_2)]p(x,t_1,y,t_2)\mathrm{d}x\mathrm{d}y \tag{2.33}$$

其中

$$m_{x1}(t_1) = M[x(t_1)], \quad m_{y1}(t_2) = M[y(t_2)]$$

## 2.2 非线性振荡

### 2.2.1 非线性机械系统

必须承认的是,任何动力学系统都能够进行函数变换(输入函数与输出函数具有对应关系),因此每个系统可以通过一个确定的算子加以表征,该算子称为系统算子。

若算子对于任意给定的线性组合(输入)函数的运算结果能够变换为具有相同系数的独立函数运算结果的线性组合,则该算子是线性的。也就是说,线性算子应当满足叠加原理。

对于非线性算子,叠加原理不起作用或仅在一定的输入函数及系数条件下

12

才成立。在算子为非线性的情况下,该系统称为非线性系统。

描述线性系统行为的方程总是线性的。对于至少有一个非线性方程的情况下,该系统也将是非线性的。一个非线性系统的运动微分方程可以包含位移和速度的非线性函数或具有时变参数的线性函数[5]。

在实践中,以下因素可以导致非线性效应[6,7]。

(1)非线性弹性特征。该特征通常会出现在结构中某个构件或变形部分的材料不服从胡克定律时(如橡胶),或在某些弹性单元结构中(例如:一个底端压在支撑面上的锥形弹簧,其工作圈数会随着变形量的增加逐渐减少;具有初始扰动的单元结构;具有连接间隙的单元结构;具有变形限位装置的单元结构;等等)。

(2)非线性耗散特性。变形器件(液压、气动、摩擦),具有材料内摩擦的可动或固定摩擦连接。

对于最简单的情况,机械系统的非线性可以归结为位置力与坐标或阻抗力与速度之间的非线性依存关系。这些依存关系采用相反的符号表示,称为单自由度系统的力特性(如摩擦的动力学特性)。混合类型的力能够在更加复杂的系统中观察到。

位置力是只与机械系统位置有关的力,也就是说与坐标有关。若单自由度系统的位置力增量与其偏离平衡位置的偏差相反,则该力称为回复力。这意味着 $F_p x > 0$,此处 $F_p$ 为力的特征坐标,$x$ 为偏移量。若力从平衡位置向偏移位置逐渐增加,此时,该力表现为斥力 $F_p x < 0$。

对以下位置力进行区分:弹性力、重力、浮力(浸没在液体中的物体所受)以及引力(磁场中)。弹性力的导数 $\mathrm{d}F_p = \mathrm{d}x$ 称为刚度系数。该系数在 $x > 0$ 时增加,在 $x < 0$ 时减小,所分别对应的力特性为刚化及柔化。对于同一个系统,力特性在 $x$ 取某些值时可能刚化,在其他值时则为柔化。

表 2.1 列出了具有非线性位置力的机械系统及其力特性。

表 2.1　具有非线性位置力的机械系统

| 机械系统 | | 力特性 |
|---|---|---|
| 类型 | 简图 | |
| 通过弹簧压在平面上的重物 | | |

| 机械系统 | | 力特性 |
|---|---|---|
| 类型 | 简图 | |
| 定轴悬挂摆锤 | 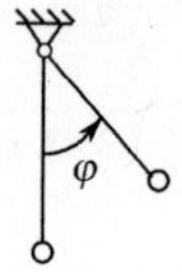 | 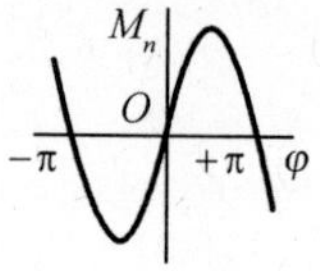 |
| 半圆柱纵槽 | 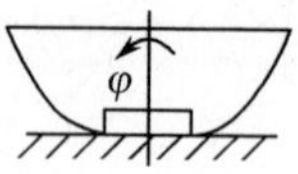 | 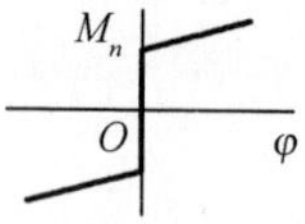 |

仅与机械系统(设该系统的能量在运动过程中不恒等于零,即其运动方向不是正交的)速度有关的力称为阻抗力,其类型可以细分如下:

固定装置(此机械系统具有周期性或恒定相对运动单元)中的摩擦力;

可动装置(此机械系统中各个单元相互之间名义上不可动)中的摩擦力;

零件材料内部的摩擦力;

环境阻力(气体或液体)。

阻力主要是速度的非线性函数。在确定平稳自激振动参数以及参数共振的最终幅值时需要考虑其中的非线性影响,这一点在研究自激振荡系统的瞬态过程时也同样需要考虑。表2.2列出了实践中最常见的阻力形式。

表2.2　具有非线性阻力的机械系统[8]

| 阻力方程 | 力特性类型 |
|---|---|
| 指数方程:<br>$F(\dot{x}) = k_1 \mid \dot{x} \mid^{k_2 - 1} \dot{x}$ | 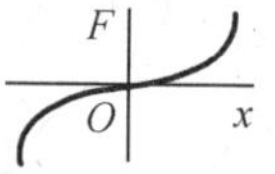 |
| 库仑方程:<br>$F(\dot{x}) = k \dfrac{\dot{x}}{\mid \dot{x} \mid}$ | 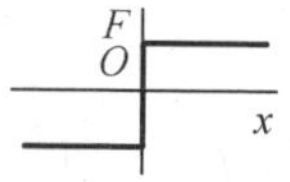 |
| 线性三次方程:<br>$F(\dot{x}) = k_1 \dot{x} - k_2 \dot{x}^3$ | 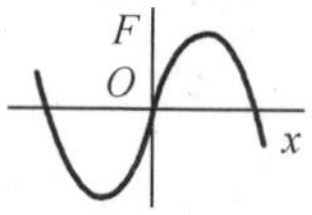 |

| 阻力方程 | 力特性类型 |
|---|---|
| 线性及库仑方程：<br>$F(\dot{x}) = k_1 \dfrac{x}{\|\dot{x}\|} + k_2\dot{x}$ | 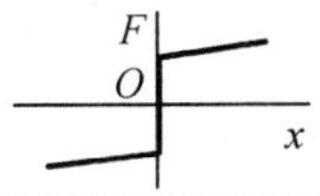 |
| 库仑、线性及三次方程：<br>$F(\dot{x}) = k_1 \dfrac{x}{\|\dot{x}\|} - k_2\dot{x} - k_3\dot{x}^3$ | 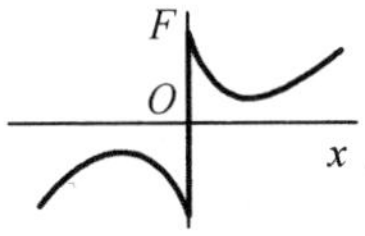 |

对于单自由度系统，通常有以下的简单表示方法。

线性黏性摩擦力、库仑摩擦力、非线性黏性摩擦力分别为

$$F(\dot{x}) = -k\dot{x} \quad (k>0)$$
$$F(\dot{x}) = -k\,\mathrm{sgn}\dot{x} \quad (k>0) \tag{2.34}$$
$$F(\dot{x}) = -k_1|\dot{x}|^{k_2}\mathrm{sgn}\,\dot{x}(k_1,k_2>0)$$

其中分段正则函数 sgn $x$ 定义为

$$\mathrm{sgn}x = \begin{cases} 1 & (x>0) \\ 0 & (x=0) \\ -1 & (x<0) \end{cases}$$

满足不等式 $F(\dot{x})\dot{x}>0$ 的阻力做负功导致机械能耗散称为耗散力；当 $F(\dot{x})\dot{x}<0$ 时，阻力做正功，从而促进了系统中的能量增益，此时，该力称为负阻力。在运动的不同时刻，若阻力间歇性做正功和负功，则该系统有可能表现出自激振荡的特性。

对于力同时依存于坐标及速度的混合型系统也会呈现出自激振荡特征。能够以乘积形式给出的力称为位置摩擦力，表 2.3 给出了该力的具体实例。

表 2.3　具有非线性位置摩擦力的机械系统

| 机械系统 | | 力特性 |
|---|---|---|
| 描述 | 简图 | |
| 弹性活塞进入有摩擦的锥形通道 | 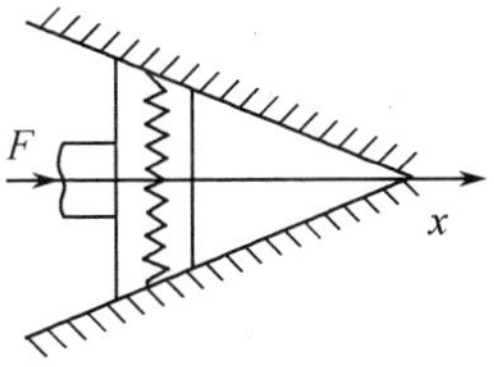 | 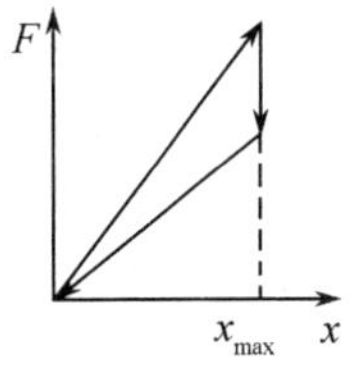 |

| 机械系统 | | 力特性 |
|---|---|---|
| 描述 | 简图 | |
| 带有滑块的弹塑性系统 | | |

表2.3 中第一个系统的摩擦力随与坐标 $x$ 有关的压力 $F_t$ 的变化而变化；在第二个系统中，虽然当 $x$ 一旦达到某些定值时能够观察到相当大的摩擦力 $F_t$，但压力 $N$ 保持不变。耗散力函数 $F(x,\dot{x})$ 的特征是在振荡过程中能够划出一条封闭的滞回曲线，该曲线所围成的面积等于一个周期内所耗散的能量 $W$（图2.3）[9]。简谐振动系统的耗散特性取决于滞回曲线所围成的面积，但与曲线形状无关。

非线性系统包括具有微小时滞的线性无惯性系统。无惯性系统中的输出函数只依赖于各个时刻的输入函数且与输入函数状态无关，直到某个给定时刻。无惯性系统算子表征了系统特征，反映出输入输出变量之间通常的函数关系。与之相对应的，线性惯性时滞系统函数不仅与给定时刻的输入函数值有关，也与输入函数的变化量有关，直到某个给定时刻。

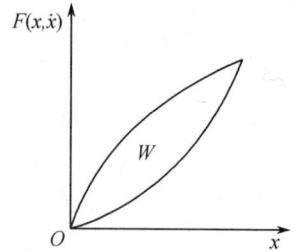

图2.3 机械系统的耗散特性

非线性系统特征可以细分为在一定条件下对系统动力学影响较小的弱非线性以及在动力学计算过程中必须考虑的强非线性。其中前者还包括与以下情况相类似的特征：输入函数能够通过明确的解析函数或多项式表示且在狭窄的范围内变化或其偏离平均值的改变量可以忽略不计。例如，表2.2 中第一个系统所显示出来的弱非线性可以通过低阶奇次多项式或正弦函数的线性组合近似表达。非线性系统的基本特征包括基本的非线性函数，如不连续函数或与其相类似的函数（如表2.2 中第二个示例）。上述系统的算子通常可以采用分段线性函数表示。在实际当中，系统有可能表现出强、弱两种类型的非线性特征。

在某些情况下，使用近似的线性函数代替实际中的非线性函数是可行的，这也就是进行线性化处理。然而，该过程至少应具有近似的非线性特征，即线性化后的系统不能满足叠加原理。

16

最简单的线性化实例是在系统非线性特征非常不显著的情况下,此时,输入函数的变化范围很小,从而可以利用一阶泰勒(Taylor)级数展开式的线性组合进行替代。设非线性特征 $y = \psi(x)$ 为明确的可微函数,若输入变量 $x$ 对于某些均值 $\bar{x}$ 的偏差量可以忽略不计,应用 Taylor 公式,忽略关于 $x - x_0$ 的一阶以上余量,可以得到

$$y \approx \psi(\bar{x}) + \psi'(\bar{x})(x - \bar{x}) \tag{2.35}$$

从几何角度看,这种线性化方法是在 $\bar{x}$ 点处用切线代替原来的曲线。

谐波线性化(谐波平衡)法由 N. M. Krylov 以及 N. N. Bogolyubov 提出,该方法应用于当输入函数形式为具有恒定振幅 $A$ 及频率 $\omega$ 的正弦振荡情况,即

$$x = A\sin(\omega t) \tag{2.36}$$

此时,输出函数也具有周期性,虽然为非简谐形式,但能够展开为傅里叶(Fourier)级数,即

$$y(t) = \psi_{\varPi} + \sum_{i=1}^{\infty} (A_i \sin(i\omega t) + B_i \cos(i\omega t)) \tag{2.37}$$

式中:$\psi_{\varPi}$ 为输出变量的平均值,即

$$\psi_{\varPi} = \frac{1}{2\pi} \int_0^{2\pi} \psi(A\sin\varphi) \, \mathrm{d}\varphi \tag{2.38}$$

式中:$A_i$、$B_i$ 为谐波分量振幅($i = 1, 2, \cdots$),即

$$A_i = \frac{1}{\pi} \int_0^{2\pi} \psi(A\sin\varphi \mathrm{d}\varphi) \sin(i\varphi) \, \mathrm{d}\varphi$$
$$B_i = \frac{1}{\pi} \int_0^{2\pi} \psi(A\sin\varphi \mathrm{d}\varphi) \cos(i\varphi) \, \mathrm{d}\varphi \tag{2.39}$$

在近似过程中,一阶以上的谐波分量通常忽略不计,即

$$y = \psi_{\varPi} + k_1 x + \frac{k_2}{\omega} \frac{\mathrm{d}x}{\mathrm{d}t} \tag{2.40}$$

式中:谐波增益系数 $k_1$、$k_2$ 取决于线性系统特征及输入变量幅值,即

$$k_1 = \frac{A_1}{A} = \frac{1}{\pi A} \int_0^{2\pi} \psi(A\sin\varphi) \sin\varphi \mathrm{d}\varphi$$
$$k_2 = \frac{B_1}{B} = \frac{1}{\pi A} \int_0^{2\pi} \psi(A\sin\varphi) \cos\varphi \mathrm{d}\varphi \tag{2.41}$$

为寻求随机输入函数,可以采用由 I. E. Kazakov 及 R. K. Buton 等人提出的统计线性化方法。该方法包含了非线性特征 $y = \psi(x)$ 的近似代换,这种代换在

概率意义上是等效的,且与中心随机输入函数之间呈线性关系,即

$$y = \psi_n + k_c x_u \tag{2.42}$$

式中:$\psi_n$ 为输出函数的有用部分(注意:其与输入函数有用部分之间的依存关系是系统的一个统计特性。当系统的奇特征为 $\psi_n = k_m x_M$ 时,此处,$k_m$ 为与输入函数期望值 $x_M$ 有关的系统统计增益系数);$k_c$ 为与随机分量有关的统计增益系数,$k_c = \dfrac{\sigma_x}{\sigma_y}$,其中 $\sigma_x$ 和 $\sigma_y$ 分别为输入、输出函数的平均二次偏差;$x_u$ 为具有零期望的输入函数中心随机分量。

当系统的输入函数可以表示为正弦函数与随机函数之和时,有

$$x = x_M + A\sin(\omega t) + x_u \tag{2.43}$$

可以使用混合的谐波与统计线性化方法,即

$$y = \psi_n + k_{1c} A\sin(\omega t) + k_{2c} A\cos(\omega t) + k_{c\Gamma} x_u \tag{2.44}$$

式中:在奇特征情况下,系统的有用部分 $\psi_n$ 与系统输入函数成比例,$\psi_n = k_{m\Gamma} x_M$,此时,统计增益系数 $k_{m\Gamma}$ 和 $k_{c\Gamma}$ 可以用系数 $k_m$、$k_c$ 在谐波分量每个变化周期内的平均值表示出来;$k_{1c}$ 及 $k_{2c}$ 为函数 $\psi$ 通过统计平均所得统计特征 $\psi_n$ 的谐波增益系数 $k_1$、$k_2$。

上述组合线性化方法将函数 $y$ 与 $x$ 之间的非线性关系替换为主要参数(常量或缓变分量、正弦分量的幅值与相位、离散随机分量)之间的近似线性关系以及快速变化的正弦及随机分量之间的近似线性关系。

### 2.2.2 自激振动与稳定性

非线性力学系统可以细分为自治(非实时)以及非自治(实时)系统。自治系统的作用力只与系统状态(坐标系及速度)有关,而非自治系统的运动微分方程则具有包含时间的显示形式。自治系统可以是保守的,如仅受有势力影响的情况,也可以是非保守的。实际上,通常所针对的都是非保守系统,该系统中的总能量会随着运动而耗散。

非保守系统可以分为以下两类。

(1)耗散系统。通常其恢复力满足以下能量平衡方程,即

$$\frac{\mathrm{d}W}{\mathrm{d}t} - F\dot{x} = 0 \tag{2.45}$$

式中:$W$ 为总能量;$F$ 为广义力,是坐标和速度的函数。当非保守力与摩擦有关时将会对运动起阻碍作用:$F\dot{x} \leqslant 0$,$W$ 的值在运动过程中呈递减趋势。然而,由于能量无法趋向于 $-\infty$,其随时间趋近于某些常值 $W_0$,此时,乘积 $F\dot{x}$ 以及相应

的$\dot{x}$均趋于零,系统趋于静止(平衡状态)。只有满足平衡条件,耗散系统才能在任意初始条件下都趋于稳定状态且与输入函数随时间的变化量无关。由于动能随运动而衰减,因此系统无法产生稳定的周期性位移。

(2)自激振荡系统。该系统中可能出现周期性振荡。该系统中的机械能损失能够迅速从非振荡能量源中获得补充。该能量源由系统自身运动所控制,其周期和峰间值在很宽的范围内与初始状态无关。此类振动可称为稳态自激振动[10]。系统受任意初始激励而逐渐达到稳态自振动状态的过程称为瞬态过程。

与自由振动所不同的是,自激振动具有持续性且与初始激励无关。与强迫振动相比,自激振动的幅值和频率主要取决于系统自身参数而不是外部环境。然而,纯粹从形式方面并不总是能够观察到幅值与初始条件的不相关性,如等幅摆锤振荡在很大的范围内与初始条件有关(当初始偏移超过某一定值)。在其他初始条件下(初始偏移小于该值),振荡逐渐消失而摆锤将会停止。一些自振系统也许会呈现出多个具有不同幅值的平稳过程,每个过程均都符合一个较大的初始条件范围。

外界能量输入既能补充系统中的能量损失(否则,将不可能出现稳定的周期振荡),同时也会对系统的稳定性产生影响。因此,与耗散系统不同,典型的自振系统会在平衡位置失稳。能量流经常会通过振动系统的非线性反馈进行控制和转换。在摩擦副当中,摩擦力通常具有上述非线性参数的功能。

如果外力中的非线性成分非常小,则该稳态振动为准简谐且能够通过以下方程近似描述,即

$$x = A\sin(\omega_0 t - \Phi) \tag{2.46}$$

相应系统称为准非线性系统,其单自由度运动微分方程具有以下形式,即

$$\ddot{x} + \omega_0^2 x = \psi(x, \dot{x}) \tag{2.47}$$

式中:$\omega_0$为相应退化系统的固有频率;$\psi(x, \dot{x})$为弱非线性函数。

为近似求解式(2.47),需引入函数

$$\psi(x, \dot{x}) = \varphi(A\cos\varphi - A\omega_0\sin\varphi) \tag{2.48}$$

并得到方程的解为

$$x = A(t)\cos[\omega_0 t - \Phi(t)] \tag{2.49}$$

初始条件为$A(0) = A_0$,$\Phi(0) = \Phi_0$。函数$A(t)$具有自振曲线包络的形式,随着时间$t$的不断增加,其幅值趋向于某一稳态自激振动幅值的极限$A_{cm}$。该极

限可以通过幅值不变性条件 $\dfrac{\mathrm{d}A}{\mathrm{d}t} = 0$ 获得，由此可得

$$\int_0^{2\pi} \psi(A\cos\varphi\,;\,-A\sin\varphi)\sin\varphi\mathrm{d}\varphi = 0 \qquad (2.50)$$

利用以上结论，可以求得 $A_{cm}$。

Van-der-Paul 提出了非线性微分式(2.63)的简化解[11]，其中函数 $x(t)$ 的形式为

$$x(t) = a(t)\cos(\omega_0 t) + b(t)\sin(\omega_0 t) \qquad (2.51)$$

应满足

$$\dot{a}\cos(\omega_0 t) + \dot{b}\sin(\omega_0 t) = 0 \qquad (2.52)$$

对于线性系统，$a$ 和 $b$ 的值为常数；对准线性系统则为缓变的时间函数。

Van-der-Paul 解在一级近似条件下是准确的，并使微分方程具有变量可分离性，即

$$\dot{A} = \frac{1}{2\pi\omega_0}\int_0^{2\pi} \psi(A\cos\varphi\,;\,-A\omega_0\sin\varphi)\sin\varphi\mathrm{d}\varphi$$

$$\dot{\Phi} = \frac{1}{2\pi\omega_0}\int_0^{2\pi} \psi(A\cos\varphi\,;\,-A\omega_0\sin\varphi)\sin\varphi\mathrm{d}\varphi \qquad (2.53)$$

其中

$$\varphi = \omega_0 t - \Phi$$

式(2.47)也能够采用能量平衡法进行求解。为简化求解过程，该解并不能满足每个单独振荡周期内的正则性，但它在整体周期内是可以实现的，这样能够使每个周期内所做的功为零。能量平衡条件具有以下形式，即

$$\Delta W = -A\omega_0\int_0^{2\pi} \psi(A\cos(\omega_0 t)\,;\,-A\omega_0\sin(\omega_0 t))\sin(\omega_0 t)\mathrm{d}t \qquad (2.54)$$

式中：$\Delta W$ 为系统中单位质量在一个周期内的能量增量。

为估计实体系统自振参数，也许会用到固有振动的线性数学模型[12]。当运动副当中的力特性可以用库仑摩擦(表2.2)描述时，则有

$$F(\dot{x}) = F_0\frac{x}{|\dot{x}|} \qquad (2.55)$$

式中：$F_0$ 为一常值摩擦力。利用等效黏性摩擦力替换库仑摩擦力可以实现线性化。等效因子 $k$ 可以通过每个自振周期内摩擦力做功相等条件求得，即

$$k = \frac{4F_0}{\pi\omega A} \qquad (2.56)$$

20

利用迭代法求解系统运动方程组的系数矩阵能够对式(2.56)中的 $\omega$ 和 $A$ 进行估计。

由于系统本质上所具有的非线性特征,自激振动与简谐振动之间存在非常大的差异。自激振动也可以称为松弛自振,如 Rayleigh 及 Van-der-Paul 自振系统,其运动方程分别为

$$\ddot{x} - k_1\dot{x} + k_2\dot{x}^3 + x = 0 \qquad (2.57)$$

$$\ddot{x} - k_1(1 - x^2)\dot{x} + x = 0 \qquad (2.58)$$

二阶离线系统的相空间呈现为一个平面,该系统的运动可以用二阶微分方程描述,即

$$\ddot{x} = \psi(x, \dot{x}) \qquad (2.59)$$

也可以通过两个一阶微分方程表示,即

$$\begin{cases} \dot{x} = y \\ \dot{y} = \psi(x, y) \end{cases} \qquad (2.60)$$

式中: $\psi$ 为已知线性函数或输出变量,其一阶导数表示系统的相坐标。

如果用式(2.60)中的第二个方程除以第一个方程,将会得到相轨迹的微分方程,即

$$\frac{\mathrm{d}y}{\mathrm{d}x} = \frac{\psi(x, y)}{y} \qquad (2.61)$$

除所谓特殊点外,上述方程确定了相轨迹上所有点的切线方向且同时满足以下等式,即

$$\begin{cases} \psi(x, y) = 0 \\ y = 0 \end{cases} \qquad (2.62)$$

相平面上可能具有很多条初始轨迹,但只有一条相轨迹能够通过除特殊点外的每个点。

在通常情况下,非线性系统的相平面可能会非常复杂。

在特殊点附近,相轨迹可能具有不同的形式;一类特殊的相轨迹可能会形成相平面不同区域之间的边线,称为分界线。

相轨迹中可能会出现与多边形角点及交点处相类似的转折线,轨迹中的间断线可以将代替非线性函数的分段线性函数表示出来。

工程中非线性系统所对应的封闭相轨迹称为极限环。每一条相邻的相轨迹可能是开放的,也可能缠绕在一个极限环上(图像点接近)或掠过极限环(图像点远离)。当相邻相轨迹围绕极限环时将会变得稳定,其所对应的系统周期运

动也是稳定的;如果相轨迹背离极限环则是不稳定的,其所对应的系统周期性运动也会变得不稳定。

若摩擦力与速度有关,可以如下式所示(表2.2),即

$$F(\dot{x}) = k_1\dot{x} - k_2\dot{x}^3 \quad (k_1,k_2 > 0) \tag{2.63}$$

从图2.4中可以看出,在相平面上的初始小扰动(曲线1)以及大扰动(曲线2)均为瞬态过程。曲线1和曲线2连续逼近代表稳定极限环的封闭曲线3。

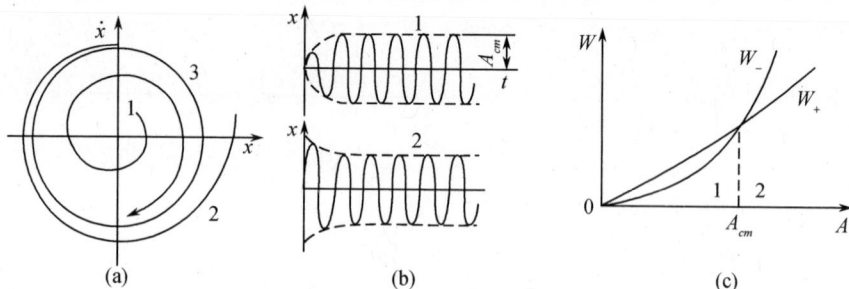

图2.4　机械系统中的自激振动

(a)相图;(b)时间历程;(c)不同振幅下的系统能量变化。

在偏离平衡位置较小的情况下,摩擦力中的线性部分成为最重要的不稳定因素。这会导致平衡失稳,任意小的初始扰动可能会激发逐渐增大的振动,接着会提高式(2.63)中3次方项所对应的阻尼效应,从而抑制振动并达到一个稳定自振模式(图2.4(b))。在足够大的初始扰动下,相较于线性项的不稳定因素,3次方项的阻尼力更大,因此振动从开始就是衰减的。3次方项的影响会因阻尼而变小,系统运动趋于前面所提到的稳定模式。

文献[8]从能量角度对前文所述的两种情况进行了探讨(图2.4(c)),其中:$W_+$表示由摩擦力的线性和项所引入的能量增量;$W_-$为3次方和项所导致的能量变化绝对值。在小振幅时,$W_+ > W_-$系统吸收能量;在大振幅时能量流出系统,直至达到状态$A_{st}$。因此,当系统不平衡性与初始条件无关时,会随时间变化而达到周期模式,这种现象称为自激振动。

通过以下特征可以对非线性自振机械系统加以区分[6]。

(1)几个平衡位置的可能性。

(2)保守系统的自由振动具有非等时性,即自由振动频率取决于其峰间值。

(3)在一段时间内,主振动可能会以组合振动的形式同时发生,其频率可能大于激振频率(超谐振动),也可能小于激振频率(次谐振动,如具有弹性制动器的机械系统所具有的主要特征)。

振动的自激可能来自非平衡状态下的柔性激励或平衡状态下的刚性激励。

22

其中后一种情况在相平面中如图 2.5 所示。

在这种情况下,每一个特殊点对应几个极限环,其中稳定与不稳定环总是交替的。若一个不稳定焦点被稳定极限环 1 和 3 所包围,二者之间存在不稳定极限环 2(图 2.5(a)),则对于任意形式的扰动都会形成上述自振模式,这样的系统属于振动的柔性扰动模式。若一个稳定焦点被不稳定极限环 1 和稳定极限环 2 所围绕(图 2.5(b)),则自振模式只有在相当强烈的扰动下才能够出现,其相点出现在环 1 外侧。如果相点位于环 1 内部,则振动是衰减的,这样的系统称为具有刚性振动激励模式的系统。

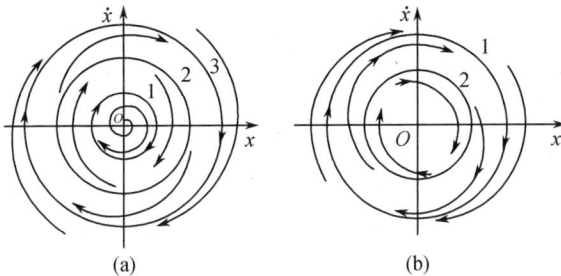

图 2.5　自振系统相轨迹图
(a) 柔性激励;(b) 刚性激励。

若相坐标下系统在特殊点处的导数值等于零,则认为在这些点处系统是平衡的。利用 Lyapunov 方法可以对这些点处的平衡稳定性进行估计,此时,需要对系统在平衡点附近的行为进行评价。

通常,机械系统的某些参数并不能确定,甚至这些参数偶尔也会随时间变化。如果系统在常规属性的改变过程中能够忽略参数在一定范围内微小变化的影响,则可称为结构稳定系统。若某些参数的微小变化能够导致系统本质上的改变,则称为结构不稳定系统。

早在 1892 年,A. M. Lyapunov 提出了一种可以用微分方程描述的、适用于任何系统的稳定性理论。根据该理论:如果 $t = t_0$ 时刻充分小的初始扰动对于任意 $t > t_0$ 只引起系统偏离平衡状态的充分小的受扰运动,则称系统是稳定的;如果当 $t \rightarrow \infty$ 时,受扰运动与无扰运动之间的偏差趋于零,则称系统是渐近稳定的。由于工程中只有渐进稳定系统才具有实际意义,因此,后文中所提到都是渐进稳定系统。

在机械系统中,瞬态过程的稳定性、持续时间以及行为同样重要。因此,从瞬态过程特征估计运行过程的质量可能会用到过程的时间、衰减率、瞬态函数极值及其他参数。

用 Caushy 微分方程描述机械系统的行为,则该系统一阶方程组的解与其导数有关,即

$$\dot{x}_i = \psi(t, x_1, x_2, \cdots, x_n) \quad (i = 1, 2, \cdots, n) \tag{2.64}$$

式中:$x_1, x_2, \cdots, x_n$ 为给定时刻系统的状态量。

如果方程右端不显含时间,则系统不受随时间变化的外部扰动影响,这也就是自治。

与线性系统相比,同一个非线性系统在某些条件下可能是稳定的,而在另一些情况下可能不稳定。因此,稳定与不稳定的概念并不是针对某个特定系统,而是指该系统的无扰运动。无扰运动通常可以理解为系统受扰后的理想运动或平衡状态,其中也包括随机扰动的情况。同一系统中可能既存在受扰运动也存在无扰运动,二者具有相似的方程,但初始条件不同。对应初始条件为 $t_0, x_{10}^H, x_{20}^H,$ $\cdots, x_{n0}^H$ 的某个可能运动,若解 $t_0, x_1^H, x_2^H, \cdots, x_n^H$ 被认为是无扰运动,则其他所有与其不同的运动都将是受扰运动。

因此,根据 Lyapunov 理论,稳定性可以更加严格地定义如下:

如果称无扰运动关于变量 $x_1, x_2, \cdots, x_n$ 稳定,则存在一个数 $\xi > 0$ 使所有受扰运动在任意初始时刻 $t_0$ 均满足不等式 $|x_{i0} - x_{i0}^H| < \xi$,而当时间 $t \to \infty$ 时,受扰运动趋向于一个无扰运动,即 $x_i \to x_i^H$。

如果称无扰运动不稳定,则对于 $\xi > 0$,无论它多么小,至少存在一个数 $\varepsilon > 0$,使得受扰运动满足条件 $|x_{i0} - x_{i0}^H| < \xi$;此时,在所有条件 $i = 1, 2, \cdots, n$ 当中,对于 $t > t_0$ 的某些值,不等式 $|x_i - x_i^H| < \varepsilon$ 并不成立。

以上定义可以用图 2.6 中的相平面图加以阐述。图中的点表示任意给定时刻受扰运动与无扰运动之间的偏差。其中无扰运动对应坐标原点处的静止状态。当 $t \to \infty$ 时,若所有起点位于半径为 $\xi$ 的小圆内部的相轨迹趋向于坐标原点(曲线 1),则无扰运动是稳定的。若起点位于坐标系原点附近的相轨迹在 $t > t_0$ 时刻超出了某个半径为 $\varepsilon$ 的圆周,则该受扰运动是不稳定的(曲线 2)。

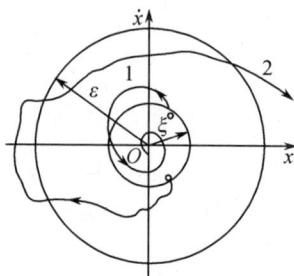

图 2.6 机械系统的稳定及不稳定相图

为了解非线性系统的稳定性,A. M. Lyapunov 提出了两种通用方法。第一种方法主要基于系统行为方程的线性化。利用 Taylor 级数展开并忽略一阶以上的级数项可以实现线性化,通常,相对于系统中受扰运动要素以及相对应的无扰运动要素之间的偏差,可以采用 Taylor 级数展开并忽略一阶以上级数项的方法进行线性化,即

$$\Delta x_i = x_i - x_i^H \quad (i = 1, 2, \cdots, n) \tag{2.65}$$

式(2.65)称为变量 $x_i$ 的变差,由此可以导出由变差表示的近似线性方程为

$$\Delta \dot{x}_i = \sum_{i=1}^{n} k_i \Delta x_i \tag{2.66}$$

式中:系数 $k_i$ 可以通过以下微分求得,即

$$k_i = \frac{\partial}{\partial x_i^H} \psi_i(t, x_1^H, x_2^H, \cdots, x_n^H) \tag{2.67}$$

当系数 $k_i$ 为常数时,无扰运动是稳定的,此时,针对平稳线性系统稳定性的研究方法也可以用于分析非线性系统的平稳运动。通常情况下,如果 $k_i$ 是时间的函数,可以考虑采用不同初始条件下的直接模拟法以及系数冻结法等方法。

利用 Lyapunov 第二种方法可以直接针对具有显著非线性特征的系统稳定性进行分析。该方法需要找到给定系统相空间坐标系中的某个函数 $\Pi(\Delta x_1, \Delta x_2, \cdots, \Delta x_n)$,该函数在一定程度上类似于空间中静止质量点所具有的势能函数。更进一步,与 Legen-Dirichlet 理论类似,我们认为势能最小点对应稳定平衡位置,最大点则对应不稳定平衡位置。

如果除某些等于零的点之外,在包含坐标原点在内的区域中的所有点符号相同,则 $\Pi(\Delta x_1, \Delta x_2, \cdots, \Delta x_n)$ 是一个常符号函数。仅在坐标原点处等于零的常符号函数称为定号函数(固定为正或为负取决于符号)。

当微分方程所表示的受扰运动可以找到一个这样的定号函数 $\Pi$ 时,所对应的无扰运动是稳定的。$\Pi$ 对时间的全导数为

$$\frac{\mathrm{d}\Pi}{\mathrm{d}t} = \sum_{i=1}^{n} \frac{\mathrm{d}\Pi}{\mathrm{d}\Delta\psi_i} \Delta \dot{x}_i \tag{2.68}$$

上述全导数是与 $\Pi$ 符号相反的定号函数。

Lyapunov 第二种方法的局限性在于很难确定 $\Pi$ 函数,这尤其关系到由于涉及到本质错误而不适合进行线性化的系统。这也就是工程设计当中通常使用近似法的原因。I. A. Vyshnegradskii 是第一个提出这种方法的人。该方法基于以下假设:稳态运动的稳定性表现在即使是在短时间间隔内产生的最轻微的扰动,也会给系统带来轻微的初始扰动。从以上事实出发,所有相对于坐标的一阶以上项及速度项都被舍弃,无扰运动稳定性推论可以通过线性方程组的形式获得。相对于 Lyapunov 的稳定性定性理论,以线性化方程为基础的稳定性研究方法共同构成了第一近似理论。

在第一近似理论中,受扰运动方程可以表示为一阶常系数线性齐次微分方程,即

$$\dot{x}_1 = k_{11}x_1 + k_{12}x_2 + \cdots + k_{12}x_n$$
$$\vdots \tag{2.69}$$
$$\dot{x}_n = k_{n1}x_1 + k_{n2}x_2 + \cdots k_{nn}x_n$$

当只包含一个变量时,上述方程组的最简单形式称为标准型,即

$$\dot{y}_i = k_i z_i \quad (i = 1, 2, \cdots, n) \tag{2.70}$$

式中:$y_i$ 与 $x_i$ 具有线性关系。

如果以下行列式等于零,则式(2.69)能够代入式(2.70)中,即

$$\begin{vmatrix} k_{11} - k & k_{21} & \cdots & k_{n1} \\ k_{12} & k_{22} - k & \cdots & k_{n2} \\ \vdots & \vdots & & \vdots \\ k_{12} & k_{2n} & \cdots & k_{nn} - k \end{vmatrix} = 0 \tag{2.71}$$

式(2.71)称为特征方程。如果方程的所有根都具有负实部,则非线性系统在线性化后的无扰运动稳定;如果方程至少有一个根具有正实部,则系统不稳定。当方程某些根的实部等于零时(此时,其余根的实部为负),则线性化系统的运动是条件稳定的,其稳定条件为这些根具有单个初等因子;反之,若这些根具有多重初等因子,则系统不稳定。

多项式以及所对应的特征方程行列式能够判定系统是否稳定。这种判定可能并没有通过诸如 Routh、Hurwitz、Nyquist 等基于闭环内函数根个数的 Cauchy 定理的稳定性判据对行列式的根进行预先设计。分析稳定性的频率法,特别是 Nyquist 判据,通常应用于机械系统的自振研究当中。

## 2.3　振动测量设备

用来测量振动参数的特殊设备称为测振仪,测振仪与振动测量传感器(VMT)共同构成振动接收器,可以将振动转化为电信号。

测量位移、速度和加速度的振动传感器分别称为振动计、速度计以及加速度计。

然而,需要指出的是,由于以下原因,人们越来越偏向使用加速度。首先,在中高频振动范围内加速度信号值足够大。例如,若振动频率为 1000Hz,当位移为 $1\mu m$ 时,加速度可以达到 $40m/s^2$,约等于 $4g$,其中 $g$ 为单位重力加速度。其次,加速度数据可用于计算设计元素上的动态惯性载荷。最重要的是,现代振动技术使得振动测量传感器能够直接测量加速度而无须进行额外的微分或积分

处理。

常用的基于各种物理现象的数字式（电阻式、电位式、压阻式、电涡流式、电感式）振动测量传感器已经成为压电式器件（压电加速度计）[13, 14]。这些测量计的优点包括工作频带宽、线性特性动态范围广、输出电信号与加速度成正比、在外部影响下稳定性高、耐久性高、工艺性好、可以在无外加电源下工作以及较小的质量和紧凑性。

压电加速度计通过发电式惯性传感器测量绝对加速度。传感器中的敏感元件由弹性单元及与其固连的惯性质量组成。

当固定了振动测量传感器的物体开始振荡时，压电单元所受惯性载荷与加速度及敏感元件质量成正比。由于正压电效应（机械载荷作用下产生电荷），与物体接触的振动测量传感器产生与加速度值成正比的电荷（电压）。装有压电单元的加速度计在拉压、弯曲或剪切作用下工作。设计特性对振动系统刚度、自振频率以及转换因子都由影响。实际上，在低于共振频率下工作的加速度计呈现出恒定的灵敏度。当频率超过共振频率时，其灵敏度迅速降低（图 2.7）。压电加速度计的共振频率通常为 10 ~ 100kHz。

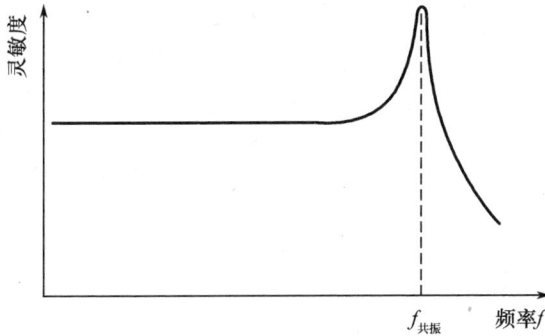

图 2.7　典型压电加速度计灵敏度频率特性

根据国家标准 GOST 30296 - 95（IEC 1260，ISO 8041），加速度计的主要技术特征包括刻度、转换因子、灵敏度、幅频（AFC）和相频（PFC）特性以及频率及温度范围。

刻度表示加速度与输出电压（电荷）之间的关系，具有线性特征，其线性因子不超过 1% ~ 5%。

转换因子等于出口处电信号与振动测量传感器内部加速度值之比，通常用来确定刻度的斜率。

保证安装过程中的连接刚度，避免其他降低振动测量传感器共振频率及减小工作频带的缺陷是非常重要的。在这一方面，引入了"安装共振"的概念衡量本征频率的降低(实际上会达到降低量的 1. 5 ~ 2 倍)。这一因子与振动测量传感器在物体上的安装方式有关。

频率范围是压电振动测量传感器的一个重要特征。其上限频率 $f_u$ 与安装共振频率 $f_s$ 有关,对于大多数传感器 $f_u = 0.3 f_s$ ;当具有非均匀幅频特性时, $f_u \approx 0.1 f_s$ 。工作频率下限取决于连接线缆的电容和所使用测量仪器的输入电阻。当敏感元件在弯曲作用下工作时,振动测量传感器通常表现出较高的电容(几千皮法)。

需要记住的是,具有正交压电效应的加速度计不仅在主方向(纵向),同时在横向也有灵敏度。尽管事实上横向灵敏度小于纵向灵敏度 20 ~ 30dB,但在分析复杂振动时可能仍会导致根本错误。降低横向灵敏度可以采用以下方法:调整机械系统和电路的对称性,使可动质量的质心与刚心共线,采用多个压电单元对振动测量传感器的非均匀机械及电气误差进行平均处理。采用弯曲或剪切压电单元的振动测量传感器横向压电效应因数一般可以低至 1% 。压电测量传感器的对称设计保证其不受内部电磁场和温度影响。

在所有 3 个笛卡儿坐标轴方向上具有 3 个独立振动加速度测量通道的测振仪常用来研究复杂的振动模式。

# 参 考 文 献

1. Vibration. Terms and Definitions: State Standard GOST 24346-80 (Standart of Comecon 1926–79) Introduced 31.08.1980, Moscow, Izdatelstvo Standartov, 32 p. (1980)
2. G. Nor, *Almost Periodic Functions* (Gostekhizdat, Moscow, 1934), p. 130
3. A.E. Bozhko, *Reproduction of Vibrations* (Navukova Dumka, Kiev, 1975), p. 190
4. V.S. Pellinets, G.S. Skorik, *Modern Instruments for Impact Measurements* (BNIIKI, Moscow, 1973), p. 55
5. J. Stoker, Nonlinear Oscillations in Mechanical and Electrical Systems (Inostr. Lit., Moscow, 1956), p. 256
6. V.N. Chelomei (ed.), Vibration in Machinery, Refer Book in 6 Vols, vol. 2, ed. by I.I. Blekhman. Vibration of mechanical nonlinear systems (Mashinostroenie, Moscow, 1979), p. 351
7. I.I. Wolfson, M.Z. Kozlovskii, *Nonlinear Problems of Machine Dynamics* (Mashinostroenine, Leningrad, 1968), p. 284
8. Y.G. Panovko, Introduction in the Theory of Mechanical Vibrations (Nauka, Moscow, 1971), p. 240
9. V.L. Veits (ed.), Nonlinear Problems in Machine Dynamics and Durability (LGU Publisher, Leningrad, 1983), p. 336
10. V.A. Andronov, A.A. Vitt, S.E. Khiakin, *The Theory of Oscillations* (Fizmatizdat, Moscow, 1959), p. 915
11. B. Van-der-Paul, *Nonlinear Theory of Electrical Oscillations* (Gosizdat on communication techniques, Moscow, 1935), p. 42
12. Y.V. Demin, E.N. Kovtun, in *Estimation of Self-oscillation Parameters of the Systems with Coulomb's Friction*, ed. by V.F. Ushakov. Dynamic Characteristics of Mechanical Systems,

Collection of Science Papers (Kiev, 1984), pp. 3–7

13. V.V. Klyuev (ed.), Instruments and Systems for Measuring Vibration, Noise and Impact, vol. 2. (Mashinostroenie, Moscow, 1978)
14. D.A. Grechinsky, V.N. Kovalsky, State of the Art and Promises in Development of Vibroacoustic Means. Instruments, Automation Devices and Control Systems. Review, *Instruments*, TSS-7 (2) (Moscow, 1988), p. 33
15. J. Hald, Combined NAH and beamforming using the same arra. Tech. Rev. **3**, 3–39 (2005, Bruel & Kjaer)

# 第3章 声辐射、声波和声场

本章首先给出了主要声学概念的含义以及声场的规律和特征,描述了用于测量研究对象噪声参数的特殊仪器,阐明了高频噪声测量的关键特性,介绍了广泛应用于研究摩擦系统噪声的声强和声全息方法。

## 3.1 声辐射中的常用工程量

作为物理现象的声音(噪声)相当于弹性介质中的波。作为一种生理现象,它表现为耳朵对波动的感知特征。

对固体、液体或气体介质中任何三维点稳定状态的干扰,都会使通过该点传播的波形产生扰动。其中发生扰动的三维区域称为声场。声场中介质的物理状态,或者更准确地说,由波动引起的这种状态变化通常用以下工程量加以表征。

(1)声压 $P(N/m^2)$ 表示在没有声场的介质中观察到的瞬时最高压力和平均压力之间的差值。压缩阶段的声压为正,耗散阶段为负。

(2)空气粒子的振动速度 $v(m/s)$ 表示介质中声波传播期间振动粒子运动的瞬时值。如果粒子与声波方向移动方向一致,则振动速度为正;如果粒子向声波传播相反方向移动,则为负值。该值为时间和坐标的函数。

空气中出现的声波从其驱动点(声源)开始传播。声音从一点传递到另一点需要一定时间。声音传播的速度取决于介质的特性及声波传播的方式。

20℃空气中的声速为340m/s。声速不应与空气粒子的振动速度 $v$ 混合,$v$ 是一个符号变化的值,它取决于频率,也就是声压。

沿着声波传播方向测量的波长 $\lambda(m)$ 表示声场中两个相邻点之间的距离,在这些点处介质粒子的振动速度相等。

各向同性介质中的波长与频率 $f$ 以及及声速之间的关系可以通过以下公式表示,即

$$\lambda = \frac{f}{c} \tag{3.1}$$

声波与声能同步进行传递。

在声波传播方向上每单位面积传输的功率称为声强 $I(W/m^2)$。声强是声压和粒子振动速度乘积的时间平均值。在一般情况下,声音强度由以下关系描述:

$$I = vp\cos\theta \qquad (3.2)$$

式中:$v$ 为声波中粒子振动速度的均方差,m/s;$p$ 为声压的均方差,$N/m^2$;$\theta$ 为振动速度和声压之间的相移。

如果声波在自由声场中传播(在没有反射声波的情况下),可以得到

$$v = \frac{p}{\rho c} \qquad (3.3)$$

式中:$\rho$ 为介质的密度,$kg/m^3$;$c$ 为介质中的声速,m/s。

自由声场中的振动速度和声压具有相同相位时,即 $\cos\theta = 1$,则在声波传播方向上的自由声场中的声音强度由下式表示,即

$$I = \frac{p^2}{\rho c} \qquad (3.4)$$

式中:$\rho c$ 为介质对声音的阻抗。

粒子的振动速度通常难以进行测量。其振动能够利用具有声压梯度(即声压随距离的变化率)的非线性欧拉方程描述。声压梯度可以通过速率计测量,该速率计配备有两个彼此靠近放置的传声计(参见 3.2.2 节的详细描述)。

因此,通过将测量结果代入欧拉方程可以得到粒子的振动速度。

声能密度 $w(J/m^3)$ 等于每单位体积的声能。在平面波中传播的声能密度可以从以下关系式中得出,即

$$\varepsilon = \frac{I}{c} = \frac{p^2}{\rho c^2} \qquad (3.5)$$

声能密度是一个标量,在声波方向不确定的情况下,声场能量特征好于强度特征(如在封闭空间中)。声压和声强能够在一些三维点处描述声场特征,但它们的测量依赖于传感器点的位置、辐射方向和声波传播的条件。

声功率 $P(W)$ 定义为在单位时间内由噪声源辐射到空间中的声能总量。

为了在自由声场中得到声功率,应该知道声强度,即每单位时间内与声音传播方向垂直的单位表面的平均声能流量。如果将声源产生的所有方向的声强值相加,就能够获得声功率,即

$$P = \int_s I_n \mathrm{d}s \qquad (3.6)$$

式中:$I_n$ 为与面积元 $\mathrm{d}s$ 垂直的声能流强度,$W/m^2$。

声辐射的方向是任何声波源(噪声源)的重要特征。实际噪声源通常具有以不同方向均匀辐射的特征。声辐射的非均匀性由方向因子描述,即

$$Q = \frac{p_n^2}{p_{ch}^2} \tag{3.7}$$

式中:$p_n$ 为在给定方向上距离声源一定距离处测量的声压;$p_{ch}$ 为声压在相同固定距离的所有可能方向上平均值。

声场通常是以声波传输的方式和条件加以分类的。下面讨论一些声场的声压与强度之间的典型关系。需要注意的是,仅在下面提出的特定声场中,即自由和扩散场中,这些关系才能够用数学术语准确描述。

### 3.1.1 声场规律

(1)自由场。声波在理想化自由空间中传播而没有任何形式的反射,这样的场称为自由声场。户外(距离地面足够的距离)、消声室或入射声波被墙壁完全吸收的空间,都能够满足自由场所需的条件。如果从声源沿声波传播的方向增加2倍距离,则声波在自由场中传播的声压和声强减少6dB。基本上,这个属性遵守反平方律。在自由声场中的声音强度与声压的比值(更精确地说,二者的幅度比)已经能够用数学语言进行描述。这种数学关系能够在自由场中求得声源的辐射功率(文献[1]中阐述了类似的方法)。

(2)扩散场。扩散声场的特征在于声波的多重反射,从而导致声波在所有方向上以相同的幅度和机率传播。扩散声场多出现在密封、有混响的室内或房间中。虽然扩散场中的总声音强度等于0,但是有一个理论公式将声压与单侧声强相互关联。在相反方向的相似成分被忽略的情况下,单侧声强是声音在一个方向上的强度。单侧声音强度不能用标准的声强计测量(参见第3.2.2节),尽管它有助于测量声压在确定扩散声场中的声源功率。相应的方法在文献[2]中均有阐述。

(3)有功声场和无功声场。声波的传播总是伴随着声能的流动。然而,不存在声波传播并不一定代表没有声压的存在。有功声场的典型特征是声能流,而无功声场没有能量流动。声音能量可以在任何时候由声源发起,但辐射能量将在一段时间后强制返回。声能的累积类似于弹簧中机械能的积累,因此,总的声音强度等于零。一般来说,所有声场都具有有功和无功分量。由于声场的无功分量与声源辐射功率无关,因此,无功声场中的声压测量结果可能会变得不可信。然而,即使在这些条件下,声音强度测量仍然具有较高的可靠性。这是因为声强与声能流相关,声场的无功成分通常不会影响强度的测量结果。

### 3.1.2 分贝刻度的使用

声源的声压、强度和声功率变化范围大。声压变化范围为 $2 \times 10^{-5} \sim 2 \times 10^4 \mathrm{N/m^2}$,其比值可达 $10^9$。

为了方便起见,在应用声学中采用以相对对数单位(称为分贝)估计声压、声强、声能密度和声功率。

因此,为了缩小读数范围,通常使用相对对数尺度而不是上述绝对值所表示的尺度。这些数量等级的变化不是用确定的单位而是用确定的倍数加以表示。

声压级 $L_p(\mathrm{dB})$ 由以下公式求得,即

$$L_p = 10\lg \frac{p^2}{p_0^2} = 20\lg \frac{p}{p_0} \tag{3.8}$$

式中:$p_0$ 为等于 $2 \times 10^{-5} \mathrm{N/m^2}$ 的阈值声压。该值在 1000Hz 的声级上表现为一个可听度(零水平)的阈值。

声压增加 1 倍使声压级提高 6dB,声压提高 10 倍会使声压级提高 20dB。

声强级 $L_I(\mathrm{dB})$ 由以下关系表示,即

$$L_I = 10\lg \frac{I}{I_0} \tag{3.9}$$

式中:$I_0$ 为等于 $10^{-12} \mathrm{W/m^2}$ 的阈值声强。

对数级不是绝对的,而是相对的,因此是无量纲的。然而,一旦 $p_0$ 和 $I_0$ 的阈值已经被标准化,相应的声压和声强级也会绝对化,从而明确地定义了相应的声压和声强值。表 3.1 列出了在宽频率范围内测量的不同声源的绝对声压级数据[3,4]。

表 3.1　不同来源的绝对声压级别

| 声源 | 声压级 | 距离/m |
|---|---|---|
| 可听到临界值 | 0 ~ 10 | — |
| 耳语 | 30 ~ 40 | 1 |
| 低声 | 50 ~ 60 | 1 |
| 大声 | 60 ~ 7 | 1 |
| 金属切割机 | 80 ~ 90 | 1 |
| 木材工作机 | 100 ~ 120 | 1 |
| 气动工具 | 110 ~ 120 | 1 |
| 活塞发动机 | 120 ~ 130 | 3 |
| 喷气发动机 | 130 ~ 140 | 3 |

由于声压级别在很大程度上依赖于距离声源的远近,因此,在表示声压时,应始终指明与声源的距离。

声功率水平 $L_P(dB)$ 与声压和声强水平类似,即

$$L_P = 10\lg \frac{p}{p_0} \tag{3.10}$$

通常,声功率的阈值为 $p_0 = 10^{-12}\text{W}$。

辐射为向性指数:来自不同方向的源的不均匀噪声辐射不仅可以由辐射方向性因子表达,而且可以用方向性指数表示,即

$$DI = L - \overline{L} \tag{3.11}$$

式中:$L$ 为在距离声源固定距离处的给定方向上测得的声压级,dB;$\overline{L}$ 为相同距离的所有方向的平均声压级,dB。

通过以下公式可以得到方向性因子与方向性指数之间的相互关系,即

$$DI = 10\lg Q \tag{3.12}$$

### 3.1.3 噪声的频谱特征

在一段时间间隔内,从最低频率 $f_H$ 到最高边界频率的所有连续频率的组合 $f_\beta$ 称为频率范围。在这种情况下,考虑到问题的物理本质将频率范围内细分为多个部分,它们将称为子带或频带。

带宽以音程表示。音程满足 $f_\beta = 2f_H$ 称为倍频程。

频谱是噪声的关键特征,因为它表示频带内的声能分布。在噪声的研究、评价标准以及健康性评估等方面都需要考虑频谱因素。

利用频谱分析通常可以将可听频率范围 15 ~ 20kHz 分为多个频带,并估计各个频带内的声压、声强和声功率。噪声频谱的特征通常表现为分布在倍频带上的数量等级。

为了更详细地研究噪声,应该使用倍频带,为此 $f_\beta = 2^{1/3}f_H = 1.26f_H$

倍频带或 1/3 倍频带通常由中心频率 $f_c = (f_\beta f_H)^{0.5}$ 设定,有时频率范围宽度以相对于中频范围的百分比度量。

通常,在考虑噪声谱(31.5Hz ~ 8.0kHz)[5] 时,存在一系列标准的倍频带中心频率。根据频率可以区分以下噪声模式:

低频噪声($f_c < 250\text{Hz}$);

中频噪声($250 < f_c \leq 500$);

高频噪声($500 < f_c \leq 8.0\text{kHz}$)。

根据频谱的特征,噪声细分为宽带噪声和线谱噪声。

宽带噪声的特点是连续谱,其宽度超过一个倍频程。

线谱噪声具有表示离散(音调)分量的频谱。

在实践中,通常在 1/3 倍频带内进行测量评估线谱噪声。确实存在这样的情况,即一个频带中的声压级超过相邻频带的声压级至少 10dB。

### 3.1.4 频率修正尺度

除了线性分贝尺度以外,实际应用中还存在许多其他尺度。它们的水平同样以分贝加以度量,但在某些确定频带内,允许频率(或其他)修正。例如,在仪器中使用尺度 A、B 和 C 测量噪声(声级计或噪声计)。

在分析人类对噪声的主观感知时,上述尺度在频率 - 强度修正中起到了重要的作用。

现在已经知道,强度相似但频率不同的声音在人耳听来音量不同。图 3.1 给出了具有相似响度的声音曲线,这些曲线表示某个频率的声音应该具有的水平,从而给人以同样的响度印象。如在 1000Hz 频率下产生的响度,垂直列上显示的等级超过 1000Hz 频率值。从图中可以看出,人耳在 3~5kHz 的频率范围内最为敏感。在低频范围内的可听度最小,但是随着声级的增加,听觉灵敏度的频率特性曲线会变得平滑。

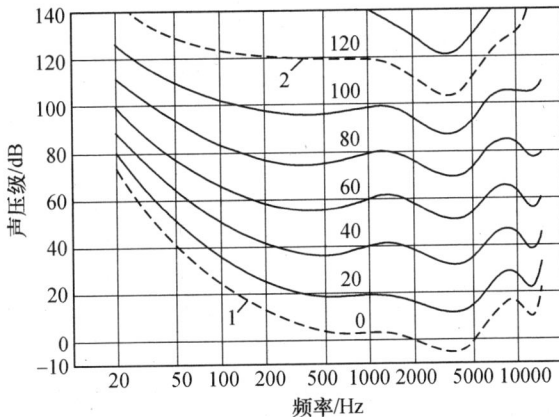

图 3.1　等音量曲线

1—可听阈值;2—疼痛阈值。[6]

等响度曲线用于表示尺度 A、B 和 C 的频率 - 幅度特性:A 为低强度噪声(0~55dB);B 为中强度噪声(55~85dB);C 为高强度噪声(大于 85dB)。声级计的频率修正特性 A、B、C(图 3.2)实际上是在不同噪声水平下,人类平均听觉的频率特性。

利用尺度 A、B 和 C 可以对所有可听频率范围内的噪声音量进行整体估计。

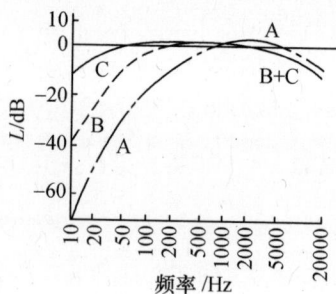

图 3.2 频率修正 A、B 和 C[7]

然而,在有界倍频程、1/3 倍频程和窄(音调)频带中不能采用频率修正。这些音阶的测量单位相应地表示为 dB(A)、dB(B) 和 dB(C) 或 dBA、dBB 和 dBC。近年来,由于尺度 A 已被证明完全符合人类对噪声的主观感觉,而且这种感觉与噪声的水平无关,因此,尺度 B、C 实际上已经不再使用了。目前,尺度 A 下的声压级称为音量[6]。

### 3.1.5 噪声的时间特征

由统计学得出,噪声的数量可以是稳定的,也可以是不稳定的。稳态噪声可以用随机过程加以表征,该过程具有独立于零时间基准的分布函数。从实际角度看,最有趣的是前两阶分布矩与时间无关的随机过程,符合这种规律的噪声通常可以称为广义稳定。对于非稳态噪声而言,应至少符合某种时间统计特征。

(1)恒定噪声。持续的噪声通常由独立设备在同一模式下不间断地运行产生,如风扇、泵、计算设备等。在这种情况下,只需要几分钟的时间就能够使用便携式仪表测量噪声水平。如果可以识别声调和低阶频率,那么,频谱就能够被测量和记录,以便进一步分析。在测量期间或短时过程中,如在一个工作班次中,如果声压级变化不超过 5dBA,则可以认为噪声是恒定的[5]。

(2)非恒定噪声。在周期性模式下运行的设备,如汽车、火车经过或飞机飞过,会产生迅速变化的噪声。每个工作周期的噪声水平能够通过类似于连续噪声的方法测量,但需要考虑单个周期的时间。在估算汽车、火车或飞机每次通过的噪声水平时,该过程称为"事件"。为了确定"事件"的噪声水平,首先应该衡量噪声暴露程度(背景噪声),从而将事件的噪声水平和持续时间统一起来加以描述。另外,建议使用最大声压级,测量多个类似事件的噪声等级时可以取其平均值。

非恒定噪声通常分为以下几种:

① 时变噪声。其声级不断变化。

② 不连续噪声。具有逐步变化的声级(不小于5dBA)或具有恒定声级的间隔时间不少于1s。

③ 脉冲噪声。由一个或几个声音信号组成,每个持续时间小于1s。由冲击或爆炸引起的噪声,如冲压、捶打或射击,称为脉冲噪声。它主要由典型的、令人猝不及防的短促尖锐噪声组成,如果只根据声压水平判断,脉冲噪声相比可预知噪声会使人感到更强烈。通常使用快速和慢速反应参数之间的差异确定噪声的冲击性。根据文献[8],这个差值应不小于7dB。此外,记录脉冲的重复频率(每单位时间的脉冲数)是很重要的。

基于尺度 A 建立了一系列与声级相似的参数,用于估计单独的短时噪声事件和一定时间间隔内的噪声模式[6]。为了组合这些参数,我们经常以等量的声级作为主要数量。实际上,取 A 尺度中的声级值作为时间常数,则测量过程中噪声的均方声压值与测得的非恒定噪声声级类似,即

$$L_{\text{Aeq}} = 10\lg\left\{T^{-1}\int_0^T\left(\frac{p_{\text{A}}(t)}{p_0}\right)^2\text{d}t\right\} \tag{3.13}$$

式中:$L_{\text{Aeq}}$ 为非恒定噪声的等效(在能量方面)声级,dBA;$p_{\text{A}}(t)$ 为采用 A 尺度进行频率校正后所测量的当前噪声均方声压值;$T$ 为预设的时间间隔。

## 3.2 噪声测量方法与设备

### 3.2.1 声级计

声级计是最简单的传统噪声分析仪,通常为便携式测量设备,其组成包括传声计、输入放大器、频率滤波器(符合线性分贝尺度和频率修正(A、B 和 C)标准参数)、输出放大器和成像装置。典型声级计的框图如图3.3所示[4,9]。

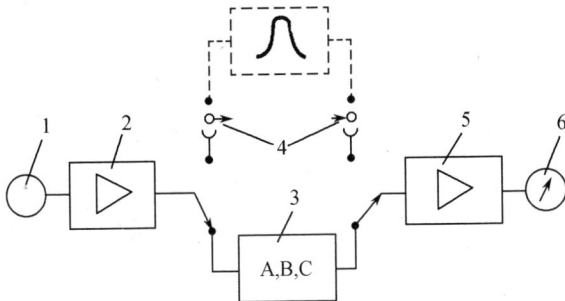

图 3.3　声级计框图

1—声传声计;2—前置放大器;3—具有标准频率特征的滤波器;
4—连接外部滤波器(虚线表示);5—输出放大器;6—指示器。

实际上,所有声级计都带有外部滤波器(窄带、1/3 倍频程、倍频程或其他)接口,用来测量被测噪声的频谱组成。此外,还含有示波器或其他测量信号获取设备的接口。可以根据声级变化选择声级计的响应速度,为此目的而设计的特殊整流器采用的电路含有不同时间常数:F—快速,S—慢速,I—脉冲。图 3.4 显示了矩形声音脉冲作用期间记录的声级计读数与时间的相关特性。

量程 I 实际上用于测量任何噪声水平,包括脉冲噪声水平,尤其是针对需要快速找出最大声级所在范围的情况。量程 F 和 S 用于测量没有脉冲的噪声,其目的是记录平均指标值。有些声级计含有存储设备,能够将测量过程中所发现的最大值记录下来。

声级计的特性在很大程度上取决于传声计质量。通常使用的传声计类型包括电容式、驻极式或压电式,其中相比较而言,后者更加简单且造价低廉。然而,电容式传声计能够保证足够高的测量精度,频率范围较宽(高频方面),同时具

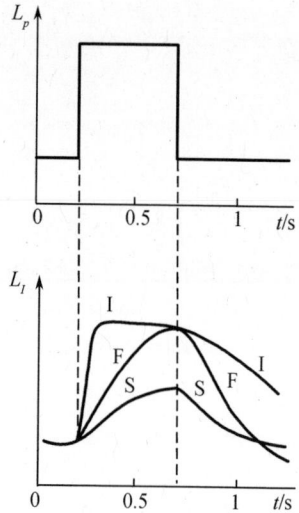

图 3.4　声级计的
时间 - 读数曲线
F—快;S—慢;I—脉冲。

有更好的线性频率特征。根据测量精度,声级计分为 4 级:0 级——模型测量;1 级——准确的实验室和现场测量;2 级——常规精度测量;3 级——近似测量[8]。

严格来说,上述设备主要应用于测量远离声源区域的噪声水平。这是因为它们的话筒被设计为声压传感器,所测得的声级满足式(3.8)。然而,通过该公式得到的近场声级值与主要式(3.9)计算值之间存在差异。因此,近场测量所用的声级计无法对声场强度和声源功率进行估计。在这种情况下,测量的数值仅能够表示测试点的声压级。

在高频范围内测量的另一个重要特性(大多数声级计高于 5kHz)是话筒随频率增加的方向灵敏度。由于这个原因,在测量 10 ~ 12.5kHz 频率的噪声水平时,误差可能会达到 3 ~ 5dB。在这种情况下,所研究的声场接近扩散场(扩散场中的入射波在所有方向均匀分布),噪声计读数修正可以从带有声级修正频率的图表中获得。测量仪读数中所叠加的典型频率修正值如图 3.5 所示。

声级计校准采用分贝尺度,该尺度的相对值是由参考源(校准器)产生的标准声压。

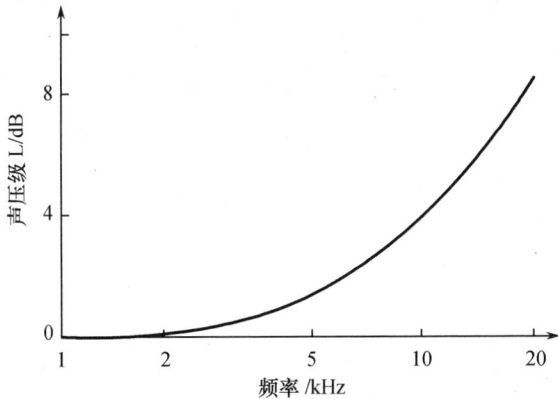

图 3.5 扩散场中的声级计读数频率修正值

## 3.2.2 声强计

声压测量并不总能提供关于所研究声场细节特征的综合信息,特别是具有复杂空间结构的声场。深入的分析来自于对声场的能量特性的分析,如势能和动能的密度、强度向量等。对能量行为进行研究可能在一些情况下有助于了解复杂声场的结构特征及其形成规律。

获取关于强度向量的信息也很重要。确定声场中各点的强度向量幅值及方向能够实现声源定位并计算其声功率。需要注意的是,声源的声功率和定位可以通过估计其近场强度确定。如前面强调的那样,仅对近场声压进行测量可能会导致错误的估计。

现在测量声音强度最适用的方法是所谓的"双话筒法"。它包括两个声压接收器,间隔距离远小于波长[10-15]。声强计话筒信号的总和能够给出话筒之间各点处的平均声压值(图 3.6),即

$$p = \frac{p(A) - p(B)}{2} \tag{3.14}$$

式中:$p(A)$ 和 $p(B)$ 为话筒所在的点的声压值。假定话筒之间的空间压力分布能够呈现足够精确的近似线性关系,而这个空间应小于波长。要计算强度,还应该知道振动速度。根据欧拉方程,该值与压力梯度相关,振动速度在连接话筒的轴线(表示为 $x$ 轴)方向上的分量可以粗略定义为两个话筒测量值的有限差分近似。作为结果,可得

39

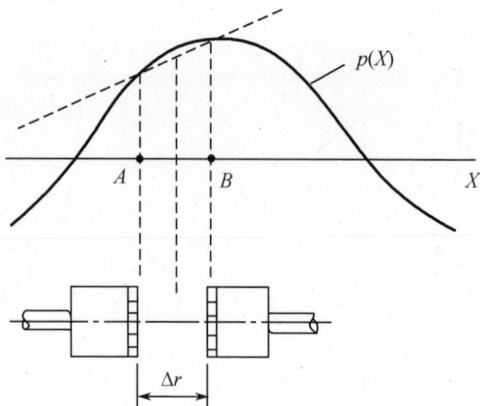

图 3.6 双话筒法测量声音强度

$$v_x = \frac{1}{\rho_0}\int \frac{p(B) - p(A)}{\Delta r}\mathrm{d}t \tag{3.15}$$

式中：$\Delta r$ 为话筒之间的空间。

因此，沿着连接话筒的轴线方向，有功声强向量的分量可以通过以下公式计算，即

$$I_x = -\overline{\frac{p(A) - p(B)}{2\rho_0\Delta r}\int[p(B) - p(A)]\mathrm{d}t} \tag{3.16}$$

时域中不调和无功声强定义可以通过希尔伯特变换得出，被变换函数（本书中为 $v(\tau)$）的谱分量每隔 $\pi/2$ 将会出现相移，即

$$J = \frac{1}{\pi}\overline{p(t)\int_{-\infty}^{+\infty}\frac{v(\tau)}{t - \tau}\mathrm{d}\tau} \tag{3.17}$$

式中：$\tau$ 为时延。

因此，考虑到式（3.14）、式（3.16）和式（3.17），无功声强可以计算为

$$J_x = -\frac{1}{\pi}\overline{\frac{p(A) - p(B)}{2\rho_0\Delta r}\int\left[\int_{-\infty}^{+\infty}\frac{p(B) - p(A)}{t - \tau}\mathrm{d}\tau\right]\mathrm{d}t} \tag{3.18}$$

从上述方程出发，需要特殊的硬件支持，通过双话筒法确定声强。该设备应包括获取信号和与差的单元、积分器、乘法器、求均值模块和其他设备。由于声强计中的硬件实现存在困难，所以声强测量通常被限制在测量其有功分量方面。

除了基于直接使用式（3.16）和式（3.18）（称为直接算法）的处理算法以外，还应当定义广泛应用的算法关于频谱[10-15]。

40

稳态噪声场在给定方向 $x$ 上的强度向量分量可以通过相同方向的声压和振动速度分量的互相关函数 $R_{pv_x}(\tau)$ 表示，即

$$N_x = \overline{p(t)v_x(t)} = \overline{p(t)v_x(t+\tau)} \mid_{\tau=0} = R_{pv_x}(0) \qquad (3.19)$$

互相关函数 $R_{pv_x}(\tau)$ 与通过傅里叶变换的声压和振动速度的互谱 $S_{pv_x}(f)$ 相关，即

$$R_{pv_x}(\tau) = \int_{-\infty}^{+\infty} S_{pv_x}(f) e^{j\omega\tau} df \qquad (3.20)$$

从式（3.19）和式（3.20）可以得出，声强与互谱满足

$$N_x = \int_{-\infty}^{\infty} S_{pv_x}(f) df \qquad (3.21)$$

即互谱不过是声强的频谱密度。因此，可以获得声强的有功和无功分量，即

$$I_x = \int_{-\infty}^{\infty} \mathrm{Re}[S_{pv_x}(f)] df \qquad (3.22)$$

$$J_x = \int_{-\infty}^{\infty} \mathrm{Im}[S_{pv_x}(f)] df \qquad (3.23)$$

如果 $F_p(A)$ 和 $F_p(B)$ 是对应的点 $A$ 和 $B$ 处的声压谱，则近似声压谱 $F_p$ 和话筒之间某点处的振动速度 $F_{v_x}$ 有以下关系，即

$$F_p = \frac{F_p(A) + F_p(B)}{2} \qquad (3.24)$$

$$F_{v_x} = -\frac{F_p(B) - F_p(A)}{j\omega\rho_0\Delta r} \qquad (3.25)$$

在乘以 $F_p F_{v_x}^*$ 之后求平均值，可以获得声压和振动速度之间的互谱，其形式为

$$S_{pv_x} = \frac{j}{2\omega\rho_0\Delta r}(S_{AA} - S_{BB} + S_{BA} - S_{AB}) \qquad (3.26)$$

式中：$S_{AA}$ 和 $S_{BB}$ 为自谱；$S_{AB}$ 和 $S_{BA}$ 为 $A$ 点和 $B$ 点之间的声压互谱。考虑到 $S_{AB} = S_{AB}^*$，将差值 $j(S_{BA} - S_{AB})$ 转换为 $2\mathrm{Im}S_{BA}$，因此，根据式（3.22），声强的有功分量可以通过谱 $S_{BA}$ 表示为

$$I_x = \frac{1}{\rho_0\Delta r}\int_{-\infty}^{\infty} \frac{\mathrm{Im}S_{AB}}{\omega} df \qquad (3.27)$$

由式（3.23）和式（3.26）可以得到无功分量，即

$$J_x = \frac{1}{2\rho_0\Delta r}\int_{-\infty}^{\infty} \frac{S_{AA} - S_{BB}}{\omega} df \qquad (3.28)$$

从上述关系出发,有功声强分量由互谱的虚部定义,而无功分量由 $A$、$B$ 两点的自谱之差获得。在频率范围 $(0,+\infty)$ 内的过渡谱 $G_{AB}$、$G_{AA}$、$G_{BB}$ 可从实验中获得并给出最终结果,即

$$I_x = \frac{1}{\rho_0 \Delta r} \int_0^\infty \frac{\mathrm{Im} G_{AB}}{\omega} \, \mathrm{d}f \tag{3.29}$$

$$J_x = \frac{1}{2\rho_0 \Delta r} \int_{-\infty}^\infty \frac{G_{AA} - G_{BB}}{\omega} \, \mathrm{d}f \tag{3.30}$$

双话筒声强计的方向参数仅取决于沿连接话筒方向轴上的振动速度分量的测量特性。因此,上述声强计的方向图(强度)具有偶极性 $I_x = |\vec{I}| \cos\theta$;其中 $\theta$ 是连接话筒的 $x$ 轴和强度向量方向之间的夹角(图 3.7)。声强计两个方向分支的相位彼此相反,这个关键特性使其能够对声源进行定位。

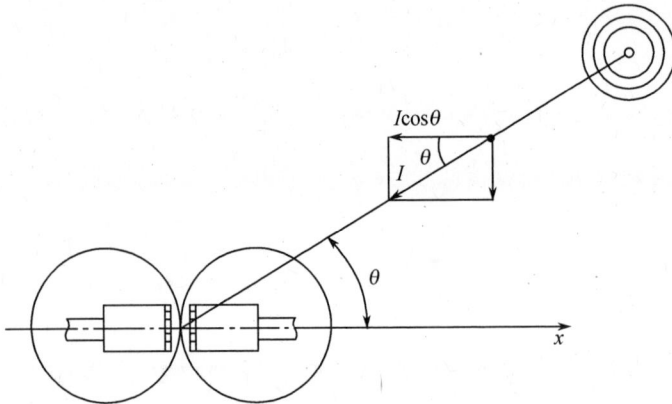

图 3.7 双话筒声强计的方向特征

双话筒测量计在噪声测量方面具有一定的局限性。由于话筒之间的空间距离 $\Delta r$ 有限,因而,利用式(3.14)、式(3.15)进行近似计算存在一定误差。因此,对于空间不均匀场中的声强测量,两话筒中点处的实际值与测量结果可能不同。例如,球面波场中的测量结果 $I_m$ 与强度 $I_s$ 的实际值有如下关系[11],即

$$\frac{I_s}{I_m} = \frac{\sin(k\Delta r)}{k\Delta r} \cdot \frac{1}{1 - \frac{1}{4}\left(\frac{\Delta r}{r}\right)^2} \tag{3.31}$$

式中:$r$ 为从声源中心到话筒连线中点的距离。从上述关系可以看出,随着 $\Delta r/r$ 值的增加,即随着声强传感器接近声源的中心,测量的误差将增加。虽然测量精度要求限制 $\Delta r/r$,但并不与研究的空间场类型有关(近场或远场),然而,也应当

42

考虑到与声源距离非常小的情况以及近场区域。文献[10]中指出,由上述因素会增加噪声等级测量误差。在以下情况中,测量误差小于 1dB:单极场中,$\Delta r/r > 1.1$;双极场中,$\Delta r/r > 1.6$;四极场中,$\Delta r/r > 2.3$。显然,在实际中,声源和声强计之间的距离限制不是非常严格的。在一些情况下,声源中心往往位于辐射表面以内。

此外,从式(3.31)可以得出,测量误差随参数 $k\Delta r$ 的增加而增加,从图 3.8 中可以清晰地看出其中原因。如果频率太高,则话筒之间的间距变得与波长相当,这样,式(3.14)和式(3.15)的近似计算就会失效。目前,声强仪的可用频率范围上限随距离 $\Delta r$ 的增加而下降。从这点来看,$\Delta r$ 选择应尽可能小。

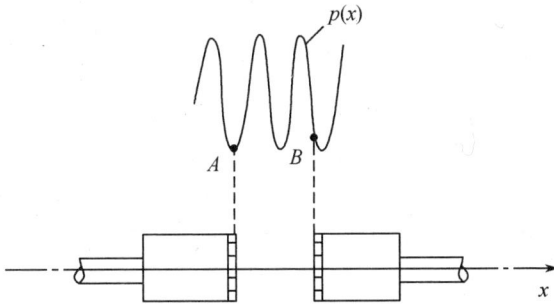

图 3.8　高频声场中的双话筒测量计

在实践中,如果要减少话筒之间的距离,由于两个通道间不可避免的相位不匹配,低频测量精度将受到影响。需要注意的是,在相同相位的声波影响下,声强计通道所产生的信号会有稍许的相位差。随着频率下降,话筒位置点之间的声压相位差相应减小,并且可能变得与通道相位不匹配,即

$$\frac{I_s}{I_m} = \frac{\sin(k\Delta r \pm \beta)}{k\Delta r} \tag{3.32}$$

式中:$\beta$ 为通道中的不平衡相位。低频测量精度问题一定程度上可以通过校正声强计的相位和交换话筒解决[8,12]。需要着重记住的是,两通道间相位不平衡也是造成声强计指向性扭曲的原因。特别是这有可能造成零点方向灵敏度偏移角度 $\psi = \arcsin[\beta/(k\Delta r)]$,如图 3.9 所示[11]。

因此,声强计的频率范围取决于话筒间距,同时限制了频率上限。话筒之间的相位不匹配确定了其下限频率。低频范围内声强计的话筒间距大,高频时声强计的两个话筒间距小。图 3.10 表明,声强计的相对灵敏度与话筒的间距有关(从 6mm 到 50mm)。注意:图中低频部分假设通道间存在 0.3° 的相位不匹配。

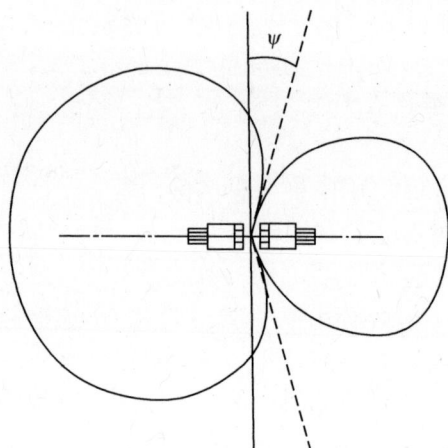

图 3.9　通道相位不平衡引起的指向性扭曲

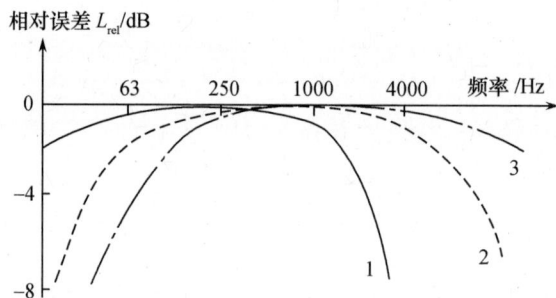

图 3.10　声强计话筒间隔为 50mm(1)、12mm(2)、6mm(3)时的相对测量误差

### 3.2.3　声全息法

除了上述单向声强计(仅测量声强向量的一个空间分量)之外,还有三向声强计,其具有 6 个(3 对相互垂直)或 4 个话筒[15],以及在此基础上改进的平面或空间话筒栅格[16-18]。

采用波束合成、近场声全息(NAH)、统计最优近场声全息(SONAH)等现代声学方法,能够获得声源附近测量点甚至声源表面处的声强图。这使得测量结果更加容易理解,进一步提高了声源的分辨率并能够更加精确地估计声源的属性特征。

形成声像图(波束形成)意味着构建了噪声源图。为此,噪声水平根据其起源的方向而有所不同。上述声学全息法可用于构建远距离噪声图,在绘制大型对象的声像图时尤其有用。

　　近场声全息通过使用平面话筒光栅对近场声压进行测量,利用多通道分析系统对每个话筒的信号进行快速傅里叶变换(图 3.11)。NAH 方法的本质在于构建一个用于描述声场的数学模型。该数学模型通常基于离声源平面不远的一组声压测量结果。使用该模型,可以确定平行于测量平面的各个面上的声场参数,如声压、声强、声速等。

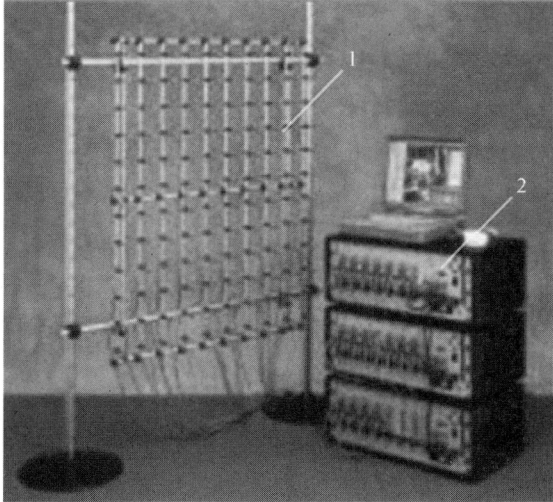

图 3.11　声学全息系统示意图(该系统所包含的天线阵列(1)是
专为 120 个话筒和 132 个采集通道(2)所设计)[19]

　　通常使用大型固定天线阵列测量瞬态过程参数,以确保在所有选定点处进行同步测量。这些参数通常可以通过指向声源某些传感器所测得的声强图得到。基于天线阵列记录数据的方法旨在完善瞬态过程测量,因为可以从多个点同时记录数据,从而使得测量更加快速。

　　由工作机构或设备所产生的、在空气中传播的声波称为平面噪声。类似汽车、火车等运行过程中所产生的振动噪声称为运输噪声。"噪"声的概念不会对声音或其频谱特性造成任何限制。

　　需要重点强调的是,噪声和振动实际上总是由于同样的原因而产生并共同作用的,并且在某种程度上是相互关联的。这就是为什么噪声和振动往往需要综合分析的原因。对以上二者而言,显然可以使用相同的数字信号处理方法处理相关实验数据,采用同样的方式对减少噪声和振动现象的影响也会具有相似的效果。

# 参 考 文 献

1. Acoustics. Determination of sound power levels of noise sources by the sound pressure. Exact methods for anechoic and semi-dead chambers. State standard GOST 31273-2003 (ISO 3745:2003), 2005, p. 31

2. Noise of machines. Determination of sound power levels by the sound pressure. Exact methods for reverberation chambers. State Standard GOST 31274-2004 (ISO 3741:1999) (Standartinform, Moscow, 2005), p. 26

3. B.G. Prutkov, I.A. Shishkin, G.L. Osipov, I.L. Karagalina, *Sound-Proofing In Civil Engineering* (Stroyizdat, Moscow, 1966), p. 114

4. G.L Osipov et al., *Measurement of Noise Generated by Machines And Equipment* (Standard Publishing, Moscow, 1968), p. 147

5. Noise. General safety requirements. State Standard GOST 12.1.003-83 (Standard Publishing, Moscow, 1991) p. 14

6. J.D. Webb (ed.), *Noise Control in Industry* (Halsted Press, New York, 1976), p. 421

7. E.Ya. Yudin, *Noise abatement in industry. Reference Book* (Mashinostroenie, Moscow, 1985) p. 400

8. Noise meters: General technical requirements and test methods. State Standard GOST 17187-81 (Standard Publishing, Moscow, 1989), p. 28

9. P.N. Kravchun, *Generation and Methods of Abating Noise and Sound Vibration* (University Publishing, Moscow, 1991), p. 184

10. F.A. Jacobsen, V. Cutanda, P.M. Juhl, Sound intensity probe for measuring from 50 to 10 kHz. Bruel and Kjaer Tech. Rev. **1**, 1–8 (1996)

11. S. Gade, Sound intensity (part I theory). Bruel and Kjaer Techn. Rev. **3**, 3–39 (1982)

12. S. Gade, Sound intensity (part 2 instrumentation and applications). Bruel and Kjaer Tech. Rev. **4**, 3–32 (1982)

13. J.Y. Chung, Cross-spectral method of measuring acoustic intensity without error caused by instrument phase mismatch. J. Acoust. Soc. Am. **64**(6), 1613–1616 (1978)

14. F.J. Fahy, Measurement of acoustic intensity using the cross-spectral density of two microphone signals. J. Acoust. Soc. Am. **62**(4), 1057–1059 (1977)

15. G.C. Steyer, R. Singh, D.R. Houser, Alternative spectral formulation for acoustic velocity measurement. J. Acoust. Soc. Am. **81**(6), 1955–1961 (1987)

16. J.J. Christensen, J. Hald, Beamforming. Bruel and Kjaer Tech. Rev. **1**, 1–50 (2004)

17. J. Hald, Combined NAH and beamforming using the same arra. Bruel and Kjaer Techn. Rev. **3**, 3–39 (2005)

18. J. Patch Hald, Nearfield acoustical holography using a new statistically optimal method (SONAH). Bruel and Kjaer Tech. Rev. **3**, 40–52 (2005)

19. Brake squeal investigations using acoustic holography. case study. Brüel and Kjær sound and vibration measurement A/S, [Electronic resource]. http://www.bksv.com/pdf/ba0618.pdf, Accessed 4 Mar 2010

# 第4章　噪声与振动信号的分析方法

本章介绍了振动和噪声信号频率分析的一般方法,包括傅里叶变换、调制信号分析、随机过程频谱分析、两个过程的相互关系(相干性)分析。频率法在数字系统中的实现方法也同样有所涉及。

## 4.1　频率分析方法

### 4.1.1　傅里叶级数展开

将复杂的振动过程展开为简单的成分称为频率分析。表示频率范围内噪声或振动行为能量分布的数值称为频谱。

所有的振动过程都可以细分为周期性和非周期性。周期性信号的特征为 $x(t) = x(t+T)$,其中 $T$ 为信号周期,是噪声和振动的显著特征,这对于了解谐波信号 $x(t) = A\cos(\omega t - \varphi)$ 是非常重要的。该信号函数具有 3 个独立成分,其中 $A$ 为振幅、$\omega$ 为角频率、$\varphi$ 为相位。

谐波信号可以表示为三角函数关系

$$A\cos(\omega t - \varphi) = a\cos(\omega t) + b\sin(\omega t) \tag{4.1}$$

其中

$$A^2 = a^2 + b^2, \varphi = \arctan(b/a)$$

任何周期信号可以认为是谐波分量(谐波)的和,即傅里叶级数

$$x(t) = \frac{a_0}{2} + \sum_{n=1}^{\infty} (a_n\cos(n\omega_1 t) + b_n\sin(n\omega_1 t))$$

$$= \frac{a_0}{2} + \sum_{n=1}^{\infty} A_n\cos(n\omega_1 t - \varphi_n) \tag{4.2}$$

式中:分量 $a_0/2$ 定义了信号 $x(t)$ 的平均值;$A_n = \sqrt{a_n^2 + b_n^2}$ 为 $n$ 次谐波幅值;$\varphi = \arctan(b_n/a_n)$ 为 $n$ 次谐波相位;$\omega_1 = 2\pi/T$ 为信号的基频。

傅里叶级数的系数与信号的时间函数 $x(t)$ 之间满足

$$\begin{cases} a_n = \dfrac{2}{T}\displaystyle\int_{-T/2}^{T/2} x(t)\cos n\omega_1 t\,\mathrm{d}t & (n = 0,1,2,\cdots) \\[3mm] b_n = \dfrac{2}{T}\displaystyle\int_{-T/2}^{T/2} x(t)\sin n\omega_1 t\,\mathrm{d}t & (n = 0,1,2,\cdots) \end{cases} \tag{4.3}$$

通过一组振幅 $A_n$ 和各自的频率 $n\omega_1$，可以构成周期性振动 $x(t)$ 的均匀分布幅值谱，利用一组相位 $\phi_n$ 能够形成相位谱。

噪声和振动分析中的某些应用问题使用复数形式记录信号。复数形式的谐波信号可以表示为

$$x(t) = A\cos(\omega_1 t - \varphi) = \mathrm{Re}\big[Ae^{j(\omega_1 t - \varphi)}\big] \tag{4.4}$$

则周期信号可以通过相应的傅里叶级数表示为

$$x(t) = \sum_{-\infty}^{+\infty} C_n e^{jn\omega_1 t} \tag{4.5}$$

其中

$$C_n = \frac{1}{T}\int_0^T x(t)\,e^{-jn\omega_1 t}\,\mathrm{d}t \tag{4.6}$$

复数形式的傅里叶级数的系数除了 $C_0 = a_0$ 以外，还有

$$|C_n| = \frac{\sqrt{a_n^2 + b_n^2}}{2}, \varphi_n = \arctan(b_n/a_n)$$

## 4.1.2　傅里叶积分变换

非周期信号的频谱是连续的，并包含所有频率，所以针对这种情况就不能将其变换为傅里叶级数。因此，描述频率域内的非周期信号需要采用傅里叶积分变换。假设振动周期 $T \to \infty$ 的情况下，对傅里叶级数进行极限变换，则可将非周期信号作为周期信号进行处理。以这种方式提出的非周期性函数具有一定的合理性，因为可以将其视为具有无限周期的周期性函数。

那么，如果将式(4.6)中的 $C_n$ 代入式(4.5)，设周期 $T$ 为无穷大，则可以得到

$$x(t) = \frac{1}{2\pi}\int_{-\infty}^{+\infty} e^{j\omega t}\,\mathrm{d}\omega \int_{-\infty}^{+\infty} x(t)\,e^{-j\omega t}\,\mathrm{d}t \tag{4.7}$$

或者

$$x(t) = \frac{1}{2\pi}\int_{-\infty}^{+\infty} S(j\omega)\,e^{j\omega t}\mathrm{d}\omega \tag{4.8}$$

其中

$$S(j\omega) = \int_{-\infty}^{+\infty} x(t) \, e^{-j\omega t} dt \tag{4.9}$$

式中:$S(j\omega)$为复变量幅值分布函数或谱密度,即

$$S(j\omega) = |S(j\omega)| e^{j\psi} \tag{4.10}$$

为求得模数$|S(j\omega)|$和参数$\psi$,将式(4.7)表示为

$$x(t) = \frac{1}{2\pi} \int_{-\infty}^{+\infty} \left[ \int_{-\infty}^{+\infty} x(t) e^{j\omega(t-\tau)} d\tau \right] d\omega \tag{4.11}$$

对式(4.11)进行下面的代换,即

$$e^{j\omega(t-\tau)} = \cos\omega(t-\tau) + j\sin\omega(t-\tau)$$

可以得到

$$x(t) = \frac{1}{2\pi} \left\{ \int_{-\infty}^{+\infty} \left[ \int_{-\infty}^{+\infty} x(\tau) \cos\omega(t-\tau) d\tau \right] d\omega \right.$$
$$\left. + \int_{-\infty}^{+\infty} \left[ \int_{-\infty}^{+\infty} x(\tau) \sin\omega(t-\tau) d\tau \right] d\omega \right\} \tag{4.12}$$

式(4.12)中第二个积分等于0,即

$$\int_{-\infty}^{+\infty} x(\tau) d\tau \int_{-\infty}^{+\infty} \sin\omega(t-\tau) d\omega = \int_{-\infty}^{+\infty} x(\tau) \cos\omega(t-\tau) \Big|_{-\infty}^{+\infty} d\tau = 0$$

因此,有

$$x(t) = \frac{1}{\pi} \int_{\omega=0}^{\omega=\infty} \int_{\tau=-\infty}^{\tau=\infty} x(\tau) \cos\omega(t-\tau) d\tau d\omega \tag{4.13}$$

式(4.13)等号右边部分为傅里叶积分。将傅里叶积分式(4.13)的被积函数表示为

$$\int_{-\infty}^{+\infty} x(\tau) \cos\omega(t-\tau) d\tau = \cos(\omega t) \int_{-\infty}^{+\infty} x(\tau) \cos(\omega\tau) d\tau$$
$$+ \sin(\omega\psi) \int_{-\infty}^{\infty} x(\tau) \sin(\omega\tau) d\tau$$
$$= a'\cos(\omega t) + b'\sin(\omega t) \tag{4.14}$$

其中

$$a' = \int_{-\infty}^{\infty} x(\tau) \cos\omega\tau d\tau$$

$$b' = \int_{-\infty}^{\infty} x(\tau) \sin\omega\tau d\tau$$

49

因此,利用式(4.14),可以将式(4.13)表示为

$$x(t) = \frac{1}{\pi} \int_0^\infty (a'\cos\omega t + b'\sin\omega t) \, \mathrm{d}\omega \qquad (4.15)$$

或

$$x(t) = \frac{1}{\pi} \int_0^\infty A\sin[\omega t + \phi(\omega)] \, \mathrm{d}\omega \qquad (4.16)$$

式中:$A_n = (a'^2 + b'^2)^{0.5}$为振幅;$\phi = \arctan(b'/a')$为信号的谱密度相位。

比较式(4.8)和式(4.16),可以得出

$$S(\omega) = A, \psi = \varphi(\omega) \qquad (4.17)$$

这意味着非周期信号的频谱特征是谱密度$S(\mathrm{j}\omega)$,而周期信号的特征为振幅。

式(4.8)和式(4.9)是谱理论的基本公式,通过这对傅里叶变换能够将函数$x(t)$和$S(\mathrm{j}\omega)$联系起来。使用傅里叶逆变换式(4.8)及谱密度$S(\mathrm{j}\omega)$可以重建信号波形。

如果信号具有相对于时间的偶函数$x_e(t)$或奇函数$x_o(t)$的形式,则傅里叶积分变换能够得到简化。因此,傅里叶变换可以相应地采取以下两类关系式,即

$$S(\mathrm{j}\omega) = 2\int_0^\infty x_e(t)\cos\omega t \mathrm{d}t$$

$$S(\mathrm{j}\omega) = 2\int_0^\infty x_o(t)\sin\omega t \mathrm{d}t \qquad (4.18)$$

谱能量是脉冲信号的主要特征[1],即

$$W(\omega) = \int_0^\infty |S(\mathrm{j}\omega)|^2 \mathrm{d}\omega \qquad (4.19)$$

能量谱为

$$N(\omega) = \frac{1}{\pi} \lim_{T\to\infty} \frac{|S(\mathrm{j}\omega)|^2}{T} \qquad (4.20)$$

活动频谱宽度被确定为频带,其对应于总脉冲能量的部分为$\lambda$。$\Delta\omega$的值可以从以下关系获得,即

$$\lambda\int_0^\infty |S(\mathrm{j}\omega)|^2 \mathrm{d}\omega = \int_0^{\Delta\omega} |S(\mathrm{j}\omega)|^2 \mathrm{d}\omega \qquad (4.21)$$

如果模拟的所有脉冲频率成分都很重要,则采用谱方法描述脉冲过程能够获得最佳的效果。冲击脉冲的频谱(频谱密度相对于频率)可以用位移、速度或加速度谱的形式给出。后两个频谱是通过位移谱乘以$\omega$和$\omega^2$获得的。

图 4.1(a)给出了钟形脉冲谱 $x(t) = Ae^{-\beta t^2}$ 的示例，$\beta$ 为形状因子。其信号谱由以下关系描述，即

$$S(j\omega) = 2A\int_0^\infty e^{-\beta t^2}\cos\omega t\,dt = A\sqrt{\frac{\pi}{\beta}}e^{-\frac{\omega^2}{4\beta}} \tag{4.22}$$

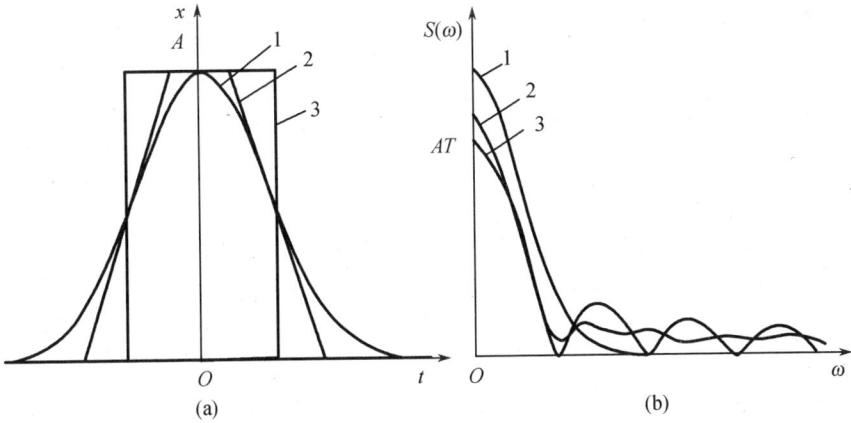

图 4.1　脉冲形式(a)及频谱(b)

1—钟形；2—梯形；3—矩形。

上述信号的频谱分析表明，信号脉冲持续时间越小，形状因子 $\beta$ 越大；频谱越宽，信号在低频下的频谱密度越小。在高频范围内，信号的谱密度值不但受脉冲持续时间的影响很大，而且也受到脉冲边缘的陡度影响。图 4.1(b)所表示的梯形和方形脉冲，其频谱满足以下对应关系，即

$$S_{mp}(j\omega) = \left[\frac{2A}{\omega(T-T_1)}\right](\cos T_1 - \cos\omega T)$$

$$S_{np}(j\omega) = \frac{2A}{\omega}\sin\frac{\omega T}{2} \tag{4.23}$$

式中：$A$ 为最大脉冲幅度；$T$ 为脉冲持续时间；$T_1$ 为梯形脉冲顶点所对应的时间。

### 4.1.3　调制信号分析

机械系统中的复杂振动信号可能会同时存在并相互作用。

在最简单的情况下，频率为 $\omega$ 和 $\Omega$，相位为 $\varphi$ 和 $\psi$ 的两个信号可以合成以下形式，即

$$x(t) = A\cos(\omega_0 t + \varphi)\cos(\Omega t + \psi) \tag{4.24}$$

分析这种声振波形需要一个能够将信号分成简单分量的模型。利用傅里叶

51

级数展开能够将信号描述为具有振幅 $A/2$ 和频率 $\omega_0 \pm \Omega$ 的两个谐波信号的叠加混合。在这种情况下,信号将具有以下形式,即

$$x(t) = \frac{A}{2} \{ \cos [ (\omega_0 + \Omega) t + \phi + \psi ] + \cos [ (\omega_0 - \Omega) t + (\phi - \psi) ] \} \quad (4.25)$$

声振信号的调制过程为了解所研究机械系统的技术状态提供了有价值的信息。在这一方面,应该考虑该过程的更多细节。

以信号 $u(t)$ 和 $v(t)$ 的加法乘法混合形式表达调制信号,即

$$x(t) = A[ a_1 u(t) + a_2 v(t) + a_3 u(t) v(t) + \cdots ] \quad (4.26)$$

式中:$a_1, a_2, a_3, \cdots$ 为与信号成比例的常数。

基于以下关系式[2,3],谐波信号 $u(t) = \cos\omega_0 t$ 和 $v(t) = \cos\Omega t$ 能够确定最简单的幅度调制信号,即

$$x(t) = A[ 1 + m\cos(\Omega t + \phi) ] \cos\omega_0 t$$

$$= A\cos\omega_0 t + \frac{1}{2} A\cos [ (\omega_0 - \Omega) t - \phi ]$$

$$+ \frac{1}{2} Am\cos [ (\omega_0 + \Omega) t + \phi ] \quad (4.27)$$

式中:$m = \dfrac{x_{\max} - x_{\min}}{x_{\max} + x_{\min}}$ 为调制深度。

图 4.2 包含 3 个谐波分量:频率为 $\omega_0$ 的载波;其他两个频率分别为 $\omega_0 + \Omega$ 和 $\omega_0 - \Omega$ 的侧音。作为比较,在图 4.2(b) 中给出了一个由式 (4.26) 所描述的包含两个谐波分量的拍频波形。函数 $A[ 1 + m\cos(\Omega t + \phi) ] \cos\omega_0 t$ 描述了调制波形包络。当 $\Omega << \omega_0$ 时,侧音相位差值与起始相位相当且 $\phi << \dfrac{\pi}{2}$,由于该值很小,可以忽略。

随机信号的幅值调制可由以下关系式表征,即

$$x(t) = A\left[ 1 + m\sum_{k=1}^{n} a_k\cos(\Omega_k t - \phi_k) \right]\cos\omega_0 t \quad (4.28)$$

式中:$ma_k = m_k$ 为部分调制深度。

要理解频率调制的物理概念,可以将一个谐波信号表示为

$$x(t) = \cos(\omega_0 t + \phi_0) = A\sin [ \phi(t) ] \quad (4.29)$$

式中:$\phi(t) = \omega_0 t + \phi_0$ 为谐波信号的总相位。

一般情况下,信号频率 $\omega(t)$ 会随机变化。在频率谐波变化的情况下,总相位的类型为[2-4]

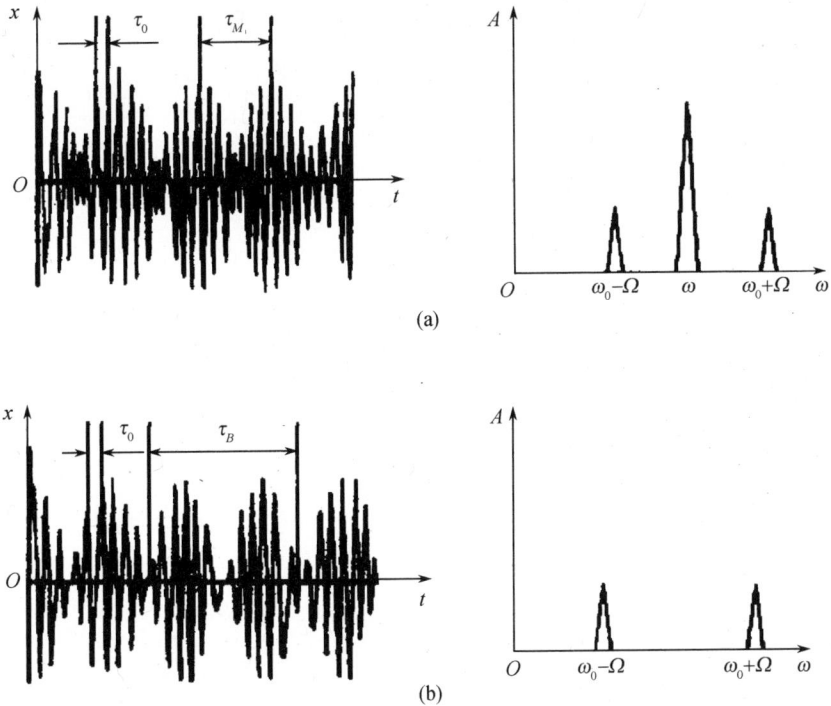

图 4.2 幅度调制信号(a)和拍频波形(b)的时间曲线及频谱

($\tau_0 = 2\pi/\omega_0$ 为载波周期, $\tau_M = 2\pi/\Omega$ 为调制周期, $\tau_B = \pi/\Omega$ 为节拍周期)

$$\phi(t) = \omega_0 t + m\frac{\omega_0}{\omega_m}\sin\omega_m t + \phi_0 \qquad (4.30)$$

在这种情况下,信号(式(4.29))的调制深度为 $m$,频率偏差 $m\omega_0$ 和调制指数 $\beta = \dfrac{m\omega_0}{\omega_m}$。

尽管初始关系式(4.30)给出了频率调制的定义,可以采用式(4.30)进行深度为 $\dfrac{m\omega_0}{\omega_m}$ 的相位调制。实际上, $\omega = \dfrac{\mathrm{d}\varphi}{\mathrm{d}t}$ 并且调制信号被分解成相位和频率调制只是一种常规手段。针对这两种调制类型的论述中可以统称为"角度调制"。

角度谐波调制类型的信号为

$$x(t) = A\cos(\omega_0 t + \beta\sin\omega_m t + \varphi_0) \qquad (4.31)$$

对于 $\phi_0 = 0$ 和小调制指数 $\beta \ll 1$,当 $\sin(\beta\sin\omega_m t) \cong \beta\sin\omega_m t$ 时,可以表示为

53

频谱的形式,即

$$x(t) = A(\cos\omega_0 t - \beta\sin\omega_m t\sin\omega_0 t)$$

$$= A\cos\omega_0 t + \frac{\beta}{2}A\cos(\omega_0 + \omega_m)t - \frac{\beta}{2}A\cos(\omega_0 - \omega_m)t \quad (4.32)$$

如果将幅度调制信号频谱(式(4.27))与角度调制信号频谱(式(4.32))进行比较,可以发现频率 $\omega_0 \pm \omega_m$ 的侧音相位差。对于侧音相位,幅值调制相位相差 $\phi \leq \frac{\pi}{2}$,信号角度调制相位相差为 $\pi$。大调制指数的角度调制具有以下形式,即

$$x(t) = A\left\{J_0(\beta)\cos\omega_0 t + \sum_{n=1}^{\infty} J_n(\beta)\left[\cos(\omega_0 + n\omega_m)t\right.\right.$$

$$\left.\left. + (-1)^n\cos(\omega_0 - n\omega_m)\right]\right\} \quad (4.33)$$

式中:$J_n(\beta)$ 是第一类 $n$ 阶贝塞尔函数。

从式(4.33)可以看出,角度调制信号频谱比幅值调制信号频谱宽。需要注意的是,有效带宽取决于调制指数,大致等于 $2\beta\omega_m$[5]。

## 4.1.4 随机信号的频谱分析

正如之前已经论述过的一样(参见第 1 章),功率谱密度 $G(\omega)$、谱函数 $F_s(\omega)$、带宽 $\Delta\omega$、功率谱密度 $G(\omega)$ 的最大值位置和幅度、边界频率 $\omega_1$ 和 $\omega_2$ 等谱特征被广泛应用于分析随机过程。

频谱密度可以通过 Wiener-Hinchin 关系以相关函数 $R(\tau)$ 的傅里叶变换形式得到,即

$$G(\omega) = \frac{1}{2\pi}\int_{-\infty}^{\infty} R_x(\tau)e^{-j\omega\tau}d\tau$$

$$R_x(\tau) = \int_{-\infty}^{\infty} G(\omega)e^{j\omega\tau}d\omega \quad (4.34)$$

函数 $G(\omega)$ 表示每个频带 $d\omega$ 的随机过程功率。在这方面,$G(\omega)$ 也称为被研究信号的能量谱。

$\omega_1$ 和 $\omega_2$ 之间的频带中包含的过程功率可用以下关系式进行定义,即

$$P_{12} = \int_{\omega_1}^{\omega_2} G(\omega)d\omega \quad (4.35)$$

要了解谱函数 $F(\omega)$,可以将相关函数 $R_x(\tau)$ 表示为

$$R_x(\tau) = \int_{-\infty}^{\infty} e^{j\omega\tau} \, dF(\omega) \tag{4.36}$$

式中:$F(\omega)$ 是参数 $\omega$ 的实非减有界函数。

函数 $F_s(\omega)$ 是谱函数。对于以下情况

$$\int_{-\infty}^{\infty} \mid R_x(\tau) \mid d\tau < \infty \, , G(\omega) = \frac{dF(\omega)}{d\omega} \tag{4.37}$$

则

$$\Delta F(\omega_i) \approx G(\omega_i)\Delta\omega_i$$

从函数 $R_x(\tau)$ 和 $G(\omega)$ 的奇偶校验属性出发,式(4.34)可以写成

$$G(\omega) = \frac{1}{\pi}\int_0^{\infty} R(\tau) \, \cos\omega\tau d\tau$$

$$R_x(\tau) = 2\int_{-\infty}^{\infty} G(\omega) \, \cos\omega\tau d\omega \tag{4.38}$$

如果 $\tau = 0$,则有

$$R_x(0) = P_\infty = \int_0^{\infty} G(\omega) \, d\omega \tag{4.39}$$

式中:$R_x(0)$ 为随机过程 $x(t)$ 的方差。关系式(4.39)表示了过程 $x(t)$ 的总功率 $P_\infty$。

谱密度也可以通过当前现实谱表示[5],即

$$S_t(\omega) = \int_0^t x(t) \, e^{-j\omega t} dt$$

为此,我们设置一个在时间 $t$ 内产生的过程 $x(t)$ 的能量方程,即

$$E_t = \int_0^t x^2(t) \, dt = \frac{1}{\pi}\int_0^{\infty} \mid S_t(\omega) \mid^2 d\omega \tag{4.40}$$

单位时间 $t$ 内的平均功率为

$$P_t = \frac{E}{t} = \frac{1}{\pi t}\int_0^{\infty} \mid S_t(\omega) \mid^2 d\omega \tag{4.41}$$

对于平稳过程 $x(t)$,平均功率通过以下关系求出,即

$$P_\infty = \lim_{t \to \infty} P_t = \frac{1}{\pi}\lim \frac{1}{t}\int_0^{\infty} \mid S_t(\omega) \mid^2 d\omega \tag{4.42}$$

如果比较式(4.39)和式(4.42),很明显

$$G(\omega) = \frac{1}{\pi}\lim_{t \to \infty} \frac{\mid S_t(\omega) \mid^2}{t} \tag{4.43}$$

谱密度 $G(\omega)$ 与当前现实谱 $S_t(\omega)$ 之间还有一种形式的联系,即

$$G(\omega) = \frac{1}{\pi} M\left( \frac{\partial}{\partial t} | S_t(\omega) |^2 \right) \qquad (4.44)$$

式中:$M$ 为集合的数学期望。

为了进行随机过程信号的频谱分析,应考虑频谱宽度 $\Delta\omega$ 与相关间隔 $\Delta\tau$ 的关系,即

$$\Delta\omega\Delta\tau = 1 (注:\Delta\omega \text{ 原文中为 } \Delta f,原文有误) \qquad (4.45)$$

量 $\Delta\omega$ 和 $\Delta\tau$ 相应地表示频谱密度 $G(\omega)$ 和相关函数 $R_x(\tau)$ 的有效长度。

式(4.45)可以进一步解释为:对关系式(4.38)中第一个方程中,取 $\omega = 0$;对第二个方程,取 $\tau = 0$,则有

$$G(0) = \frac{1}{2\pi}\int_{-\infty}^{\infty} R_x(\tau)\,\mathrm{d}\tau$$

$$R_x(0) = \int_{-\infty}^{\infty} G(\omega)\,\mathrm{d}\omega \qquad (4.46)$$

式(4.46)中的积分实际上分别表示曲线 $G(\omega)$ 和 $R_x(\tau)$ 下的面积。考虑到函数 $G(\omega)$ 和 $R_x(\tau)$ 的长度,数量 $\Delta\omega$ 和 $\Delta\tau$ 则为

$$\Delta\omega = \frac{1}{G(0)}\int_{-\infty}^{\infty} G(\omega)\,\mathrm{d}\omega$$

$$\Delta\tau = \frac{1}{R_x(0)}\int_{-\infty}^{\infty} R_x(\tau)\,\mathrm{d}\tau \qquad (4.47)$$

利用式(4.46)的关系式,可以从式(4.47)中得到式(4.45)。

因此,关系式(4.47)可以理解为:曲线 $G(\omega)$ 和 $R_x(\tau)$ 下的面积分别等于底边为 $\Delta\omega$ 和 $\Delta\tau$、高为 $G(0)$ 和 $R_x(0)$ 的矩形所围成的面积。

当分析静态随机过程时,从频率范围的观点出发是重要的,如窄带和宽带的情况。

典型的窄带振动过程,其能量的主要部分集中在一个或几个相对窄的频带中。这些过程的振幅随机变化。窄带振动表示为

$$x(t) = x_a(t)\sin[\omega_i t + \phi(t)] \qquad (4.48)$$

式中:$x_a(t)$ 和 $\phi(t)$ 为相对 $\sin\omega_i t$ 缓慢变化的函数。

窄带振动具有宽带随机振动影响下的单自由度振动系统特征。窄带振动看起来像简谐振动振荡,因此称为准简谐振动。

窄带振动的相关函数和谱密度形式为

$$\begin{cases} R_{1x}(\tau) = \mathrm{e}^{-\alpha|\tau|}\cos\omega_0\tau \\ R_{2x}(\tau) = \mathrm{e}^{-\alpha|\tau|}(\beta\cos\omega_0\tau + \gamma\sin\omega_0|\tau|) \end{cases} \tag{4.49}$$

$$\begin{cases} G_1(\omega) = 2\alpha\left[\dfrac{1}{\alpha^2 + (\omega + \omega_0)^2} + \dfrac{1}{\alpha^2 + (\omega - \omega_0)^2}\right] \\ G_2(\omega) = 2\alpha\left[\dfrac{2\alpha\beta + 2\lambda(\omega + \omega_0)}{\alpha^2 + (\omega + \omega_0)^2} + \dfrac{2\alpha\beta - 2\gamma(\omega - \omega_0)}{\alpha^2 + (\omega - \omega_0)^2}\right] \end{cases} \tag{4.50}$$

式中：$\alpha$、$\beta$、$\gamma$ 为常数。

宽带振动由几个窄带振荡过程的叠加以及振动激励噪声 $n(t)$ 组成，即

$$x(t) = \sum_{i=1}^{n} x_{ai}(t)\sin[\omega_{0i} + \varphi_i(t)] + n(t) \tag{4.51}$$

振动噪声 $n(t)$ 呈现为混合调制（振幅和角度）的振荡形式[6]，包括了大量的低强度成分。

摩擦连接中的宽带声振现象主要表现为随机宽带过程，其频率范围在 0 ~ 20kHz 变化。由于宽带过程包括了窄带过程的组合，因此，其相关函数和谱密度等于一系列形如式（4.49）和式（4.50）的相关函数相加。上述函数很好地描述了大量对象的振动和噪声现象。

### 4.1.5 两个过程的互相关函数

单一时间函数 $x(t)$ 的频谱特性可以表征为能量频谱密度 $G_{xx}(f)$，也称为自谱密度或功率谱。相应地，两个时间函数 $x(t)$ 和 $y(t)$ 的功率谱称为互谱密度 $G_{xy}(f)$ 或 $G_{yx}(f)$，也称为互谱，即

$$G_{xx}(f) = F_x(f)F_x^*(f) = |F_x(f)|^2 \tag{4.52}$$

$$G_{xy}(f) = F_x(f)F_y^*(f) \tag{4.53}$$

$$G_{yx}(f) = F_y(f)F_x^*(f) \tag{4.54}$$

式中：$F_x(f)$ 和 $F_y(f)$ 为函数 $x(t)$ 和 $y(t)$ 的直接傅里叶变换；$F_x^*(f)$ 和 $F_y^*(f)$ 为复共轭函数。

频谱密度函数与时间域函数的关系可以用下列等式表示，即

$$G_{xx}(f) = 2\int_{-\infty}^{+\infty} R_{xx}(\tau)\mathrm{e}^{-\mathrm{j}2\pi f\tau}\mathrm{d}\tau \quad (0 \leqslant f \leqslant +\infty) \tag{4.55}$$

$$R_{xx}(f) = \frac{1}{2}\int_{-\infty}^{+\infty} G_{xx}(\tau)\mathrm{e}^{-\mathrm{j}2\pi f\tau}\mathrm{d}f \quad (-\infty \leqslant \tau \leqslant +\infty) \tag{4.56}$$

$$G_{xy}(f) = 2\int_{-\infty}^{+\infty} R_{xy}(\tau) \mathrm{e}^{-\mathrm{j}2\pi f\tau} \mathrm{d}\tau \quad (0 \leqslant f \leqslant +\infty) \tag{4.57}$$

$$R_{xy}(f) = \frac{1}{2}\int_{-\infty}^{+\infty} G_{xy}(\tau) \mathrm{e}^{-\mathrm{j}2\pi f\tau} \mathrm{d}f \quad (-\infty \leqslant \tau \leqslant +\infty) \tag{4.58}$$

式中:$R_{xx}(\tau)$ 和 $R_{xy}(\tau)$ 为自相关函数和互相关函数。

自相关系数 $\rho_{xy}(\tau)$ 为

$$\rho_{xy}(\tau) = \frac{R_{xy}(\tau)}{\sqrt{R_{xx}(0)R_{yy}(0)}} \tag{4.59}$$

传递函数由下面关系式得到,即

$$H(f) = \frac{S_y(f)}{S_x(f)}, \ |H(f)|^2 = \frac{G_{yy}(f)}{G_{xx}(f)}, H(f) = \frac{G_{yx}(f)}{G_{xx}(f)} \tag{4.60}$$

需要强调的是,通过使用互谱密度能够最大限度地获得关于相位和幅度的完整信息。

相关函数 $\gamma_{xy}^2(f)$ 或所谓的归一化互谱类似于频率范围内的相关系数。它反映了振动过程的谐波分量之间的相关性程度,即

$$\gamma_{xy}^2(f) = \frac{|G_{xy}(f)|^2}{G_{xx}(f)G_{yy}(f)} \tag{4.61}$$

线性系统的相关函数 $\gamma_{xy}^2(f)$ 等于单位 1,且随着系统非线性度增加而逐渐减小,这意味着 $0 \leqslant \gamma_{xy}^2(f) \leqslant 1$。相关函数能够用作系统非线性特征的度量,特别是当相关系数在所定义频带内无法提供足够的信息时,相关函数能够确定每一个频率处的系统特征。

### 4.1.6 倒谱分析

真实的振动信号(噪声)是在物体(空间)的某一点处进行测量的,通常,混合有多重反射后的表面信号以及由于被研究对象单元共振特性而产生变化的响应信号。

振源信号、激振点与测量点之间机械系统的脉冲响应信号的卷积可以构成测量信号。

信号的卷积方程为

$$x(t) = \int_{-\infty}^{+\infty} x_0(\tau) g(t-\tau) \mathrm{d}\tau \tag{4.62}$$

式中:$x(t)$ 为测量点处信号;$x_0(\tau)$ 为振动激励点处的信号;$g(t-\tau)$ 为振动系统的冲击响应。

倒谱变换用于分离这些复杂信号并隔离由振动源本身产生的成分。英文中倒谱(Cepstrum)是通过交换单词频谱(Spectrum)中的某些字母顺序而形成的术语。倒谱的含义是将信号功率的对数谱进行傅里叶变换后再平方,即

$$K(\tau) = \{ F[\lg(\omega)] \}^2 = \left\{ \int_0^\infty \lg[G(\omega)]^2 \cos\omega\tau \mathrm{d}\omega \right\}^2 \qquad (4.63)$$

图4.3 给出了振动信号的直接谱和倒谱[7]。

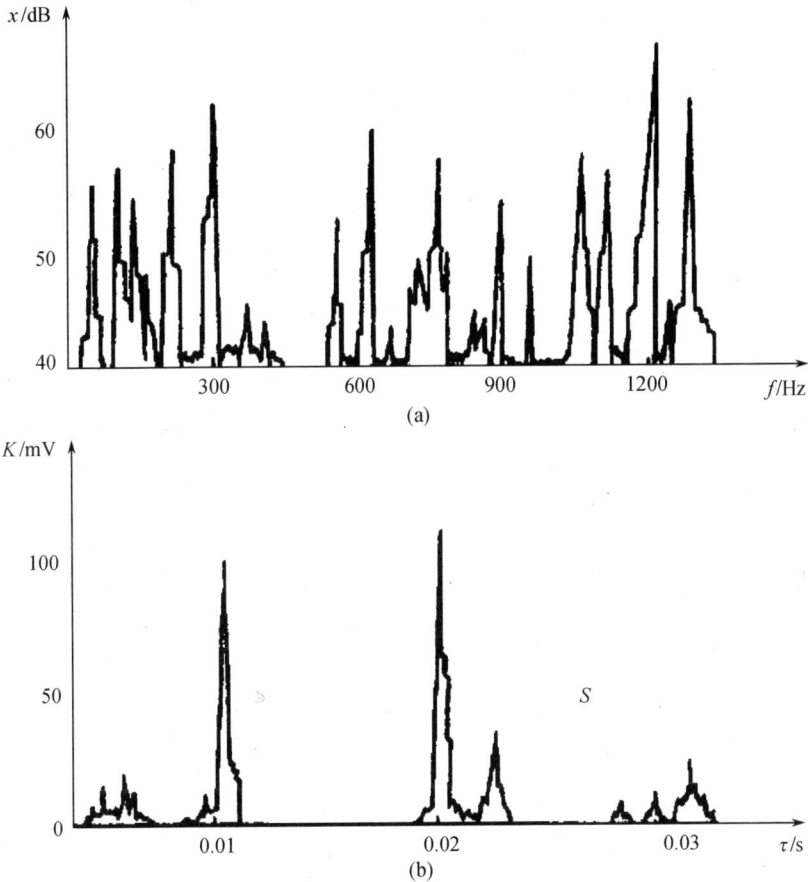

图 4.3 具有旋转元件的机构振动信号频谱(a)和倒谱(b)

在使用频谱表示时,声振信号的能量分散于多个谐波频率上;采用倒谱时,则只有一个谐波分量。倒谱是分析幅值和角度调制信号的有效工具。特别是,倒频谱有助于确定诸如随机过程一样的复杂信号的调制深度。此类信号的传统分析需要对部分调制深度进行复杂而冗长的计算。

上述对复杂信号模型的简要分析证明,每种类型的噪声或振动信号都应通过特定方法进行处理,以便将其分为简单的部分。由于模拟设备技术实现的便捷性,傅里叶变换广泛应用于将被研究信号在正交谐波基函数上进行展开。连同上述方法一起,现代数字信号处理程序提供了一些其他正交函数,用以将复杂信号分解成更为简单的信号。基函数的选择取决于信号所能采用的表示方法。这就是为什么对于信号分析中的特殊问题,如振动诊断,研究人员使用正交函数为基,因为它们能够以最简单和最方便的形式提供关于振源的信息。

## 4.2 通过数字设备进行频率分析

随着数字计算技术的快速发展以及模拟信息高速输入/输出设备的广泛应用,针对低速振动传播过程中信号处理频率范围受限等问题,计算机振动信号分析成为一条有效途径。信号处理算法灵活多变且分析速度快捷,因此,无论多么复杂,数字分析设备都倾向于摒弃模拟手段。此外,由于算法能够以软件包组合的形式实现,因此,在科学研究中无需对此进行额外的分析。

信号分析仪包括计算机和外围输入输出设备,后者将模拟信号转换为数字形式并传送到 PC 进行存储。将数字分析仪分解为图 4.4 所示的模块,能够方便地对模拟信号处理的主要阶段进行可视化。外围设备(如输入带通滤波器 1)会受到 PC(4)的信号控制。然而,在许多情况下,模数转换器 2 和变换后信号在存储设备 3 中的累积可以是自主的,这更加有益于利用 PC 进行模拟信号处理(输入设备 5)。

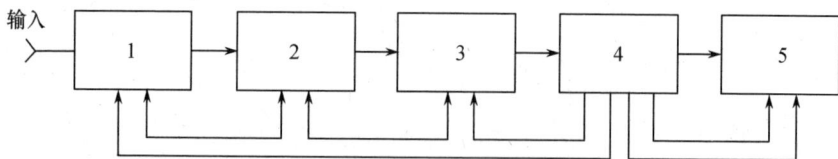

图 4.4　PC 辅助数字信号分析仪结构框图

通过模数转换器(ADC)将连续的模拟信号转换成数字形式,可实现信号的时间数字化和振幅量化。一对一变换的基础是正确选择数字化频率 $f_d = \omega_d / 2\pi$ 和幅度量化水平 $N_{\max}$。

根据 Kotelnikov 定理,要确保连续信号能够正确一对一转化为数字信号需要满足

$$f_d \geqslant \Delta f_e \tag{4.64}$$

式中：$\Delta f_e = \Delta\omega/2\pi$ 为信号频谱的有效带宽。应当注意的是，在一般情况下，信号频谱的下限可能并不为 0。

违反条件式(4.64)会使模拟和数字形式的信号不一致。这就是为什么所选择的同一个信号值可能会对应于具有不同谐波成分的一组模拟信号。频率的所谓重叠效应如图 4.5 所示[7]。图 4.5(a)给出了被研究信号具有有效带宽 $\Delta f_e$ 的两个谐波分量，分量与信号的幅值相等，频率分别对应信号的上限和下限频率 $f_l$ 与 $f_u$。当信号离散化频率为 $f_d \leqslant 2(f_u - f_l)$ 时，信号的高频分量在信号恢复时可能会丢失(图 4.5(b))。

应该强调的是，即使满足条件式(4.64)，信号的模拟和数字分量的表达结果也并不总是一致的。图 4.5(c)显示了频率为 $f_u/f_l = 3$ 的信号的谐波分量，其离散化频率满足 $f_d = 2(f_u - f_l)$，而还原信号(图 4.5(d))中没有频率为 $f_u$ 的分量。为了实现明确的对应，应该满足以下附加条件，即

$$\frac{kf_d}{2} \leqslant f_l, \quad f_u \leqslant \frac{(k+1)}{f_d/2} \tag{4.65}$$

式中：$k = 1, 2, \cdots$。

对满足条件式(4.65)的图 4.5(c)中所显示的信号，可以得到 $f_d = 2(f_u - f_l) = 4f_l$。然而，并不能使用这个频率进行离散化，这是因为 $f_d/2 = 2f_l > f_l$ 和 $f_d/2 < f_u$。例如，当信号的频谱宽度为 2kHz，频率下限为 $f_l = 0$、2、4、6kHz 时，能够得到的最小值为 $f_d = 4$kHz；如果 $f_l = 1$kHz，则 $f_d = 6$kHz；当 $f_l = 3$kHz 时，$f_d = 5.0$kHz；当 $f_l = 5.0$kHz 时，$f_d = 4.7$kHz。

如果可以降低离散化的频率，就能够减少所需存储单元(SU)的容量和计算量；通过收窄存储在 PC 中的信号频带宽度，能够简化对数字波形分析器的要求。操作者应该通过带通滤波器为分析仪入口提供信号，该滤波器能够针对某些特定问题而在频谱中的相应部分产生最多的有用信息。

当信号等级被量化时，其离散时刻的振幅变为数字形式。信号等级的量化范围由振动传感器或麦克风(出口带有前置放大器)中的信号动态范围所决定。通常，PC 的信号输入设备频带最高达 20kHz，而动态范围则低于 45～50dB。因此，为了解决此类信号的分析问题，通常需要使用动态范围高达 60dB 的 ADC。应当注意的是，ADC 的技术规格中还通过以下方程给出了转换器的二进制数位 $m$ 与动态范围之间的关系，即

$$D_m = 20\lg N_{\max} = 20\lg(2^m - 1) \tag{4.66}$$

式中：$N_{\max} = (2^m - 1)$ 为由 ADC 所能导出的最大二进制数。

在 ADC 中转换的信号通过 PC 指令发送到 SU。ADC 和其他用于信息输

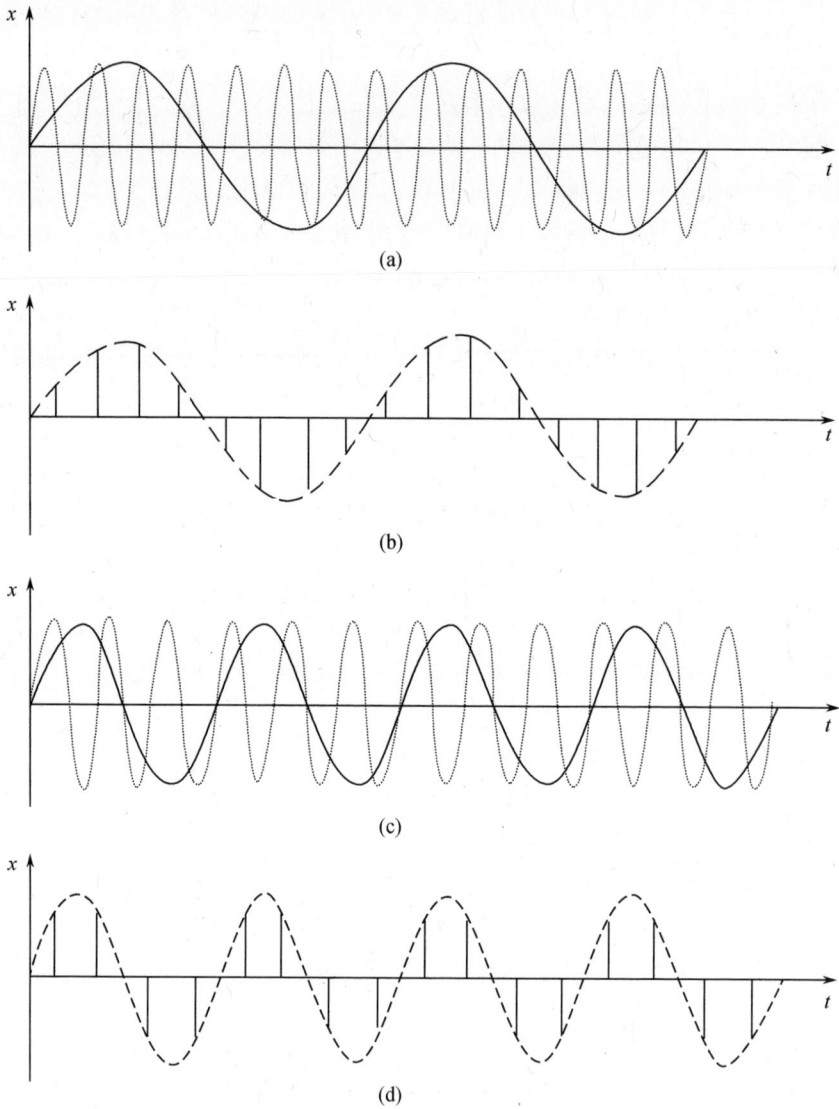

图 4.5 谐波波形

(a)、(c)离散模拟信号；(b)、(d)从离散信号所得的还原信号。

入/输出的设备的指令被加入到与 PC 通信的特殊程序中,这也就是所谓的驱动程序,能够在很多情况下提供数学支持。然而,特殊的分析问题需要单独开发此类驱动程序。PC 中的信号累积过程包括将信号幅度变换成代码,确定 SU 内存中的字数(字地址)以及在所指示字地址中记录代码。上述过程应在信号选择的间隔期间内进行。

SU 内存的容量特征包括离散频率 $f_d$、ADC 的动态范围 $D_m$ 和信号段的长度 $\Delta T$。信号段长度与频率分辨率 $\Delta f_r$ 的关系由以下关系式表示,即

$$\Delta T = 1/\Delta f_r \tag{4.67}$$

频率分辨率值通常根据振动信号分析的任务、目的和复杂程度设定。

存储器字长对应于每一个转换成数字代码的信号,可以根据以下关系找到,即

$$N_c = \Delta T f_d \tag{4.68}$$

存储器的物理容量 $V_m$ 等于

$$V_m = N_c D_m = \Delta T f_d D_m \tag{4.69}$$

物理内存容量对于估计分析信号所需的计算机计算能力是非常必要的。

现代计算机的 SU 具有字节结构(1 个字节等于 8 位二进制数),ADC 的动态范围约为 6dB,则一个字占 2 个字节。因此,若分析信号具有 10kHz 频谱宽度和 1Hz 滤波带宽(分辨能力),为存储长度 $\Delta T = 1s$、离散频率 $f_d = 20kHz$ 的一个信号段所需的 SU 存储器空间等于 40KB。如果为了分析 1kHz 频带的信号,存储一个信号段所需的存储器容量减少到 4KB。

许多计算机使用了随机存取存储单元(RSU)。一个 RSU 用于存储来自 ADC 的信息,另一个将信息同步发送到计算机的主 SU,为实现这一目的使用了磁盘存储单元。这有助于消除要存储的顺序信号段之间的间断点。离散化率非常低的高速计算机可以在小于离散间隔 $T_d = 1/f_d$ 的时间内进行所需的噪声和振动分析。这种类型的分析称为实时分析,这意味着输出设备,如监视器,能够反映在任何先前的存储时间间隔内的信号分析的结果。大多数采用高级语言编程的计算机对于处理累积信号显示出足够高的速度,然而,对于实时分析,则仅能够处理低频信号。使用机器指令的编程语言可以显著加快信号处理的速度[8]。

对信号进行数字处理的特殊微处理器为解决波形分析问题提供了可靠保障。在解决复杂振动信号的分析问题时,采用时间划分数据是很方便的,这样可以在处理一个数据阵列的同时累积下一个信号片段。在这种情况下,通常,计算机 SU 可以细分为 3 个部分,分别用于累积一个信号片段、处理先前存储的信号、处理振动信号的输入程序。因此,对于 0~10kHz 频率范围内的振动频谱分析,频率分辨率为 1Hz,采用时间划分的计算机所需总存储空间为约 120KB。当分析 0~1kHz 频率范围内的振动信号时,存储空间减少到 30kB,其中处理程序占用大约 20KB 的存储空间。

振动信号计算机辅助频谱分析的主要任务是利用离散傅里叶变换(DFT)进

行数字滤波,用于信号频谱的并行分析。

在一般形式中,DFT是对复信号连续变换的离散模拟(式(4.5))。设信号频带趋向于无穷,则 $x(t)$ 可以记为

$$x(t_i) \equiv x_i = \sum_{n=-(N-1)/2}^{(N-1)/2} C_n \mathrm{e}^{jn\omega_1 t_i} = \sum_{n=-(N-1)/2}^{(N-1)/2} C_n \mathrm{e}^{jn\frac{2\pi}{N}i} \tag{4.70}$$

$$C_n = \frac{1}{N} \sum_{i=0}^{N-1} x(t_i) \mathrm{e}^{-jn\omega_1 t_i} = \frac{1}{N} \sum_{i=0}^{N-1} x_i \mathrm{e}^{-jn\frac{2\pi}{N}} \tag{4.71}$$

式中:$C_n$ 为傅里叶级数的复系数;$N$ 为信号 $x(t)$ 在一个周期内的离散等间隔时间分段数;$\omega_1 t_i = 2\pi i/N$ 为信号总相位。

复系数周期性 DFT 如以下所示,即

$$x_i = \sum_{n=0}^{N-1} C_n \mathrm{e}^{jn\frac{2\pi}{N}i} \tag{4.72}$$

$$C_n = \frac{1}{N} \sum_{i=0}^{N-1} x_i \mathrm{e}^{-jn\frac{2\pi}{N}i} \tag{4.73}$$

DFT 的复系数可以表示为如下形式,即

$$C_n = (a_n + jb_n)/2 \tag{4.74}$$

原始信号 $x(t)$ 的 DFT 复系数 $C_n$ 具有 Hermitian 共轭性质:$C_n^{\ni} = (a_n - jb_n)/2 = C_{-n}$。因此,系数 $a_n$ 和 $b_n$ 相对于 $n = N/2$ 是对称的;为了获取关于信号 $x(t)$ 变换部分的全部信息,将一半的系数 $a_n$ 和 $b_n$ 输入到 SU 中就足够了。这样的属性能够使所谓的 DFT 紧凑算法得以应用。

通过计算机分析信号时,普遍采用矩阵形式表示 DFT。$\{x_i\}$ 的组合对应于 $N$ 维向量 $\overline{X}$,$\{c_i\}$ 对应于 $N$ 维向量 $\overline{C}$,即

$$\overline{C} = \boldsymbol{\Phi} \overline{X} \tag{4.75}$$

式中:$\boldsymbol{\Phi}$ 为 $N \times N$ 矩阵,其元素形式为

$$\{\boldsymbol{\Phi}\}_{in} = \frac{1}{\sqrt{N}} \mathrm{e}^{-jn\frac{2\pi}{N}i} \tag{4.76}$$

DFT 反变换为

$$\overline{X} = \boldsymbol{\Phi}^{-1} \overline{C} \tag{4.77}$$

式中:$\boldsymbol{\Phi}^{-1}$ 为 $\boldsymbol{\Phi}$ 的逆矩阵,即 $\boldsymbol{\Phi}\boldsymbol{\Phi}^{-1} = 1$。逆矩阵 $\boldsymbol{\Phi}^{-1}$ 的元素可以表示为

$$\{\boldsymbol{\Phi}^{-1}\}_{in} = \frac{1}{N} \mathrm{e}^{jn\frac{2\pi}{N}i} \tag{4.78}$$

因此,矩阵式(4.75)和式(4.76)的元素具有复共轭量的形式,而 $\boldsymbol{\Phi}$ 是酉矩

阵。这样,可以将 *DFT* 视为 *N* 维空间中坐标的变换,其中使用了保留向量长度的运算符 $\Phi$,即

$$\| C \| = \| X \| \tag{4.79}$$

上述关系类似于 Parseval's 理论,坐标的旋转仅改变向量的表示方法,在此处该向量既可以表示时间,也可以表示频率。这种方法最方便之处在于能够减少向量中非零分量的数目。正如在时域空间中的谐波信号片段具有大量的非零坐标值,而在频域空间中,则只有一个坐标值不为零。如前所述,在一系列问题中,利用三角函数正交基与特殊函数之间的变换,能够大大简化信号分析过程并提高精度。在此情况下,计算机成为最有用的信号分析工具。

*DFT* 和信号滤波之间不可能进行完全类比,因为信号分量在滤波器的输出中保持不变,而 *DFT* 会将其从时间形式转换成频率形式。同时,一些 *DFT* 参数会起到类似带通滤波器的作用。*DFT* 的频率分辨能力类似于滤波器的通频带。滤波器中瞬态过程的衰减时间与信号段存储时长 $\Delta T$ 相一致。

数字频谱分析仪的分辨率与所存储信号片段时长之间的依存关系如图 4.6 所示。图中给出了复合信号的若干不同片段,该信号由两个具有近似频率的谐波信号叠加而成,同时,也给出了不同片段所对应的频谱[7,9]。

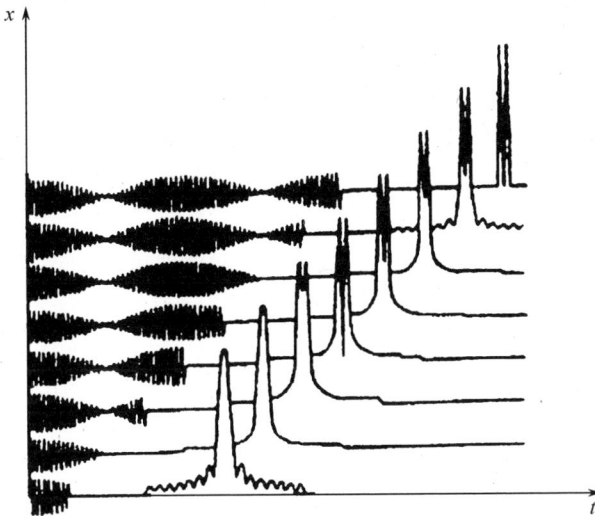

图 4.6　不同持续时间的信号段的形式和频谱

滤波器的幅频特性的频响斜率对应于信号 *DFT* 扩展谱成分的参数。

所以,谐波信号片段的频谱类似于

$$A(\omega) = A_0 \frac{\sin\left[\left(\omega - \omega_0\right)\Delta T/2\right]}{\left[\left(\omega - \omega_0\right)\Delta T/2\right]} \tag{4.80}$$

式中：$A_0$、$\omega_0$ 和 $\Delta T$ 为相应信号片段的幅度、频率和时间。

信号片段具有这样的频谱形式，是因为它由谐波信号与所谓"矩形时间窗口"函数的乘积组成。两个函数乘积的频谱等于函数谱的卷积，而"窗"函数谱具有有限的宽度。对于频率 $|\omega - \omega_0| > 2\pi\Delta T$，为了降低有限时间信号的谱密度，使用复杂形式的时间窗口是很有意义的，如海明窗（Hemming）或汉宁窗（Hann）[1,10]。

采用如 $\frac{\sin x}{x}$ 这样的窗函数能够获得最好的结果，其中 $x = \pi(2t - \Delta T)/\Delta T$。然而，由于采用这种类型的窗函数会导致计算量太大，因而，很难应用于实际噪声和振动信号分析当中。

使用从固定持续时间采样导出的 $C_n$ 值，在含有随机成分的背景下解决确定性信号问题，其精度通常无法达到所需水平。因此，一方面应该扩展采样时间，同时相应提高分析仪的分辨率并减少与 $\sqrt{\Delta T}$ 成比例的干扰，这样会增加计算量；或者将连续信号片段的分析结果进行累积，从而使干扰值下降 $\sqrt{m}$ 倍，其中 $m$ 是信号片段的数量。

频谱成分的平均幅值满足

$$\overline{A}_n = \frac{1}{m}\sum_{i=1}^{m} A_{ni} \tag{4.81}$$

式（4.81）等效于模拟频谱分析仪中的理想积分器函数。为了获得与真实积分器的运算相对应的结果，幅值应采用以下方式进行平均，即

$$\overline{A}_n = \frac{1}{m}\sum_{i=1}^{l+m} A_{ni} - A_{nl} \tag{4.82}$$

式中：$l$ 为平均周期采样数。

使用 DFT 对确定性振动信号进行计算机相位分析具有其特殊性。其中之一是谐波分量的相位值取决于信号片段的离散起始时间 $\Delta T$。在这方面，从简谐分量的初始相位中发现的多重频率振动信号分量之间的相位差具有确定的物理意义。相分析的另一个具体特征表明，在分量的初始相位和测量结果方面，当谐波信号分量与某个频率 $k\Delta f$ 之间产生偏差时，会导致系统误差，该误差值与 $\omega_i - 2\pi k\Delta f_p$ 成比例，其中 $\omega_i$ 是周期信号的第 $i$ 阶分量的圆频率。

为了存储相位特性的测量结果，在离散频率与谐波信号分量频率成比例的情况下，使用数字信号处理的同步方法是很方便的。当计算机与信号周期的附

66

加信息相适应时,可以采用这种信号分析方法。数字处理的同步方法可以使用从 ADC 发出的同步信号。该方法排除了相位测量过程中的系统误差,并且,当振动频率不稳定时,能够提高信号分析的效率。

确定信号片段 DFT 系数的计算量是巨大的,需要进行 $2N^2$ 次乘法和加法运算,其中 $N$ 是离散时间点的数量。计算量减少的 DFT 称为快速傅里叶变换(FFT),于 1965 年提出。目前,已知通过大量修正的 FFT 能够降低 $\log_2 N$ 次运算,其中 $N$ 是信号片段占用的 SU 内存容量。随着大量程序在不同类型计算机上实现 FFT,已经出现了专用的微处理器在电路中进行 FFT 计算[9]。

# 参 考 文 献

1. R.B. Randal, Frequency Analysis. Brüel & Kjær Theory and Application Handbook BT 0007-11 (Brüel & Kjær, Nærum, 1987), p. 344
2. D.D. Klovskii, *The Theory of Signal Transfer* (Svyaz, Moscow, 1973), p. 376
3. Y.I. Iorish, *Vibrometry. Measurement of Vibration and Impact. General Theory, Methods and Instrumentatio* (Mashinostroenie, Moscow, 1963), p. 772
4. L.S. Pontryagin et al., *Mathematical Theory of Optimal Processes* (Fizmatgiz, Moscow, 1961), p. 391
5. A.A. Kharkevich, *Spectra and their Analysis* (Mashinostroenie, Fizmatgiz, Moscow, 1960), p. 392
6. M.K. Sidorenko, *Vibrometry of Gas-Turbine Engines* (Mashinostroenie, Moscow, 1968), p. 224
7. A.A. Belousov, *Diagnostics of Mechanical Systems of the Audiovisual Aids* (SPb Politekhnika, St. Petersburg, 2002), p. 152
8. S.S. Dobrynin, M.S. Feldman, G.N. Firsov, *Methods of PC-Aided Research of Vibration in Machine* (Mashinostroenie, Moscow, 1987), p. 224
9. Systems of information storage and processing, of Pulse series [Electronic resourse]. Moscow Techn. Center Brüel & Kjær (2011). http://bruel.ru/UserFiles/File/What_is_PULSE_clear_vers.pdf. Accessed 18 Dec 2011
10. L. Rabiner, *Theory and Application of Digital Signal Processing* (Prentice Hall, Upper Saddle River, 1975), p. 762

# 第 5 章　摩擦自激振荡

摩擦自激振荡被认为是机器和机构中可能出现的一种振动源。在相对较低的滑动速度下,摩擦自激振荡与摩擦过程的不稳定性相关,也是最普遍的机械自激振荡类型之一。这种现象在现代工程中普遍存在,特别是在各种装置中的运动副精确定位、启动和制动过程中。本章主要内容是摩擦自激振荡的研究结果分析,给出了该现象的根源及解决条件;强调了摩擦材料在低滑动速度下产生摩擦不稳定时,其静 – 动力学特性所起到的基础性作用;考虑了在金属 – 复合材料摩擦副中产生自激振荡的机理;阐述了阻尼在摩擦副高频声振活动中所表现出来的作用;分析了宏观系统摩擦引起的自激振荡设计方法。

## 5.1　摩擦系统中的自激振荡

当讲到摩擦系统时,通常所指的摩擦部件会与一系列其他部件相联系,同时,能够对整个系统的操作造成影响。与摩擦单元相连接的一组部件构成了一个机械子系统,其特征在于本征模态所具有的特定刚度和频率。根据摩擦条件和机械子系统的参数,其中的部分参数可能变得对振动更为敏感,我们采用这些参数表征整个摩擦系统[1]。

在切割过程中,相对于切割中的工件,振动会产生于"刀具 – 支承"子系统中;相对于刀具,振动会产生于"工件 – 机架"的子系统中。摩擦系统在高速切削下的机械参数取决于刀具 – 支承子系统参数,低速切削中取决于工件 – 机架的子系统参数。

类似于其他机械系统,摩擦系统可能由于其自身性质而引起各种自激振荡,如由不平衡、轴的偏心等原因引起的振动。在这些系统中,会更频繁地遇到摩擦所引起的自激振荡(Friction-induced Self-oscillations, FS),即由摩擦过程的不稳定性而产生的自激振荡[1-3]。

实际接触的不连续性,会导致微观层面的真实摩擦过程持续不稳定。多重弹性、非弹性冲击变形影响下的表面层微观形貌、面积和微体积,以及表面膜的相互磨损与再生过程,会导致接触表面在很宽的范围内产生微振荡。

这些微振荡的频率与机械摩擦系统的本征模态相似,并且可以干扰摩擦区域中的振荡过程。微振荡的幅度可以在某些条件下增加,从而使得微观层面的摩擦不稳定。这种不稳定性是持续 FS 的能量来源。

结构元件的模态频率与 FS 源中的驱动力重合而引发的共振(空腔)振荡,被认为是最危险的振动。共振是摩擦副所产生的振动和声学噪声的主要来源。在没有振荡阻尼的系统中,共振幅值理论上可以无限增长。但在实践中,振荡能量在系统中会持续散射;外部激励源的能量是有限的,而结构元件具有耗散性质,因此,振荡幅值会一直增长到某一极限,或者直到系统的某些最弱的元件失效[4,5]。

制动器和摩擦离合器是常用的摩擦副,其中的自激振荡主要在滑动不均匀时被激发[6,7]。

接合的摩擦离合器,在从动半连接端加速的短暂过程中会激励产生 FS,直到从动端达到驱动半连接端的旋转速度为止。对于连接发动机轴与驱动轮的汽车机械变速箱,在滑动过程中会产生 FS 并伴随着 8 ~ 10Hz 的颤振及高频噪声[9]。

由 FS 所引起的飞机制动器的振动,在实践中是不允许发生的,因为这可能不仅会损坏制动器本身,还会损坏机轮和起落架元件[10]。间接控制系统中的 FS 由伺服电机中的摩擦产生,特别是在由喷嘴挡板式滑阀或射流管阀[11,12]控制的伺服电机中。大部分上述摩擦副中由 FS 所诱导的循环剪切可能会导致微动磨损和灾难性磨损[13]并伴随有噪声[14]。从另一方面来看,摩擦引起的声学振荡增加了摩擦系统中的有效载荷,从而进一步加剧了摩擦副的磨损过程[15]。

在几乎所有类型机床的缓慢进给过程中,都有可以因 FS 而产生振颤,如车削、铣削、镗孔等。这在 PC 辅助的高精度机器中是特别不可接受的。在某些情况下,为了避免驱动器的成本上升,采用最慢不均匀进给调节所允许的振颤。FS 还可能损害精确调节的进给机构的灵敏度,例如,在钻中心孔时[16],所产生的定位误差可能超过加工误差的 $1/2$[17]。为了满足精确的尺寸,重型车床和铣床的定位误差可以设为 $10\mu m$[18]。

FS 可能会发生在动态锁定自停式起重器、重型天文工具的自制动角定位机构、重型仪器、机械手等机器和机构中[19]。

拉丝期间,由于摩擦和非线性塑性变形阻力会产生弛豫振荡;在拉伸高强度线材时,尤其不希望发生这种现象。随着润滑条件和机械性能的恶化,可能会导致几何形状变形,形成线材横环以及纵向波动[20]。

显然,摩擦系统中的自激振荡属于限制机器和机构的准确性与可靠性的关键性机械振荡。因此,深入探讨自激振荡问题是这一领域的研究前沿。

## 5.2　摩擦引起的自激振荡研究

研究摩擦自激振荡的方法主要有两种:数学方法和物理方法[1]。

数学方法通过推导和求解,从惯性、速度、刚度和阻尼的概念,推导出运动微分方程,处理理想化的摩擦学问题。采用一次近似能够较为简便地获得摩擦系统运动方程。分析力学还没有详细阐述能够用于所有系统的通用方法,如用拉格朗日方法描述无摩擦系统。因此,在实际中进行的动力学分析只能针对特定类型的摩擦系统或工作模式,如振动所导致的位移问题[21]。目前,如何精确计算具有已知动力学学和运动参数的真实机构中的 FS 问题,仍然未能得到解决。这主要是由于缺乏关于 FS 产生机理的科学数据。

物理方法考虑的是一个简单的振荡系统(通常忽略设计的动态特性),并在摩擦学方面对 FS 进行详细研究。主要研究内容包括摩擦参数与摩擦体静－动力学特性之间的相互关系以及完全弹性系统中的结构、润滑材料(LM)性质。

显然,在研究开发新方法以防止摩擦单元中出现 FS 方面,上述两种方法经过相互交叉、相互补充形成了一个特殊的由振荡理论、机械和摩擦系统动力学所构成的边缘学科[1]。

FS 的研究可以根据目的细分为两组[13,21]。

(1)对所有不允许发生 FS 的系统,评估其预先给定的运动稳定性。稳定性条件通常被设定为系统中滑动速度、刚度和阻尼的临界值(允许的最小值)。

(2)若系统中 FS 是有利的(如构成某种工作功能),或存在最小允许速度值(特殊情况,很少使用),则对其 FS 参数进行估计。在后一种情况下,自激振荡所允许的最大幅度需预先设定。

FS 的特性(所谓的黏滑效应)意味着振荡过程包括两个不同的阶段——停顿和跳变,即可能具有微小滑移的摩擦体均匀运动过程中的相对宏观停顿,以及进一步的非均匀突然相对位移[1]。二者在 FS 图表中的范围取决于这些阶段从锯齿到正弦形式的相对持续时间。当速度周期性地变为 0 时,这样的 FS 称为弛豫。在文献[22]中提出将其分为两类:不连续和连续 FS(有/无停止)。

不连续运动过程如下:首先,摩擦系统单元在外力作用下变形,直到所传递的力超过静摩擦合力,从而开始滑动。随着摩擦力下降,运动加速,然后停止,终止跳变。跳变之后结构元件的变形逐渐减小,这就需要一段时间的停止才能够继续运动,在此期间变形再次增加,这之后是下一个跳变,因此,可以称其为不连续振荡。

文献[23,24]的作者指出,当静摩擦超过动态摩擦时,会发生周期性停顿的自激振荡。

Den Hartog 和 Van-der-Paul[18]提出了最早的 FS 力学模型之一,其中包括了沿着橡胶带移动的重物。对于单自由度系统,由于摩擦力的存在而引入的非线性特征,被认为是产生张弛振荡的条件。

对于干摩擦条件下发生的第一类机械自激振荡,文献[26]中首次提出了严格数学描述。振荡的一般理论主要应用于电振荡,但这个理论也可以扩展到机械振荡,正如 N. L. Kaidanovskii 和 S. E. Haikin 所述。

在机械系统中,至少在单自由度系统中,当线性摩擦特征可以作为这些系统非线性非保守性的基础时,就有可能产生自激振荡。由于在通常情况下摩擦力是速度的非线性函数,所有摩擦系统都具有非线性非保守性。为了激发自激振荡,这种非保守性应当被恰当地限定,例如,在一些领域中,摩擦的动态特性应当呈下降趋势。在实践中,上述情况经常发生在在干摩擦和不充分摩擦条件下的低速滑动工况中。

单自由度系统的运动方程式为

$$m\ddot{x} + cx = F(\dot{x}) \tag{5.1}$$

式中:$F$ 为关于速度 $\dot{x}$ 的摩擦力函数。

类似于电学中的自激振荡电路,可以根据系统中电阻的作用区分汤姆逊和松弛自激振荡。N. Kaidanovskii 和 S. E. Haikin 根据摩擦在系统中的作用不同,研究了两种极限情况。

(1)摩擦力变化是可以忽略的,其作用仅限于振荡的自我生成。在这个过程中,摩擦限定了稳态振荡的振幅,但实际上并不影响频率和类型,该振荡接近于正弦振荡。振荡频率由惯性力(质量、惯性力矩)和大致相等的恢复力(弹性、重力等)所控制,即

$$m\ddot{x} + cx \approx 0 \tag{5.2}$$

(2)摩擦力的变化很剧烈,会使得振荡的周期和类型相比于无摩擦谐波振荡的周期及类型有非常大的不同。这种情况下的振荡频率较低,并且具有正弦形式,而惯性力和恢复力可能有数倍甚至数量级上的差异。

在第一种情况下,振荡的周期和形式大致类似于无摩擦的系统,也就是说,频率接近于系统的本征频率。这种情况已被研究并应用于弗劳德摆当中[27],该悬挂结构允许匀速旋转轴上存在摩擦。摆中的小幅振动可由以下方程给出,即

$$I\ddot{\varphi} + M_H(\varphi) + M_\beta(\dot{\varphi}) + M_m(\dot{\varphi}, \omega_\beta) = 0 \tag{5.3}$$

式中：$M_H$ 为取决于摆的偏角 $\varphi$ 的重力力矩；$M_\beta$ 为关于 $\varphi$ 的空气阻力力矩函数；$M_m$ 为取决于 $\varphi$ 和轴的角速度 $\omega_\beta$ 的摩擦转矩。式(5.3)的解给出了摆的准谐波振荡的振幅关系以及系统的 4 种可能状态。

(1) 轻微的激励并具有极限环。

(2) 阻尼振荡。

(3) 振幅不断增加直到在有限时间内达到无穷大值。

(4) 不稳定的限制循环。

文献[27]中所提出的谐波自激振荡的条件为

$$-\frac{\mathrm{d}F}{\mathrm{d}\vartheta} \geqslant k_c \tag{5.4}$$

式中：$\vartheta$ 为速度；$k_c$ 为介质的电阻率系数。

在数学计算中，很难对第二种情况进行估计，特别是当振荡为非正弦形式时。因此，需要提出简化假设，如具有可以忽略的小质量假设。结果表明，振荡过程可分解成两个不同的区域。

(1) 弹性力大大超过惯性力，从式(5.2)可以得出

$$cx \approx F(\dot{x}) \tag{5.5}$$

由于在该领域内坐标的变化相当大，因此，加速度不明显，速度变化缓慢；同时，弹性力具有明显的变化。

(2) 惯性力大于弹性力变化，因此，从式(5.2)可以得出

$$m\ddot{x} \approx F(\dot{x}) \tag{5.6}$$

系统的坐标在该区域中变化很小，而由于显著的加速度使得速度具有很大的变化。

系统通过第二区域的时间与第一区域相比，小得可以忽略。由此可以得出，在振荡系统质量不重要的情况下，只要研究第一区域就足够了。该系统中的振荡过程由 4 个阶段组成：系统以连续变化的速度进行不间断运动的两个区域，以及速度在相同坐标下进行跳变的两个位置，即松弛振荡过程。

在模型的实验验证中[26]，目前已经确定的数据在所作假设框架内对某些问题仍然无法解释。

(1) "延迟"自激的效果，即振荡在低速情况下出现而不是终止(可能的原因在于：在最小值区域或未计数的剩余自由度中，函数 的特性)。

(2) 第一次振荡的幅值明显超过下一次(由于下面将要讨论的摩擦的统计特性)。

尽管存在一些缺点，不连续机械振荡模型[26]仍可以应用在一次近似中，用

于描述剧烈摩擦系统中的非正弦振荡。在 N. L. Kaidanovskkii 的特殊实验中已经表明,若摩擦动力学特性呈下降趋势,则只有当驱动器中的临界阻尼系数超过斜率系数时,相应速度下的自激振荡才可以被去除。

临界阻尼系数,可以基于黏性摩擦和斜率系数确定;斜率系数可以通过摩擦动力学特性曲线的切线倾斜角的正切值确定。

高于临界速度 $v_c$,则自激振荡会消失。摩擦特性从下降段到上升段的转折位置能够指明临界速度(图 5.1)。应当注意,存在将平稳和不连续运动区域分离开来的临界速度,是 FS 的一个重要性质。

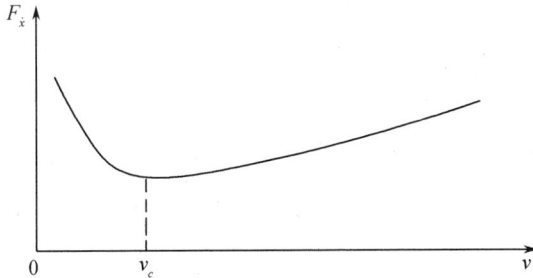

图 5.1　摩擦的动力学特性

自激振荡问题的通用解法,是在长时间实践过程中得到的[28],其中所提出的摩擦力由两部分构成,即理想的库仑部分和线性黏性部分(表 2.2)。

根据文献[26]所述,存在两种极限情况,即在低摩擦力下的谐波振荡和在高摩擦力下的松弛振荡,它们是通用解法中的特殊情况。

文献[29 – 31]中认为,边界和混合润滑模式下摩擦动力学特征的下降趋势是 FS 的成因。在文献[30]中,谐波自激振荡在 $dF/dv \approx 0$ 时发生,并在微阻尼下衰减。当系统刚度不足时,若 $dF/dv \ll 0$ 可能发生松弛自振;在刚度较大的情况下,则更有可能出现谐波自振。$FS$ 的参数也取决于润滑材料性质,特别是其动力学黏度[32],而振荡频率随着滑动速度而增长。

对于钢制表面的干摩擦情况,高载荷区域内的自振频率 $\omega$ 随压力 $P$ 和速度 $v$ 的增长而增加。这种相关性可以利用以下类型的等式进行很好的描述[33],即

$$\omega = k_1 e^{k_2 p} \tag{5.7}$$

$$\omega = k_3 v^{k_4} \tag{5.8}$$

式中:$k_1 \cdots k_4$ 为正经验系数;$k_1$ 和 $k_2$ 取决于滑动速度;$k_3$ 和 $k_4$ 取决于接触压力,接触压力越大则会使 $k_1$ 减小、$k_2$ 增大。

因此,由关系式 $\omega/v$ 所定义的自激振荡每周期所经过的路径 $S$,可以由下式表示,即

$$S = \frac{v}{k_1}e^{-k_2 p} \tag{5.9}$$

$$S = \frac{v}{k_3}v^{1-k_4} \tag{5.10}$$

在对数坐标系中绘制不同压力下的 $\omega(v)$ 图,其图线为交叉的直线,交点的横坐标等于临界速度 $v_c$;相应纵坐标值约等于系统的本征频率 $\omega_0$。在文献[34]中已经阐明,图形 $\omega(v)$ 与系统的刚度无关,而是依赖于摩擦材料的摩擦学特性。在文献[35-37]中也注意到,临界速度与摩擦特性之间确实存在相关性。

在研究中,对不同摩擦副材料进行了细致周密的实验[38]。通过实验结果,发现了以下规律。

(1) 跳变和停顿之间有严格周期性。

(2) 存在第一和第二临界速度,其分别确定了从连续运动到不连续运动的转变及其逆过程,即由此限定了黏滑运动的区域。

(3) 若跳变持续时间接近于系统本征模态周期的 1/2,则会增加停顿时间并降低滑动速度。

自激振荡的一个特殊之处在于跳变中的最大和最小速度之间存在巨大差异。早在 1939 年,F. Bowden 和 L. Leben 提出了一个理论,将摩擦体黏滑运动阐述为接触区域压力焊接桥失效[39]。利用低刚度实验室设备,在进给速度为 0.06mm/s 的钢制摩擦副干磨擦研究过程中,观察到最大跳变速度为 100 ～ 1000mm/s,最小为 0。令人感兴趣的是,在重载情况下,Jones[40] 发现平均跳变率超过了标称载荷下的跳变率,其最高可达 1500 倍。

然而,弛豫振荡在诸如木-钢、铸铁-聚合物摩擦材料的组合中也很常见,其中排除了材料本身所具有的可(压力)焊接性。此外,可以在不足以形成压力焊接桥的负载下观察黏滑运动。在这方面,Bowden 的理论只有在表面分子咬合的情况下才是正确的。

在研究[41]中,激励 FS 的决定性因素可以归因于摩擦副中弹性固定元件局部体积内塑性变形的不连续性。还有人指出,振荡次数总是与较软材料摩擦轨迹上的不连续黏着转移痕迹数目相对应。许多研究结果,如文献[42],已经证明了转移膜(第三体)在改变接触表面之间的黏附性以及因此改变自振动参数方面的重要作用。此现象如图 5.2 所示,其中转移膜用箭头表示。

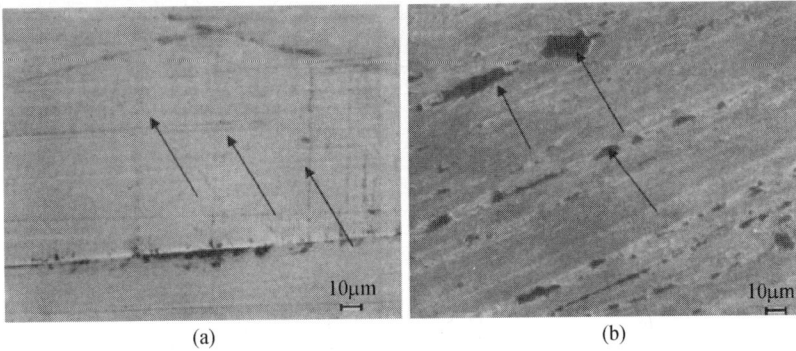

图 5.2　钢制偶件表面与聚合物材料摩擦后的扫描电镜图

（a）在滑动初始阶段形成的聚合物黏着转移痕迹；（b）转移膜（第三体）。[43]

## 5.3　摩擦力的静-动力学特性

从上述过程可以看出，在存在 FS 的情况下，系统中的振荡过程由不同的原理阶段构成。在第一阶段，摩擦表面相对静止，该状态取决于摩擦副的工作条件和静态特性；在第二阶段，摩擦表面处于相对运动的状态，这取决于工况和摩擦副的动力学特性。综合这些阶段决定了摩擦所致振荡的周期。因此，在研究摩擦振荡时，不仅要考虑摩擦系数值（水平），还要考虑到特定工况下的摩擦力类型及其动态、静态特性。由于摩擦所导致的相互作用不同，每一类动-静态特性都具有其特殊性[1]。Kosterin 和 Kragelskii 的理论[34]指出，通常情况下，摩擦自激振荡的摩擦学条件可以用一个系统方程式描述，即

$$\begin{cases} \dfrac{\mathrm{d}F_k}{\mathrm{d}v} < 0 \\[2mm] \dfrac{\mathrm{d}F_s}{\mathrm{d}t_n} > 0 \end{cases} \tag{5.11}$$

式中：$F_k$、$F_s$ 为动、静摩擦力；$v$ 为滑动速度，$t_n$ 为静接触时间。

也就是说，FS 在系统中激发的条件是具有下降趋势的动力学摩擦特性 $\mathrm{d}F_k/\mathrm{d}v$，以及具有上升趋势的静摩擦特性 $\mathrm{d}F_s/\mathrm{d}t_n$。

该理论通过静摩擦力与滑动摩擦力的差异，说明了激励 FS 的条件[44,45]，即

$$\Delta F = F_s - F_k > 0 \tag{5.12}$$

为上述 Kosterin 和 Kragelskii 理论提供了更加简洁的解释[34]。

摩擦的静态-动态力学特性取决于摩擦体中的应变状态、润滑类型或润滑

75

存在与否、摩擦元件的材料属性以及摩擦系统的许多其他参数。当然,这些参数在工作期间会随着不同的时间尺度而产生变化,因此,FS 可以被激励或耗散。

### 5.3.1 摩擦动力学特性

在一般情况下,摩擦的动力学特性可以通过著名的 Stribeck 图表示,该图将摩擦系数设置为复合参数 $\eta\omega/p$ 的函数。其中,$\eta$ 为动态黏度,$\omega$ 为轴的旋转角速度,$p$ 为接触压力(图 5.3)。

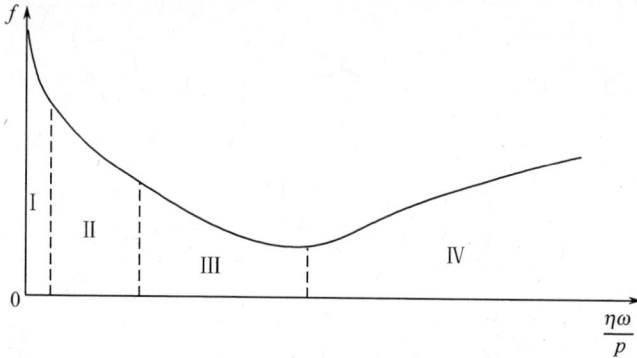

图 5.3　Stribeck 图

Ⅰ—干摩擦;Ⅱ～Ⅳ—边界摩擦(分别对应混合和流体润滑条件)。

该曲线的第一段表征了具有高摩擦系数的干摩擦;伴随着摩擦系数的急剧降低,进入边界摩擦段;之后为混合润滑段,摩擦系数降低的速度趋于缓和;在通过流体动力(流体)润滑段中的最小值后,摩擦系数开始增长。不同润滑模式下,滑动摩擦系数的典型平均值如表 5.1 所列。

表 5.1　滑动摩擦系数的变化范围

| 摩擦模式:干摩擦 | 摩擦系数 |
|---|---|
| 真空中 | ≥1.00 |
| 空气中 | 0.1～1.00 |
| 边界摩擦 | 0.050～0.250 |
| 混合摩擦 | 0.010～0.050 |
| 流体动力学润滑摩擦 | 0.001～0.010 |

从摩擦接触区域塑性流动现象出发,文献[46]尝试分析了无润滑金属滑动的动力学特性(表 5.1)。摩擦力被认为与实际接触面积(ACA)$A_r$ 成正比,即

$$F = \tau A_r \tag{5.13}$$

式中:$\tau$ 为接触区域中的最大剪切应力。金属流动可以在不同的速度下发生,并取决于 ACA 以及金属硬化和恢复过程。对于快速发生接触的情况,ACA 较小,速度 $dA_r/dt$ 较高。如果接触时间增加,则 ACA 会逐渐增大直至最大尺寸 $A_r^{\max}$,即

$$\frac{dA_r}{dt} = -k(A_r - A_r^{\max}) \tag{5.14}$$

式中:$k$ 为材料特征常数。当滑动速度上升时,由于强烈的表面变形,摩擦区域中的金属表面硬化加剧,即

$$t_0 = \frac{l_0}{\vartheta} \tag{5.15}$$

式中:$t_0$ 为两个连续微接触之间的金属流动平均时间;$l_0$ 为微接触点之间的距离。如果在式(5.14)中以式(5.15)替换,可以得到一个微分方程,即

$$\frac{1}{A_r - A_r^{\max}}dA_r = \frac{kl_0}{\vartheta^2}d\vartheta \tag{5.16}$$

将式(5.16)进行整合可以得出

$$A_r = A_r^{\max} - (A_r^{\max} - A_r^{\min})e^{-\frac{kl_0}{\vartheta}} \tag{5.17}$$

式中:$A_r^{\min}$ 为在 $\vartheta \to 0$ 时 ACA 的最小值。因此,从式(5.13)可以得到摩擦动力学特性关系,即

$$F_k = F_0\left(1 - k_a e^{-\frac{kl_0}{\vartheta}}\right) \tag{5.18}$$

式中:$k_a = (A_r^{\max} - A_r^{\min})/A_r^{\max}$ 为受压时表征塑性流动的系数。

通常认为,干摩擦中的摩擦力与滑动速度无关。实际上,只有当接触区的温度变化很小,而且表面层性质不变时,这才是正确的[47]。因此,从 Rayleigh[48]开始,许多研究人员发现,在干摩擦中,摩擦系数相对于滑动速度(动力学特性)呈下降趋势。

聚合物及其复合材料的摩擦动力学特性,取决于接触压力。在文献[49]中发现,高压下的聚己内酰胺 - 钢摩擦,摩擦动力学特性呈下降状态;在低压情况下,其动力学特性则会上升。对于层压胶布板,可以得到与上述规律相反的结论。这可能与氧化过程和二级结构膜的形成有关。上述过程强度不足或超出限度,相关摩擦特征上升;若其强度相对较低,则摩擦特征下降[1]。

文献[50]中,在 6~60cm/s 的速度下,针对硬化钢 U10 和 45 号钢的样品,讨论了真空中摩擦过程动力学特性与接触压力之间的关系。

在超低速度范围内(约 1μm/min),不加润滑的钢 - 铟、钢 - 铅摩擦副动力

学特性具有增加的趋势[51]。研究[52,53]发现,运输车辆的摩擦副在超低速度下其动力学特性同样会增加。需要指出的是,摩擦力随速度减小几乎呈线性降低,在零速度下接近于0。

在研究[46]中,获得了铁盘与铜或锡圆柱在0～145cm/s速度下进行无润滑滑动时的摩擦动力学特性。实验在-180～+210℃下进行。从中可以看出,与更高温度情况相反,低温下的动力学特性变化更为平缓。对于Kosteri[54]所研究的一系列摩擦材料,也获得了类似的结果。

使用二次或立方抛物线、指数或一些其他连续单调函数,近似描述摩擦动力学特征[14,16,55,56],可以获得运动微分方程的解析解。对于该解,并不总是需要进行分段线性近似[16,57]。

在实践中单独分析滑动速度和接触温度的影响相当困难。因此,应该广泛选择不同研究者所提出的动力学特征数据并对其进行详尽的分析。表5.2列出了针对不同聚合物材料制成的摩擦副元件的研究结果[47]。

表5.2 聚合物材料的动力学特性

| 编号 | 作者 | 材料 | 滑动速度 | 图形表示 |
|------|------|------|----------|----------|
| 1 | Shooter 和 Thomas[58] | 聚四氟乙烯,聚乙烯,聚甲基丙烯酸甲酯,聚碳酸酯 | 0.01～1.00cm/s 钢-聚合物 | |
| 2 | Milz 和 Sargent[59] | 1-尼龙,2-聚碳酸酯 | 4～183cm/s 钢-聚合物 | |
| 3 | Fort[60] | 聚四氟乙烯 | $10^{-5}$～10cm/s 钢-聚合物 | |
| 4 | White[61] | 1-聚四氟乙烯,2-尼龙 | 0.1～10.0cm/s 钢-聚合物 | |

| 编号 | 作者 | 材料 | 滑动速度 | 图形表示 |
|---|---|---|---|---|
| 5 | Flom 和 Porile[62, 63] | 聚四氟乙烯 | $1.1 \sim 180.0\,\mathrm{cm/s}$ 钢–聚合物 | |
| 6 | Bartenev 和 Lavrentiev[64]、 Schallamach[65] | 橡胶 | 自行设计 | |

混合润滑在实践中经常应用,尤其是作为机床控制机制的一个重要特征。文献[66]是早期混合润滑摩擦动力学特性理论研究之一,其中的法向和切向接触力被确定为表面粗糙度与黏性流体动力之间相互作用的共同结果。

通过公式可以表示为

$$f_{\mathrm{mix}} = f_{\mathrm{dry}} - k\frac{\mu\vartheta}{N} \tag{5.19}$$

式中:$f_{\mathrm{mix}}$ 和 $f_{\mathrm{dry}}$ 分别为混合及干摩擦系数;$k$ 为经验系数。

线性关系式(5.13)能够表现出相当好的近似性,主要基于以下假设:摩擦表面之间的最小间隙是恒定,且等于两接触表面微观粗糙峰值高度之和。

研究[67,68]认为,可以将接触表面间分子力以及润滑层黏性阻力相叠加,即

$$f_{\mathrm{mix}} = k_1\vartheta^{1/2} + k_2\vartheta^{-1} \tag{5.20}$$

式中:$k_1$ 和 $k_2$ 取决于摩擦条件的系数。在速度趋向于零的情况下,式(5.20)得出了无限大的 $f_{\mathrm{mix}}$ 值,因而限制了其应用。

文献[8]中将混合润滑中的摩擦表示为固体和流体粘性阻力之间的关系,二者之间的流体动力学效应允许物体在接触载荷下产生变形。最近,在 Kudinov[16]、Birchall 和 Moore[69] 混合润滑流体动力学理论框架下,上述概念得到了进一步发展。众所周知,实际接触区域之间所发现的宏观和微观空腔会相互连接,并被初始及剥落的润滑材料、磨损碎片等填充。由于高度不同,一部分空腔会变窄或变宽。中间介质与滑动表面之间形成了相对位移,从而在变窄的位置中形成流体动力楔。在这些宏观和微观动力楔的综合影响下,可能会导致一个表面高于另一个表面。流体动力学对实际表面微观形貌所造成的影响已经被众多研究人员所证实[70]。

根据 Kudinov 的理论,升举能力 $Q$ 等于接触过程中所形成微动力楔升力的总和,即

$$Q = \frac{6\mu k_g}{\tan^2 \alpha} \tag{5.21}$$

式中:$k_g$ 为楔的长度比;$\alpha$ 为平均楔形倾角。

随着提升量的增加,接触变形和表面所承受的部分法向载荷减小,而由润滑层所承受的法向载荷增加。随着速度从零开始增加,由于润滑层承受大部分载荷,摩擦力减小。在动力学曲线的某些点处,摩擦力达到最小值,此时,接触表面被润滑层完全分离,润滑层厚度大致等于表面粗糙层厚度。随着速度的不断增加,摩擦力的增加符合流体动力学规律。

之前的研究中,人们认为下降的动力学特性是出现摩擦自振的必要条件。Kaidanovskii[26,27,71]、Schnurmann 和 Warlow-Davies[31]等一些科学家已经证明,在边界润滑条件下,当获得与图 5.3 所示的摩擦曲线相对应的实验动力学特性时,结果确实如此。研究[30]中通过摩擦力静电分量的非线性行为,对该特性曲线的下降部分进行了说明。如果分离表面的边界层表现出介电性或半导电性,则这种非线性特征会非常显著。静电放电现象与松弛振荡密切相关,该现象由以下连续的交替循环组成:缓慢充电,在此期间克服了与共轭摩擦表面上的非静电场电荷;快速放电,该循环开始于之前所分离的电荷在边界层上达到击穿电压后,此时,边界层从介电体转变成半导体。当速度低于 $\vartheta_k$ 时,这些循环与前文所述的微滑移(停顿)和快速滑移(跳变)现象相一致。实验工作[30]已经表明,跳变与连接到共轭元件的电流计所测得的电荷相一致,随着润滑膜上的介电击穿电压下降,这些跳变的值减小。

根据 Tolstoy 和 Biny-Yao[72]的研究结果,在停顿时出现所谓的"瞬时跳变",是由于摩擦动力学特性的陡降;同时,还因为有时导致静摩擦增长的因素正好出现于停顿开始以后而又未达到完全静止前。

FS 期间滑动速度瞬时值突然下降的范围,最小值约等于 0,而最大值可超过标称速度的 10 倍左右。接触变形和表面膜状态所决定的相应摩擦力变化,滞后于由于惯性而引起的速度剧烈变化(加速度)。目前看来,FS 过程中的摩擦力比瞬时滑动速度变化得慢。摩擦力幅度的变化小于自激振荡瞬时速度最大值和最小值所对应的速度下平稳滑动摩擦力之间的差值。

在不稳定运动中,应该区分摩擦的运动学和动力学特性。后者存在于具有相当大的加速度和连续速度变化的过程中,而前者发生在阶梯式的速度变化过程中。运动学和动力学摩擦特性的差异,取决于速度的不均匀程度[31,36,73-76]。

80

Rabinovich[77]已经证明,当速度变化较快时,瞬时摩擦系数取决于长度为 $10^{-5}$ m 的前一段运动路径中的平均滑动速度,这一长度大致相当于实际接触单元的平均尺寸。当瞬时加速达到给定速度时,摩擦力在运动 $10^{-5}$ m 之后达到该速度的稳定值。在脉冲加速度作用下由静止开始运动时,静摩擦力在最初大约 $2 \times 10^{-6}$ m 运动路径上不会发生变化;在经过 $10^{-5}$ m 之后,摩擦力开始减小直到等于滑动摩擦力。这种"记忆效应"可以解释文献[78]中所获得的如图 5.4 所示的实验数据。摩擦系数在加速过程(曲线 1)中较高,在减速过程中较低并与均匀运动(曲线 2)形成对比。这是因为瞬时摩擦力值由先前 $10^{-5}$ m 长度路径上的速度所决定,在比较上述过程时,均匀运动时瞬时摩擦力值低于加速运动过程而高于减速运动过程。不同速度下的摩擦动力学特性通常可以表示为图 5.5 所示的一组二值曲线[79]。然而,这使得低滑动速度下运动学特性的实验测定变得复杂,对于这种情况,需要增加测试台驱动器刚度或在机械系统中加入特殊的阻尼器[80]。

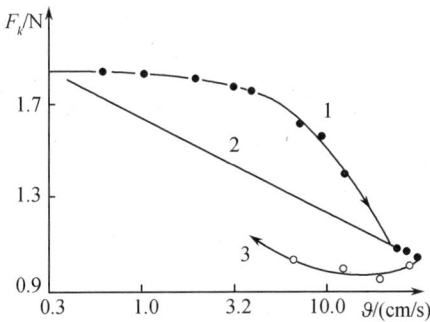

图 5.4　动力学(1,3)和
运动学(2)摩擦特性

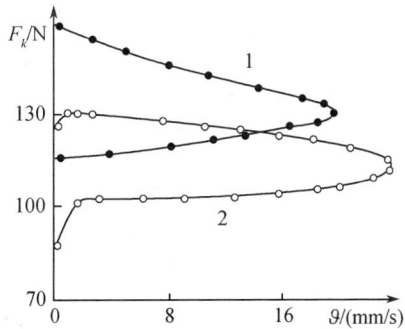

图 5.5　摩擦的动力学二值特性
(1 和 2 有不同的 $Q$ 值)[76]

均匀运动时的摩擦力可以通过实验中的驱动器弹力 $F_y$ 确定,即

$$F = F_y \tag{5.22}$$

在非均匀运动时,还应当考虑惯性力 $F_u$ 和阻尼力 $F_\partial$

$$F = F_y + F_u + F_\partial \tag{5.23}$$

即应考虑位移和加速度(速度)。当使用黏滑波形图确定诸如摩擦动态特性时,给定速度 $\dot{x} = \vartheta$ 仅能在波形图极值中观察到,而在其他点处 $\dot{x} \neq \vartheta$。根据文献[80],对应于该速度的摩擦系数 $f_{kv}$ 如下。

当坐标为最大值时,有

$$f_{kv} = c x_{\max} - m \left| \ddot{x}_{\max} \right| \tag{5.24}$$

当坐标取最小值 $x_{\min}$ 时,有

$$f_{kv} = cx_{\min} + m \mid \dot{x}_{\min} \mid \qquad (5.25)$$

从而得到

$$f_{kv} = c \frac{x_{\max} + x_{\min}}{2} - m \mid \dot{x}_{\max} - \dot{x}_{\min} \mid \qquad (5.26)$$

通过同时测量位移、速度和加速度,在文献[75,79,81]中研究了动力学摩擦特性。研究表明,铸铁与金属陶瓷、石棉橡胶材料之间以及双向摩擦的钢和青铜之间的动力学摩擦特性可以通过椭圆曲线表示,该曲线与理论模型[75,82]及计算结果[83]能够良好吻合。文献[84]研究结果证明,只有在准谐波自振区域内,摩擦力才能通过关系式(5.22)来估计。在弛豫自振区域,结果具有不可接受的误差,即式(5.23)中所定义的动力学摩擦特性上升,而如式(5.22)所示则会下降。

因此,通过实验确定不均匀运动函数 $f(v)$,应基于式(5.23)中的定义。

文献[85]的作者利用摩擦力与加速度之间相关性,最早提出了摩擦动力学特性的解析关系式,即

$$F_k = F_0 - k_1 \dot{x} + k_2 \dot{x}^2 + m_d \text{sgn} \ddot{x} \qquad (5.27)$$

式中: $F_0$ 为库仑摩擦力; $k_1 \dot{x}$ 为牛顿黏性阻力; $k_2 \dot{x}^2$ 为导致非线性的非牛顿黏性阻力; $m_d$ 为复质量的实部,即

$$m = m_d + im_u \qquad (5.28)$$

式中: $m_d$ 和 $m_u$ 为表征系统中按能量和惯性分离的质量,分别对应复数质量的实部和虚部。 $m_u/m_d$ 的关系取决于表面层的应力状态、晶体以及位错(密度的位错型)结构。

需要注意的是,实际上,下降型的运动学特性不足以激励产生 FS。这可以通过由 Kudinov 和 Lisitsyn[86] 所进行的实验验证,其中表明在特征曲线的下降部分可能不会激发自激振荡,其反而存在于特征曲线的上升部分。

### 5.3.2 摩擦的静态特性

摩擦的静态特性,是静摩擦力与固定接触时间的相关关系。最早针对这一特性的研究可以追溯到库仑所进行的相关实验。在研究橡木样品与铁之间的静摩擦系数时,发现该参数随静态接触时间的延长而增加(静摩擦系数在 4 天内增加了 $2.3 - 2.4$ 倍)。当法向载荷增加时,这种增长会更加剧烈。

通过 Kragelskii[8]、Kosterin 和 Kragelskii[34]、Renkin[87]、Hunter[88] 等人的研究,证实了库仑的结果并将其推广到不同材料的摩擦副中。

显然,这种相关性是由于接触表面的接近增加了实际接触面积和摩擦力,其

中后者是微元摩擦力 $\tau$ 与实际接触面积的乘积 $F = \tau A_r$。

假设在一次近似中,当两表面接近时 $\tau$ 保持不变。软质材料二元关系 $\tau = \alpha + \beta q$ 中,第二项所占比例较小,系数 $\beta$ 值为 0.01 ~ 0.02。因此,在干摩擦条件下,可以认为摩擦力的增长与实际接触面积增量成正比。对于平滑平面与粗糙平面之间相互作用情况,实际接触面积可以表示为表面间接近量的函数[8],即

$$A_r = A_c b\varepsilon^v \tag{5.29}$$

式中:$A_c$ 为轮廓接触面积;$b$ 和 $v$ 为支撑面曲线形状的几何参数。

轮廓接触面积以及常数 $b$ 和 $v$ 保持不变,而相对接近量 $\varepsilon$ 等于最大表面微凸体高度压扁过程中的相对变形量。因此,在分析接触形成过程中摩擦力的变化时,首先应当考虑重叠区域中单独微凸体相互接触时的变形。较高的微凸体会经历塑性变形,因为即使在微小的正常载荷下,由于实际接触面积很小,作用在这些微凸体上的应力也会超过材料变形的屈服点。这导致即使两个几何平滑的表面相接触,接触表面的微凸体也会相互渗透,这也是因为表面成形单元力学性质不均匀而产生的。由于接触区域中的材料塑性流动,表面接近量是法向载荷持续时间的函数,因此,摩擦过程中摩擦力和接触材料的流变性质之间存在相互关系。由于在充分描述固体的力学性能方面存在某些困难,所以即使已经掌握了所需的经验数据,也几乎不可能构建一个能够考虑材料塑性变形中所有特性的整体数学模型。在这方面,必须采用一些简化模型,仅表征对于给定情况下相对重要的材料属性。

可以通过使用线性黏弹性方程描述接触形成过程中的摩擦力变化。

为了分析蠕变和弛豫过程,一些研究者利用了 Thompson、麦克斯韦和 Ishlinskii 模型。

一维应力 - 应变关系所对应的情况为

$$\sigma = E\varepsilon + \eta\dot{\varepsilon} \tag{5.30}$$

$$\frac{\sigma}{\theta} = \dot{\varepsilon} - \frac{1}{E}\dot{\sigma} \tag{5.31}$$

$$r\sigma + \dot{\sigma} = Eu\varepsilon + \dot{\varepsilon} \tag{5.32}$$

式中:$\sigma$ 为应力;$E$ 为弹性模量;$\varepsilon$ 为相对变形;$\eta$ 为黏性;$\theta$ 为弛豫时间;$u$ 为结果速度;$r$ 为弛豫率。

由于表面相互接近过程的初始阶段与蠕变相似,所以也可以采用式(5.30) ~ 式(5.32)。然而,对此进行分析是复杂的,因为众多微元上的微凸体不断接触,使得单一微凸体的应力迅速下降。这就是为什么接近过程与蠕变之间的差别很大,蠕变的特征是在稳定的应力值下应变随时间变化而增大。

文献[8]中的式(5.30)~式(5.32)分析表明,Ishlinskii(式(5.32))[89,90]关于表面层的变形描述是很充分的。该分析过程可以简化为:一个最高的微凸体参与了接近过程;其他较小的微凸体逐渐达到接触所造成的影响可以归结为由于实际接触面积增长而产生的最高微凸体应力变化,即

$$\sigma = \frac{N}{A_r} \tag{5.33}$$

式中:$N$ 为法向载荷。

在满足式(5.33)条件下,Thompson(式(5.30))、麦克斯韦(式(5.31))和 Ishlinskii(式(5.32))的解给出了以下对应关系,即

$$\varepsilon_t = \varepsilon_\infty - (\varepsilon_\infty - \varepsilon_0)\exp\left(-\frac{E}{\eta}\right) \tag{5.34}$$

$$\frac{N}{\theta A_a b}t = \frac{N_v}{A_a bE}\ln\frac{\varepsilon_t}{\varepsilon_0} + \frac{\varepsilon_t^{v+1} - \varepsilon_0^{v+1}}{v+1} \tag{5.35}$$

$$t = \frac{r}{v}\ln\frac{\varepsilon_t}{\varepsilon_0} + \frac{\frac{r}{u}+v}{r(v+1)}\ln\frac{\frac{r}{u} - \frac{A_a Eb}{N}\varepsilon_0^{v+1}}{\frac{r}{u} - \frac{A_a Eb}{N}\varepsilon_t^{v+1}} \tag{5.36}$$

式中:$\varepsilon_0$ 为零接触时刻的微凸体变形(穿透深度)(接近的弹性分量);$\varepsilon_t$ 为经过时间 $t$ 后产生的应变。

从式(5.35)可以定性地得出,在连续加载时表面间接近量会无限增加,这与文献[8,91]的实验数据相矛盾。根据这些数据,应变值和静摩擦力趋于一个特定的极限。从图5.6中可以看出,通过 Ishlinskii 方程得出的关系式(5.36)能够最为充分地描述静态接触时间内静摩擦力的变化,其中已经考虑了表面接近量的影响。这是因为汤普森公式(5.35)是 Ishlinskii 关系式在 $\sigma = \mathrm{const}, u = E/\eta$ 条件下的一个特例。在实际情况中,应力在表面接近期间迅速降低,导致塑性变形不会非常剧烈,因此,基于式(5.36)的设计数据与实验结果更为吻合。

式(5.36)可估计单一因素对接近量以及相应随静态接触持续时间变化的实际接触面积的影响,如法向载荷随时间对接近量的影响以及相应实际接触面积的增长。然而,在所有其他条件相同条件下,静态接触时的法向载荷增加会导致实际接触面积的增长更为快速。

从式(5.36)可以看出,随接触时间变化的实际接触面积,受到接触表面的几何尺寸 $Aa$ 和表面粗糙度常数 $b$ 与 $v$ 的强烈影响。该方程可以用来探寻 Ishlinskii 关系式中使用的材料物理 – 力学常数对实际接触面积的影响。

如果忽略方程中影响较小的第一项,可以得到

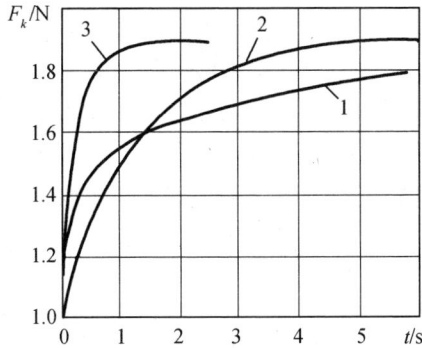

图 5.6 实验数据(1)与 Ishlinskii(2)和 Thompson(3)方程的计算结果比较
(研究对象为 45# 钢 – 聚甲基丙烯酸甲酯(有机玻璃)摩擦对)

$$\varepsilon_t = \left[ \varepsilon_\infty^{v+1} - (\varepsilon_\infty^{v+1} - \varepsilon_0^{v+1}) \exp \left( -t \frac{r(v+1)}{\frac{r}{u}+v} \right) \right]^{\frac{1}{v+1}} \qquad (5.37)$$

对于经受表面硬化的材料框架模型,无限长接触时间条件下相对接近量与负载的相关性可以由以下关系式表示[8],即

$$\varepsilon_\infty = \left[ \frac{N(v+\omega)}{A_c b H_y} \right]^{\frac{1}{v+\omega}} \qquad (5.38)$$

式中:$H_y$ 为表征塑性变形的常数;$\omega$ 为硬化指数。

利用式(5.37)在式(5.29)中进行代换,可得到描述随静态接触时间变化的实际接触面积的公式,即

$$A_r = A_c b \left[ \varepsilon_\infty^{v+1} - (\varepsilon_\infty^{v+1} - \varepsilon_0^{v+1}) e^{-t\frac{r(v+1)}{\frac{r}{u}+v}} \right]^{\frac{1}{v+1}} \qquad (5.39)$$

从式(5.39)可以看出,实际接触面积随时间的变化受到以下因素的影响:弛豫率 $r$、滞后效应 $u$、几何常数 $b$ 和 $v$。对式(5.39)的分析表明,接触面积最初增长得非常快,之后逐渐减缓并趋向于某一定值。

可以忽略摩擦二项式定律中的第二项,那么,特定摩擦力 $\tau$ 将保持不变。因此,通过将式(5.39)带入式(5.13)中,可以得到随接触持续时长不同而产生的摩擦力变化,即

$$F = \tau A_c b \left[ \varepsilon_\infty^{v+1} - (\varepsilon_\infty^{v+1} - \varepsilon_0^{v+1}) e^{-t\frac{r(v+1)}{\frac{r}{u}+v}} \right]^{\frac{1}{v}} \qquad (5.40)$$

假设 $\sigma$ 为常数且摩擦力与变形成正比,则以上方程在结构上与文献[92]中

得到的方程相似,即

$$F_s(t) = F_\infty - (F_\infty - F_0) e^{-ut} \tag{5.41}$$

式中:$F_s(t)$ 为静接触结束时刻 $t$ 时的静摩擦力;$F_\infty$ 为无限长接触时间的摩擦力;$F_0$ 为零接触时刻的摩擦力;$u$ 为常数,表征结合的强化程度。

利用文献[89,90]中所得到的研究结论,可以估计诸如法向载荷、表面几何参数、摩擦材料的物理力学性能等因素对摩擦静力学特性的影响。图 5.7 说明了不同法向载荷值下,静摩擦力变化实验结果与时间的相互关系;上述文献中还指出,几何常数 $b$ 和 $v$ 对摩擦力影响不同。在所有其他条件相同情况下,随着常数 $b$ 的增大,摩擦力急剧增加;随着常数 $A$ 和 $v$ 的增大,摩擦力趋于减小。

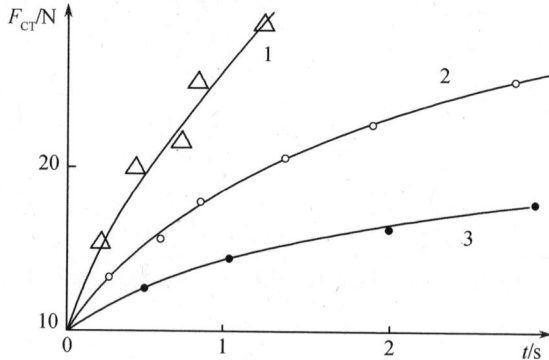

图 5.7　不同法向载荷下钢 – 有机玻璃摩擦副静摩擦力与静态接触时长的关系
1—100N; 2—50N; 3—30N。

材料不同,物理、力学特性也会产生不同的影响。具有高弹性模量和滞后速度但低弛豫率的材料,其摩擦力随时间的增长较慢。

Kosterin 和 Kragelskii[34] 对聚合物基体摩擦材料进行了研究,指出其摩擦力具有以上类似特性。图 5.8 显示了制动器和联轴器中使用的一些摩擦材料的典型静态特性[8]。研究表明,静态摩擦系数随高温条件下固定接触时间的增长,不仅可以归结于形成黏接后的强化,而且还可以归因于黏接数量的增加。与基于橡胶的材料相比,基于树脂黏接剂的材料,这方面的增长较少。

以下公式表示了随静态接触时间变化的静摩擦力,与式(5.41)有很小的差别[34],即

$$F_s(t) = F_\infty [1 - \exp(-k_1 t^u)]^{k_2} \tag{5.42}$$

式中:$k_1$ 和 $k_2$ 为经验系数。

式(5.41)和式(5.42)可以很好地适用于相当大的时长 $t$ 值,但不能考虑一段时间内法向接触应力的变化。文献[93]的作者考虑到接触中主要是塑性变

86

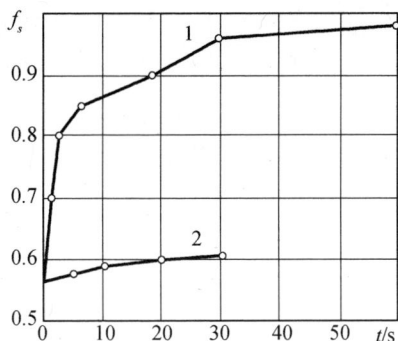

图 5.8　不同摩擦材料的静摩擦系数对固定接触时间的影响
1—橡胶黏接剂摩擦材料；2—树脂基摩擦材料。

形,通过对单独粗糙表面区域上的微元静摩擦力求和计算摩擦力,即

$$F_s(t) = k_c \frac{\tau}{p} N \tag{5.43}$$

式中:$k_c = A_c/A_e$,$A_e$、$A_c$ 为实际微元接触面积和剪切面积;$\tau$ 和 $p$ 为接触微元的切向和法向应力;$N$ 为所有接触微元所受的力。

随时间变化的 $\tau$ 和 $p$ 可以表示为常数 $\tau_0$ 与 $p_0$ 以及变化部分之和,即

$$\tau = \tau_0 + \frac{1}{\ln k_\tau} \ln \left[ 1 + \frac{k_{\max}(k_\tau - 1)y}{k_{n\pi}k_{\max}(1-y)} \right] \tag{5.44}$$

$$p = p_0 + \frac{1}{\ln k_p} \ln(1 - k e^{-\delta t}) \tag{5.45}$$

式中:$k_\tau$ 为变形系数;$k_{\max}$ 为最大不可逆剪切;$k_{n\pi}$ 为塑性系数;$k_p < 1$、$k < 1$、$\delta < 1$ 为塑性常数;$y$ 为时变压缩量。

将式(5.44)和式(5.45)代入式(5.43),所得关系式表示摩擦力为时间的函数,无论取任何参数,其值都为正,即

$$F_s(t) = k_c \frac{\ln k_p}{\ln k_\tau} \frac{\tau_0 \ln k_\tau + \ln \left[ 1 + \dfrac{k_{\max}(k_\tau - 1)y}{k_{n\pi}k_{\max}(1-y)} \right]}{p_0 \ln k_p + \ln(1 - k e^{-\delta t})} N \tag{5.46}$$

该函数在 $t=0$ 和 $t=\infty$ 时刻具有特殊性,即

$$F_0 = k_c \frac{\tau_0}{p_0} N \tag{5.47}$$

$$F_\infty = F_0 + k_c \frac{\ln k_\tau + \ln \left[ 1 + \dfrac{k_{\max}(k_\tau - 1)}{k_{n\pi}(1 - k_{\max})} \right]}{p_0 \ln k_\tau} N \tag{5.48}$$

从式(5.48)可以看出,静摩擦系数由材料的塑性决定,与表面微观几何形态无关。

考虑玻璃接触表面之间的静电力,对其静摩擦特性进行理论计算,所得关系式与式(5.41)[94]类似。

摩擦的静态特性作为时间的幂函数,在许多研究中被提及。文献[95]中所提出的公式采取了以下假设:随着切向微剪切力的提高,能够剪切粗糙表面上微凸体的力也会增加,即

$$f_s = f_k + k_1 t^{k_2} \tag{5.49}$$

式中:$k_1 > 0$、$k_2 < 1$ 为近似幂函数系数。

静摩擦特性的增加,可以归因于塑性变形情况下,以材料蠕变为表征的法向接触变形现象[136]。通过热激活自扩散机制表示的变形过程方程为

$$f_{s=} = f_k + k_3 \exp\left[-\frac{E_a}{RT}\left(\frac{v}{k_4 v + 1}\right)\right] t^{\frac{v}{k_4 v + 1}} \tag{5.50}$$

式中:$E_a$ 为自扩散激活能;$R$ 为通用气体常数;$T$ 为热力学温度;$k_4$ 为常数;$v$ 为近似等于轴承轮廓曲线初始段的幂函数参数[96]。等距条件式(5.50)被简化为式(5.49),其中系数取决于摩擦副材料的接触条件和弹塑性。

如果以幂函数方式表示静摩擦特性,则摩擦力将无限增长,而这与现实情况相矛盾。

这种从静态到滑动摩擦的黏滑转换,文献[97]将其阐释为微剪切的顺序,也就是摩擦材料表面的硬化 - 停顿过程。静摩擦下的结合材料,一段时间后每个微元上的微接触都会产生塑性变形。在达到最大微元剪切力值时会转换到滑动状态,此时,所有微接触都会出现剪切。滑动进一步发展会形成新的微接触,并对之前的微接触产生剪切,即剪切现象的顺序发生变化,而且剪切不会同时发生在所有微接触上。此外,当转换到滑滑移状态时,由于增大变形的功降低,材料会经历硬化过程,所以静、动摩擦力之间的关系可以写成[97]

$$F_S = k_{y1} k_{y2} F_k \tag{5.51}$$

式中:$k_{y1}$ 为材料强化系数;$k_{y2}$ 为取决于剪切速率的顺序因子。

摩擦力与接触时间的相关性,在文献[96]中由类似式(5.13)的公式给出,即

$$F = \tau t_m A_c [\varepsilon(t)]^v \tag{5.52}$$

式中:$t_m$ 为在中线上的轴承轮廓长度;$A_c$ 为轮廓接触面积;$\varepsilon(t)$ 为接触面上的黏弹性变形。黏弹性变形随时间的变化关系为

$$\varepsilon(t) = \varepsilon_y + \varepsilon_n \left[ 1 - \exp\left( -\frac{t}{t_p} \right) \right] \tag{5.53}$$

式中：$\varepsilon_y$ 和 $\varepsilon_n$ 分别为变形的弹性和塑性分量；$t_p$ 为恒定应力下的变形弛豫时间。

通过将式(5.53)代入式(5.52)中,可以得到摩擦力与接触时间关系,这在静、动摩擦模式都能够成立,即

$$F = \tau t_m A_c \left\{ \varepsilon_y + \varepsilon_n \left[ 1 - \exp\left( -\frac{t}{t_p} \right) \right]^v \right\} \tag{5.54}$$

如果静止接触持续时间很长,而且滑动时实际接触位置不断发生变化,则静摩擦力与滑动摩擦力的关系可以从弹塑性变形与单纯弹性变形之间的关系得出,即

$$\frac{F_\infty}{F_k} = \frac{\varepsilon_y + \varepsilon_n}{\varepsilon_y} \tag{5.55}$$

## 5.4　金属－聚合物摩擦副的自振机理

### 5.4.1　黏附机理

实际接触点上接触压力升高可能会导致形成局部焊接桥。许多研究人员将微咬合－微滑移类型的黏滑摩擦现象归因于这些桥的形成和断裂[39]。摩擦体的结合表面区域,在微咬合过程中一起移动一段时间,直到外力增大到足够产生剪切滑动,微滑移会进一步加速,直到形成下一个局部焊接桥。假定静摩擦和滑动摩擦的机理大致相似,二者主要在有效接触时间上有所不同。黏合焊接桥寿命的增加,导致了随着速度增加 FS 等级也会相应提高。

已知 FS 取决于接触的摩擦学性质,也是外部因素的函数,这些因素包括滑动速度、本征频率、摩擦单元的设计以及阻尼。

可以通过使用润滑剂减少摩擦力和 FS,其减少的程度由润滑材料的抗摩擦性能和氧化水平调节。从式(5.12)可以看出,使用润滑材料,可以使静摩擦系数和滑动摩擦系数相等,从而可能避免 FS。在低速区域内,多为边界润滑模式,有在滑动面之间出现油膜的可能性。这会导致在摩擦力下降的各个接触点上出现部分流体动力学润滑。因此,随着速度的增加,摩擦力快速减小,使得运动不均匀。准流体动力学润滑的形成,受润滑膜粘度、接触面积、摩擦表面微观几何形貌、剪切速率梯度等一系列因素的影响,共同阻碍了对结果的定量估计。

结构和润滑材料对摩擦学性能的影响,在文献[98]中已经进行了长时间的实验研究。在文献[99]中已经研究了摩擦表面的分子相互作用,它是缺油润滑

和干摩擦条件下产生跳变的原因。

根据文献[3,100],接触区的热状态是界定静态和动态特性类型的主要因素,因此也是 FS 产生的重要条件。文献[101]的作者通过摩擦力与温度之间的衰减关系,对 FS 现象进行了解释。上述研究者认为,在跳变期的摩擦表面受热,会降低摩擦力并导致弹性卸载。因此,表面最终会在减速(停顿)期间冷却下来。该模型中平均表面温度的思想,只能计算和验证剧烈摩擦条件下的 FS;考虑到实际接触点上的瞬现温度[102],有助于研究一般摩擦系统低滑动速度下的 FS。

### 5.4.2 摩擦微振子的同步

文献[103]中表明,对于没有润滑的金属－聚合物摩擦副,磨粒磨损集中在摩擦的初始阶段(磨合阶段)。在此摩擦阶段形成的碎屑,主要来自聚合物基体的磨损。从摩擦区域移除的一部分碎屑会被转移到环境中,另一部分则保留在摩擦偶件上。剩余的颗粒被压入硬度较小的摩擦复合材料基质,从而附着在摩擦表面。这就是为什么磨损率在一段时间后降低的原因[103-105]。因此,法向和切向应力随着实际接触区域中的温度而开始增加。在大多数现代制动系统中,局部应力和载荷可能会达到一定的量级,此时,摩擦复合材料的表面层会熔融形成微小的层状结构。该层状结构的物理机械性能(硬度、弹性模量)与初始基体的体积特性有很大不同[106]。图 5.9(a)[103]中给出了在与金属偶件接触面摩擦后,聚合物材料的摩擦表面所形成的层合面结构 SEM 图像。出现高频 FS(10～16kHz)现象的标志性金属偶件接触面具体形态如图 5.9(b)所示。

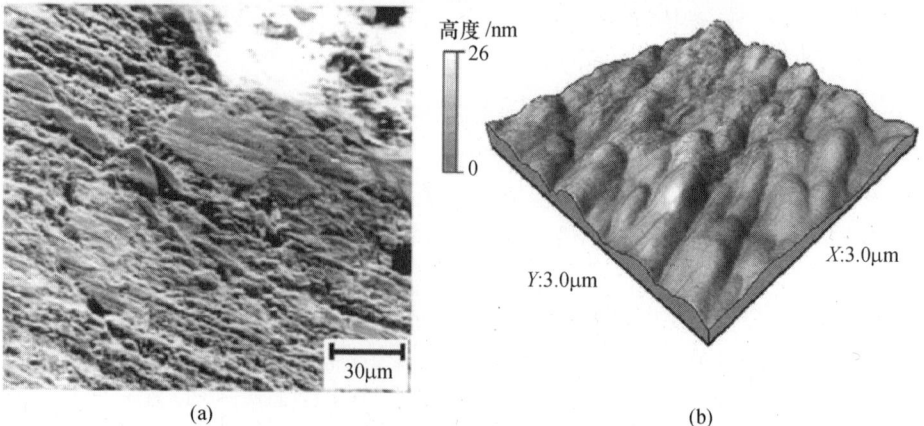

(a)　　　　　　　　　　　　　　　　(b)

图 5.9　金属－聚合物摩擦副的接触表面

(a)摩擦材料表面上形成的层合固体结构 SEM 图像;(b)金属偶件摩擦面 AFM 图像。

我们已经将几种类型的接触区域加以区分,相应摩擦表面上的接触状况及相互作用如图5.10所示[107]。图中第一种类型的接触区域,其特征为磨料颗粒间的相互作用;第二种类型为固体润滑剂(摩擦改性剂)的相互作用;第三种类型为固体表面层(第三体);第四种类型为金属填料之间的相互作用。然而,制动期间散失的主要能量被消耗在第三类型的接触区(黏着型)上[103]。在高硬度层合结构附近的区域会受到更严重的磨损、产生更多的热量,其较高的机械应力会导致表面下微层中裂纹的成核和扩展。

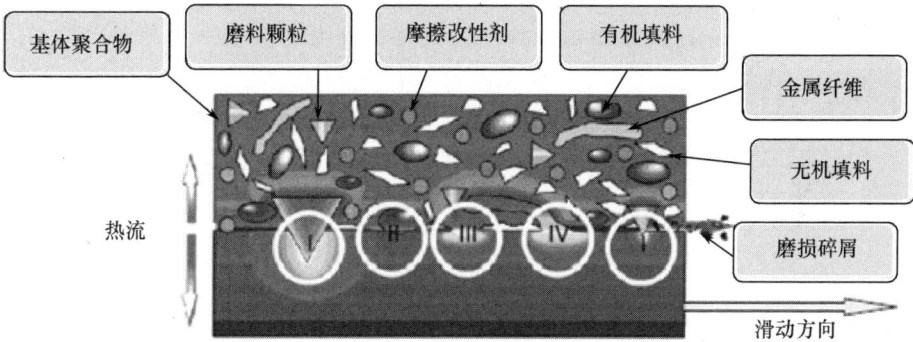

图5.10 "摩擦复合材料 – 金属偶件"相互作用的摩擦学概况[107]

在摩擦体相对切向位移期间,金属偶件表面微凸体之间的接触相互作用,会激励第三体层出现切向振荡,加剧了表面下的破裂过程,导致其逐渐分层并形成碎屑颗粒。对这些微层的形成和破坏动力学,通过有限状态机(FSM)方法,在表面结构生成[108,109]和磨损[110]方面进行了详细的研究,这在如今的摩擦系统研究中非常普及。研究证明,上述固体微层呈现出稳定的自组织细观系统状态[108-110]。

在固体表面结构的形成和破坏过程中发生的动态平衡,成为控制摩擦接触中宽带动态载荷的主要因素。该现象也是金属 – 聚合物摩擦副相互作用下所产生FS的能量来源。

Bowden和Tabor[98]首先发现,即使在理想的刚性摩擦系统中,表面微凸体也保留了弹性微变形的趋势。他们也得出结论,粗糙峰体尖端部分的弹性是自激振荡的成因之一。

现代对于金属 – 聚合物摩擦副中FS激励的描述,通常从考虑相互关联的基本振子(摩擦引起的微振荡和声发射脉冲的独立来源)为出发点。

这些振子形成于摩擦材料固体表面结构与粗糙金属偶件表面之间的接触相互作用过程中,如图5.11所示。由于给定系统中大部分摩擦能量是通过粘着类型的相互作用产生的[111],因此,将进一步分析这种类型的相互作用所引起的微振荡。

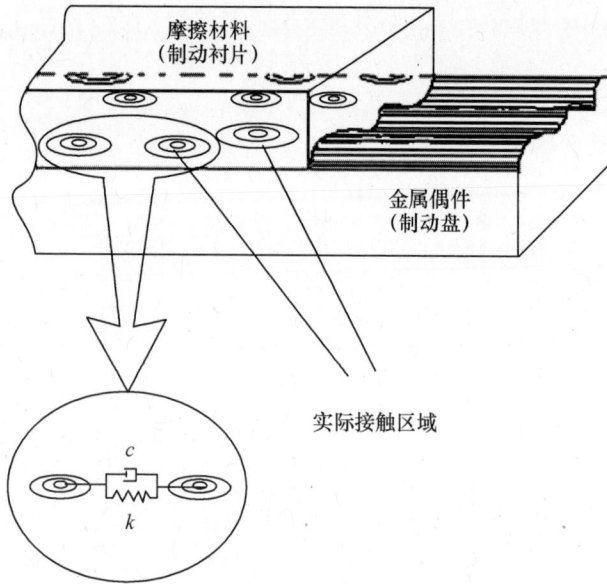

图 5.11　接触相互作用与单一摩擦力微振动源(基本振子)的形成

在本节所分析的情况中,可以忽略接触区的大小和数量的变化,因为与所研究基本振子的振动时间尺度相比,固体表面层的破坏和再生过程花费时间更长。如果考虑到上述摩擦材料固体表面结构与金属偶件微凸体之间的接触相互作用,则振动摩擦副的动力学机制可以通过接触层和微体积的形式呈现。摩擦单元(具有分布质量、刚度和黏性阻尼参数的振子)分别承受单个振子上由外部和内部摩擦引起的法向力($N_I, N_{II}, \cdots, N_V$)和切向力($F_I, F_{II}, \cdots, F_V$)。得益于聚合物基体的弹性,每个单元在正向和切线方向都与固体表面层弹性连接,所有单元之间也相互连接,如图 5.12 所示。

假设在上述模型框架内,固体之间摩擦相互作用产生的噪声和振动机理如下:多重弹性和非弹性冲击所造成的微凸体、表面区域以及表面层微体积的再变形现象;完整摩擦膜的磨损和再生过程所造成的接触面宽范围微振荡。以摩擦复合材料的动态特性(动态弹性模量和损耗因子)为特征的基本振子之间的弹性连接,可能会导致振子间产生同步的微振荡,其振荡频率与机械摩擦系统频率相当[111]。

可能出现的同步自振,是非线性系统的一个基本特性。互同步问题在非线性动力学理论的相应章节中进行了深入的研究[113-115]。应该注意的是,所研究

92

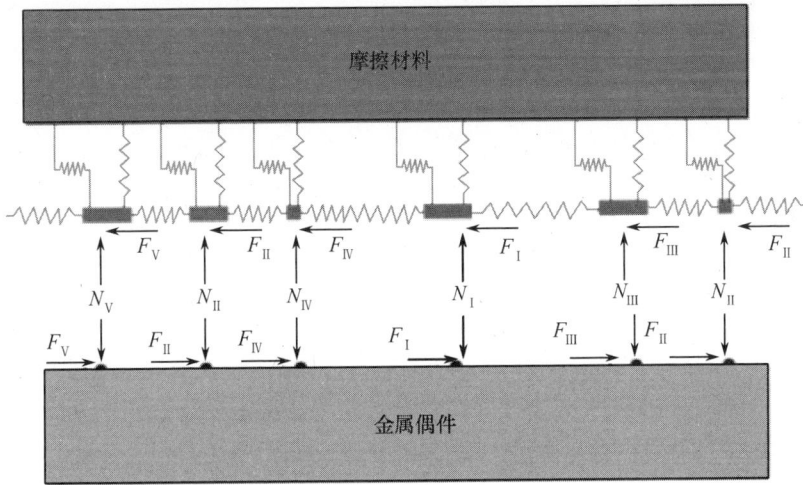

图 5.12 以实际接触点处相互关联的基本振子组合表示的振动摩擦副动力学机制[112]

系统中微振子的互同步增加了同步微振荡的振幅。由于摩擦区域和整个机械系统中动态过程的相互作用,在宏观上造成了摩擦失稳,并通常伴随着摩擦连接中的剧烈振动和(或)高强噪声[115,116]。

## 5.4.3 法向和切向微振荡的相互关系

表面上瞬时摩擦力值的谱分析和时程分析表明[117],微凸体相互作用而产生的自振,会带来随机动态接触载荷并造成摩擦失稳。微凸体接触变形所导致的法向及切向振荡与摩擦条件、表面波长谱及其变化规律有关。法向振荡与摩擦力具有的相同或相近的相位,二者的频谱实际上是相似的。法向力变化的均方值 $F_N$ 受平均法向载荷的影响较小,并随着滑动速度 $\vartheta$ 的增加、粗糙度 $R_a$ 的减小而增加,即

$$F_N = k \frac{\vartheta^{1.5}}{R_a} \tag{5.56}$$

式中:$k$ 为取决于材料性质及摩擦条件的系数。

在摩擦区域中加入润滑材料能够抑制自激振荡,特别是高频自激振荡,这是由于粗糙表面会首先变得平滑。在种情况下,接触的动态载荷仍保持不变,尽管与无润滑情况相比,最小边界润滑的振荡法向力会减小一个数量级以上[117]。

基本振子从滑动偶件上的微凸体中接受微脉冲。这些微脉冲的法向分量连续激励摩擦体,使之产生法向上的振动。干摩擦中自激振荡的主要频率首先取决于接触刚度,范围约为几千赫。法向自激振荡的振幅较低,且无明显的谐振带

宽,这是其监测滞后的主要原因[118,119]。

早在20世纪40年代至50年代,针对法向位移在FS激发过程中所起到的作用已经进行了预研。然而,同时考虑切向和法向自振的FS理论,是由Kudinov[16]在针对半流体润滑剂环境的研究中首先提出的;Tolstoy和Kaplan[120]在针对干摩擦的研究中也提出了同样的理论。

在上述理论中,FS产生的机制如下:滑动条件(速度,加速度等)的随机变化使得驱动端变形并促进了切向剪切。其中后者会造成相对于摩擦表面的法向变形并改变摩擦力,同时导致系统弹性单元的切向变形。当切向与法向剪切(振荡)满足特定的相位比例条件时,摩擦力变化将与水平切向振动同步。

对干摩擦或边界润滑时FS的产生情况进行模拟,需要满足以下前提条件:摩擦元件的横截面尺寸不能远大于其高度。在这种情况下,法向上的弹性柔度比切向柔度小几个数量级。从这一事实出发,文献[73]的作者提出了以下模型:摩擦副的一个元件被看成是一个理想的刚体,被放在一个模拟微凸体的弹簧系统上(图5.13)。给定的方案不同于已知的杆模型[8],使用弹簧而不是刚性杆。长弹簧承受法向载荷,较短的弹簧不参与相互作用。任何法向脉冲都可能使重物在法向上产生自由振荡。当重物下降时,越来越多的弹簧开始承受载荷,使得该振荡具有非线性和非对称性。因此,接触面刚度是不稳定的:随着滑块的下降而增加,随着其上升而减小。对称性增加了重物在偶件上方的平均高度,导致对称振幅变长;减少了单次接触时的平均微凸体数目及其总面积(实际接触面积),从而降低了摩擦力。

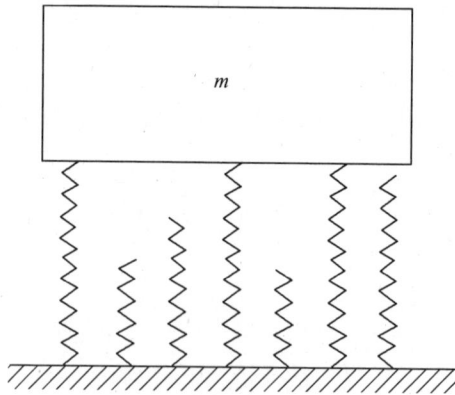

图5.13 弹簧上的接触相互作用模型[73]

可以看出,滑动速度越高,微凸体间微脉冲的法向分量越大,振荡幅度越大(几乎线性相关),相应的摩擦力越小。后者可以解释干摩擦或边界润滑中动力学特性的下降现象。

Kudinov[121]首先提出，振动在摩擦系统中表现出耦合性，这意味着法向－切向、纵向－横向自激振荡是相互关联的。该耦合出现于法向主频率 $\omega_{fn}$ 和切向主频率 $\omega_{f\tau}$ 附近，可以通过线性振荡的本征频率近似估计[122]，即

$$\omega_{fn} = \sqrt{\frac{k_n}{m}}, \quad \omega_{f\tau} = \sqrt{\frac{k_\tau}{m}} \tag{5.57}$$

式中：$k_n$ 和 $k_\tau$ 分别对应正向和切向接触刚度值。

由于实际摩擦过程的复杂性和随机性，接触表面的声振谱呈现多重调和的性质。这种振荡的一个显著特征是存在多个被同时激发的不同功率的声源，其随机地散布在名义接触区域上。使用谐波分析处理其信号已经表明，确实存在如式(5.57)所求得的主频率，其误差小于等于10%[122]。然而，若要正确地描述声发射及摩擦相互作用之间的关系，需要将所有的声源都考虑进来，这实际上是不可能的。在某些情况下，只能通过逐次逼近和理想化过程达到以上目的[123]。

### 5.4.4 基本自由振子的振荡分析

在开发从最初阶段就能抑制声振活动的装置时，应该详细分析切向摩擦引起的微振荡，以便从微观角度找到能够消除不稳定性的结构因素。

在这方面，我们采取了一个理想的振动摩擦副动力学模型，并在唯象层面进行分析。图5.14中示意性地给出了基本自由振子的唯象模型。基本振子是由质量 $m$、弹性元件 $k$ 和内摩擦耗散元件 $c$ 组成的振荡系统。上述单元模拟了切向上约束的摩擦材料固体表面层的惯性特性，这是一个具有黏弹性聚合物基体的摩擦复合材料刚性固定衬块结构。摩擦复合材料真实接触表面上的这些层结构由图5.2(a)和图5.9(a)中的箭头标出。在单次接触的相互作用中，基本振子受到与金属偶件运动方向相反的法向力 $N$ 和摩擦力 $F$ 的影响。

FM固体摩擦表面与金属偶件微凸体之间的一系列相互作用对振子进行了激励，其中偶件相对固定衬块以速度 $\vartheta$ 移动。

考虑上述模型的基本自由振子的运动方程为

$$m\frac{\mathrm{d}^2x}{\mathrm{d}t^2} + kx = F - c\frac{\mathrm{d}x}{\mathrm{d}t} \tag{5.58}$$

式中：$x$ 为坐标；$F = \mu(\vartheta_r)N$ 为摩擦力；$\vartheta_r = \vartheta - \dfrac{\mathrm{d}x}{\mathrm{d}t}$ 为基本振子相对于初始位置的滑动速度(无偏移)。

为了表示摩擦系数与滑动速度之间的相关性，可以使用以下关系[111]，即

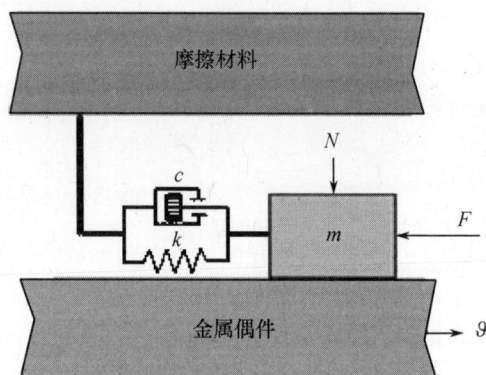

图 5.14　基本振子的唯象模型[110]

$$\mu(\vartheta_r) = \frac{0.4}{\pi} \arctan(200 \cdot \vartheta_r) \left( \frac{1}{|\vartheta|+1} + 1 \right) \tag{5.59}$$

应该注意的是,上述线性系统与自振系统相关。在本书中,已经特别注意如式(5.58)所表示的自激振荡系统,该系统中的内部阻尼力 $F_m$ 是聚合物基体黏弹性特征的函数,即

$$F_{in} = kx + c\frac{\mathrm{d}x}{\mathrm{d}t} \tag{5.60}$$

基于已知的自振系统的数学模型[13,124],可以证明受内部阻尼力(与外部摩擦力相反)的影响,系统的运动会产生显著变化,图 5.15 所示为从均匀到黏滑运动。

在式(5.58)的解中,在静摩擦超过滑动摩擦的弛豫振荡情况下,同时考虑外部摩擦的静态和动态特性,可以得到:存在某些偶件的临界速度 $\vartheta_k$,低于这个速度,将具有不平稳的运动特性;高于这一速度,则不大可能出现摩擦自激振荡模式[1,23],即

$$\vartheta_k = \frac{\Delta F}{\varphi_c \sqrt{mk}} \tag{5.61}$$

式中:$\Delta F$ 为静摩擦力与滑动摩擦力之间的差值,由摩擦力的静态和动力特性所决定;$\varphi_c$ 为与振动阻尼系数相关的隐式函数,并且

$$\theta = \frac{c - \alpha_k}{2\sqrt{m/k}} \tag{5.62}$$

式中:$\alpha_k$ 为在小 $\theta$ 值时,摩擦曲线下降段(图 5.1)的斜率,即

96

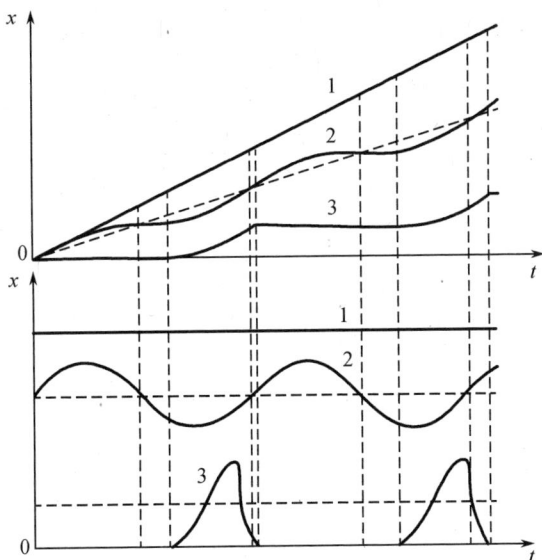

图 5.15 滑动类型

1—均匀滑动($F_{\beta_H} \gg F$); 2—谐波振荡($F_{\beta_H} \approx F$); 3—弛豫振荡($F_{\beta_H} \ll F$)。

$$\varphi_c \approx \sqrt{4\pi\theta} \tag{5.63}$$

然而,通过减小摩擦力或通过调整摩擦系数、载荷、速度参数改变静态动力学特性,从而降低摩擦副振动的方法,只有在获得所需的摩擦效率时才有效,在非稳态摩擦条件下甚至不可能实现这一目的。

通过分析基本振子运动方程以及噪声、振动机理,使我们认为,影响摩擦接触不稳定性(转换为宏观振荡模式)的主要因素(条件)之一是:摩擦系统所具有的阻尼性能,这决定了对摩擦引起的切向微振荡的衰减能力。

## 5.4.5　接触阻尼

为了量化分析,以估计 FM 在上述的唯象模型方面的阻尼能力。可以考虑使用以下方程描述谐波振荡的情况下,基本振子(式(5.58))的振动为

$$F_{\beta_H} \approx F$$

如果以指数形式表示激振力

$$F = F_0 e^{i\omega t}$$

并以复数形式使用正弦方程,基本振子的振动方程为

$$x = x_0 e^{i\omega t} \tag{5.64}$$

式中:$x_0$ 为振幅;$\omega$ 为圆频率;$t$ 为时间;$\mathrm{i} = \sqrt{-1}$。

引入以下参数值

$$\eta = \omega \frac{c}{k}$$

式(5.58)可以写成复数形式

$$kx + c \frac{\mathrm{d}x}{\mathrm{d}t} = (k + \mathrm{i}\omega c) x = k(1 + \mathrm{i}\eta) x \tag{5.65}$$

表征摩擦接触阻尼能力的机械能的损失,可以通过引入复刚度 $k(1 + \mathrm{i}\eta)$ 加以考虑。由于刚度与材料的弹性模量成比例,可以认为

$$E = E'(1 + \mathrm{i}\eta) = E' + \mathrm{i}E'' \tag{5.66}$$

式中: $E'$ 和 $E''$ 为复弹性模量的实部和虚部。

动态弹性模量 $E_d$ 的实部 $E'$ 表示材料在振动期间的应力应变关系。$E_d$ 是静态弹性模量 $E_s$ 的动态模拟。

通常,复合材料在聚合物基体上的动态弹性模量,是静态弹性模量的几倍。$E_d$ 和 $E_s$ 之间的差异随着复合材料孔隙率的增加而增长。此外,若复合材料具有多孔、纤维或纤维多孔结构,则其动态弹性模量很大程度上取决于所受载荷及频率[125,126]。$E_d$ 和 $E_s$ 之间的区别如下:在周期力的影响下,由于黏弹性材料本身的滞后性,其变形滞后于受力。因此,在最大受力所对应的时刻,动态变形将比静态变形小一定的正值 $a$。至此,动态刚度 $k_d$ 将超过静态刚度,即

$$k_d = \frac{F}{x_s - a} \tag{5.67}$$

动态刚度高于静态刚度。此外,相应 $E_d$ 与 $E_s$ 的比值取决于材料内部的耗散特性,该特性也是结构敏感参数之一。

式(5.66)中的虚部表征了由于振动期间的内部摩擦而导致的机械能的不可逆损失(耗散),比值 $E''/E'$ 等于应力及所对应变之间剪切角的正切值,内摩擦能量损失越大,这个值越大。表征内部摩擦能量损失的参数是机械损耗角的正切 $\tan\delta$ 或损耗因子 $\eta$。

从上述机理出发,结合摩擦复合材料动态力学特性对摩擦连接声振活动影响的实验数据,可以使用如关系式(5.68)[127]所示的相对参数 $D$ 作为表征 FM阻尼能力的系数。这些措施旨在减少表面区域和表面层中微体积(一般情况下是基本振子)的切向微振荡,并且防止由于相互同步,而使系统进入宏观摩擦不稳定状态,即

$$D = E_d \eta \tag{5.68}$$

式中: $E_d$ 为 FM 的动态弹性模量;$\eta$ 为材料的损耗因子。

98

考虑到摩擦副的摩擦特性,采用上述阻尼性能参数有助于对其声振行为进行快速估计和预测。此外,在当前的工作中,该参数是设计阶段 FM 动态力学特性优化的评判标准之一[127]。

## 5.5　宏观系统中摩擦自激振荡的计算

图 5.16 所表示的摩擦系统结构与 Block 在文献[44]中所描述的方案相类似。该系统包括质量为 $m$ 的重物 2,与其相连的弹性元件 3 的弹簧刚度为 $k$,重物位于移动速度为 $v$ 的传送带 1 上。带的刚度比弹性元件的刚度高得多。系统中还包括阻尼为 $c$ 的元件 4。

给定系统中,重物的运动由异质方程描述,即

$$m\ddot{x} + c\dot{x} + kx = F \tag{5.69}$$

然而,这个方程的求解过程有一些困难,因此,可以采用一种图解法,其形式为系统两个无量纲参数之间的关系。因此,系统的稳定性可以通过改变运动物体的质量、系统的刚度和阻尼系数等参数实现。这样,就能够导出振动负载与系统的其他参数之间的相互关系,其中后者包括

$$q = \frac{\vartheta\sqrt{km}}{F_{cm}} \tag{5.70}$$

以及阻尼

$$D = \frac{\beta}{2\sqrt{km}} \tag{5.71}$$

然而,H. Block 并没有考虑摩擦的动力学特性,所以认为振动幅度等于静摩擦系数和动摩擦系数差的 2 倍。此外,他把振幅衰减归因于系统中随速度增加的阻尼。

考虑静摩擦特性的摩擦所致自激振荡理论最早由 Ishlinskii 和 Kragelskii 提出[90]。其研究结果表明,摩擦系统中的静摩擦力随静止接触持续时间而减少,如图 5.16 所示。更进一步而言,静摩擦特性的类型主要取决于摩擦副材料的流变性能,这解释了以下现象,即系统在开始滑动瞬间的第一次振荡振幅要大于后续的振幅(图 5.17)。I. V. Kragelskii 和 Yu. I. Kosterin 在考虑类似上述摩擦系统的动力学特性基础上,进一步完善了这一理论[34],尽管该理论中仍然没有考虑阻尼。

在所研究的系统中,重物保持了较长时间的静止状态,之后皮带以恒定速度 $\vartheta$ 开始移动,从而拉伸弹簧。在其张力等于最大静摩擦力 $F_{\infty}$ 时,重物开始相对

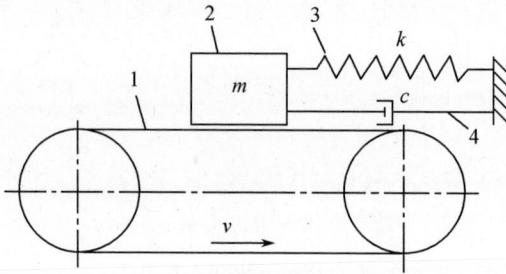

图 5.16 自振摩擦系统的等效模型

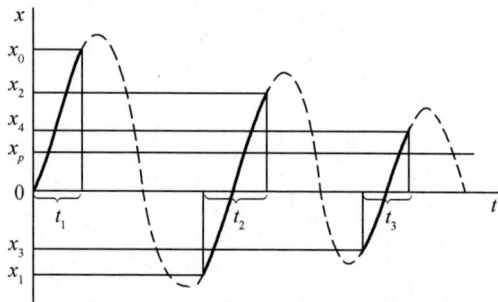

图 5.17 图 5.16 中重物 $m$ 的振荡运动规律

于皮带移动,即

$$kx_0 = F_\infty \tag{5.72}$$

式中:$x_0$ 为重物开始滑动时的偏移量。接下来,重物在弹簧弹力和滑动力($F_k < F_\infty$ 且为常数)的作用下产生位移。该运动在平衡点 $x_p$ 附近振荡,并由以下关系决定,即

$$kx_p = F_k \tag{5.73}$$

最初,重物以速度 $\vartheta$ 移动。它在表面上移动,直到其速度在坐标 $x_1$ 处再次达到 $\vartheta$,如图 5.17 所示,即

$$x_1 = 2x_p - x_0 \tag{5.74}$$

在 $x_1$ 点,由于力的方向变化,重物不能进一步移动,此时,摩擦力值变得比弹簧的弹力大;目标再次与平面一起运动,直到 $t_2$ 时刻,弹簧力再次等于 $x_2$ 点的静摩擦力为止,即

$$k(x_1 + vt_2) = F_{st}(t_2) \tag{5.75}$$

式中,直到目标产生剪切运动时,$F_{st}$ 的值将取决于静态接触持续时间 $t_2$,之后,重物将与带一起运动,并加速到匀速运动位置,即

100

$$x_3 = 2x_p - x_2 \tag{5.76}$$

进一步,重物在 $x_4$ 点处产生剪切运动。之后的运动以此类推。

若关键点序列 $x_0$,$x_2$,$x_4$,…趋向于与 $x_p$ 不同的 $x_k$ 值,则抖动将变得均匀,而弹簧的张力将由摩擦力补偿。

可以推导出 FS 产生的条件,是弹簧的弹性变形与静摩擦力相等,即

$$F_s(t) = kx_k \tag{5.77}$$

如果在式(5.77)中带入 $F_s(t) = F_\infty - (F_\infty - F_0)\mathrm{e}^{-\omega t}$ 和 $x_k = x_p + \dfrac{\vartheta t}{2}$,则 FS 的条件[90]可以写成

$$\vartheta_k < \frac{2(F_\infty - F_0)u}{k} \tag{5.78}$$

当满足条件式(5.78)时,弛豫 FS 将发生在重物的不稳定位置。在皮带的速度超过 $\vartheta_k$ 的情况下,尽管平衡保持稳定,但系统中不可能出现弛豫 FS。

给定宏系统中的振荡幅值可以通过下式求得,即

$$A = \sqrt{(x_k - x_p)^2 + \left(\frac{c\vartheta}{m}\right)^2} \tag{5.79}$$

整个振荡周期为

$$T = 2\frac{x_k - x_p}{\vartheta} + \pi\sqrt{\frac{m}{k}} + 2\phi \tag{5.80}$$

式中:$\phi$ 由以下关系决定,即

$$\phi\cos\sqrt{\frac{k}{m}} = \frac{x_k - x_p}{A} \tag{5.81}$$

移动带上重物与带的相对静止阶段由下式表示,即

$$t_1 = \frac{F_s - F(0)}{k\vartheta} \tag{5.82}$$

式中:$\dfrac{F_s}{k} = x$ 为重物从平衡状态到发生剪切运动时的偏移量。为了简化,可以假设摩擦的静态特性是非线性的,即

$$F_s = F(0) + q_s t_1 \tag{5.83}$$

利用边界条件 $t = 0$,$F(0) = kx_0$;$t = t_1$,$F_s(t_1) = kx_1$ 可以得到系数 $q_s$,其结果为

$$q_s = \frac{F_s(t_1) - F(0)}{t_1} = k\vartheta \tag{5.84}$$

因此，$t_1$ 期间，摩擦力为

$$F_S = F(0) + k\vartheta t_1 \tag{5.85}$$

相对静止阶段的持续时间 $t_1$ 由摩擦参数、摩擦材料的物理力学特性和所形成的黏着强度来控制，后者随着滑动速度的增加而减小。需要注意的是，式(5.83)~式(5.85)只在 $t_1 \leqslant t_0$ 时有效，因为在 $t_1 > t_0$ 时，静摩擦力不变，等于 $F_\infty$。

通过以下方程，可以描述无阻尼条件下的加速滑动(剪切运动后)阶段

$$m\ddot{x} + F(\dot{x}) + kx = 0 \tag{5.86}$$

对于一般情况，摩擦力与滑动由以下经验方程表示，即

$$F(\dot{x}) = (k_1 + k_2\dot{x})e^{-k_3\dot{x}} + k_4 \tag{5.87}$$

式中：$k_1 \cdots k_4$ 为常量。

式(5.86)难以通过式(5.87)的代入获得解析解，确定系数 $k_1 \cdots k_4$ 也同样困难。因此，在这个阶段运动的持续时间和特征通常采用 Lienar 所创建的图形描述方法，进而还可以使用相位轨迹的图解分析法[8,12]。FS 的计算过程包括以下阶段。

(1) 变量代入式(5.86)，得到

$$\frac{\mathrm{d}v}{\mathrm{d}x} = \frac{-F_k(v) - x}{\vartheta}$$

(2) 基于实验数据构建 $x = -F_k(\vartheta)$ 图。

(3) 利用 Lienar 方法构建相位轨迹。

(4) 通过对相位轨迹进行积分构造振荡过程图。

上述过程已经广泛应用于计算在离合器接合时发生的低频 FS(8 ~ 10Hz)。考虑动力学和静摩擦特性的方法[34]后来被许多研究人员用来计算干摩擦连接中的 FS[124,128]。

式(5.86)的一个明显缺点是忽略了阻尼。阻尼作为激励 FS 过程中的耗散因素，其作用在实际中对于很多摩擦单元是非常重要的。因此，这种方法不适用于制动啸叫和颤动等情况的计算。后来所提出的方程式能够全面考虑伴随 FS 的摩擦过程[23,36]，然而，这些方程只能通过数值方法求解。

上述具有一个自由度的模型不适用于大部分没有润滑的实际摩擦连接，因为摩擦相互作用的过程涉及至少两个振荡子系统[129]。因此，FS 取决于法向振荡与切向振荡之间的关系，二者分别由法向及切向力变化所引发，而这种变化是由摩擦的静态动力学特性所决定[99]。

类似地，采用液体润滑材料的摩擦单元应当至少有两个自由度，因为它们被沿着摩擦路径($x$ 轴)以及垂直于摩擦表面($y$ 轴)移动的摩擦元件所

调节[16,86,121]。

图 5.18 中给出了具有两个自由度的闭式动态摩擦系统。图中表明,在润滑层流体动力学升力 $Q$ 的作用下,会产生垂直于摩擦表面的位移(上升)。需要指出的是,在混合和边界润滑中,都存在升举现象。

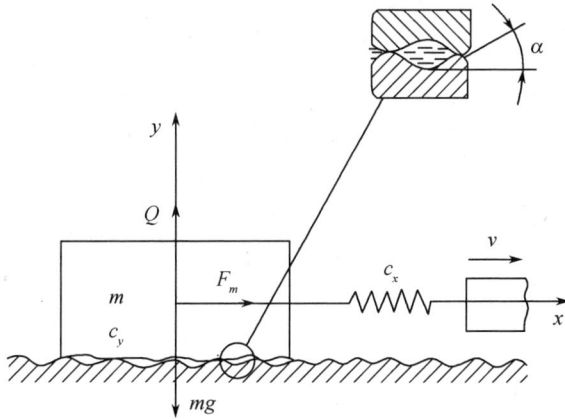

图 5.18 具有两个自由度的摩擦系统[85]

由于存在流体动力学效应,广义坐标 $x$ 和 $y$ 通过速度 $\dot{x}$ 相互联系起来。表面提升会导致接触应变的变化,而摩擦力与该变化之间存在相互关系。

系统扰动运动的线性方程为

$$\begin{cases} m\ddot{x} + c_x\dot{x} + k_x x = -k_c y \\ m\ddot{y} + c_y\dot{y} + k_y y = -k_l\dot{x} \end{cases} \tag{5.88}$$

式中:$m\ddot{x}$ 和 $m\ddot{y}$ 为惯性力;$c_x\dot{x}$ 为黏性阻力;$c_y\dot{y}$ 为浮力阻力;$k_x x$ 和 $k_y y$ 为弹性力;$k_c y$ 为摩擦力;$k_l\dot{x}$ 为流体动力学升力。此处,$c_x$ 和 $c_y$ 是沿 $x$ 轴和 $y$ 轴的阻尼系数,$k_x$ 为持摩擦单元纵向运动的刚度,$k_y$ 为接触刚度,$k_d = f_d k_y$ 为干摩擦系数,$k_1 \approx (\mu_c A_r B^2)/n(h_0 + y_0 + B)^3$,$B$ 和 $n$ 为滑动导轨的宽度及其活动面的数量。

系统的稳定性可从以下不等式进行判定,即

$$k_y\left(1 - \frac{k_l f_d}{c_x}\right)(k_y m + c_x c_y) + k_x c_y^2 > 0 \tag{5.89}$$

在以下条件下,上述不等式成立,即

$$\frac{k_l f_d}{c_x} < 1 \tag{5.90}$$

不等式(5.90)表明,只有通过减少干摩擦系数和增加滑动方向的阻尼,才能提高系统的稳定性。

103

边界润滑和干摩擦条件下,对法向载荷和摩擦力的谱分析实验研究表明,法向载荷和摩擦力的波动具有相同或相近的相位,而实际上二者的谱也类似[117]。

在文献[86]中获得了类似的结果:滑动方向和法向的波动具有相同的频率,而幅值与滑动速度有关。该结果已为振荡子系统的相互关系所证实。

随着滑动速度的增加,弛豫振荡(在最低速度下)会转变为谐波振荡(在低速下),并逐渐停止,从而使运动变得稳定(在中、高速度下)。类似地,随着系统刚度的增加,振幅降低而振荡频率提高。系统可移动部分的质量增加会破坏系统的稳定性,反之亦然。在这种情况下,稳定运动的区域不会持续扩大,而是呈跳跃式增长。谐波自振更加依赖于润滑材料的黏度,如黏度的增加会使不稳定运动区域变窄。应该注意的是,在半固体润滑区域中,FS在动力学特性的下降部分和上升部分都会被激发。因此,仅基于动力学特性,不足以估计FS的摩擦学条件[86]。

为了描述实际摩擦副中的FS,应当采用更加复杂的动力学模型,其中需要考虑机械部件的变形、运动副中存在间隙以及其他因素[1]。定义这些模型中所有材料点位置的广义坐标数量,即自由度数,可以超过运动方向的数量。在研究[130,131]中,对具有 $n$ 个自由度的摩擦系统中的周期性不间断自激振荡进行了分析。文献[132]的作者使用局部谐波线性化方法,对具有少数几个自由度的双质量模型的稳定性进行了估计,并证明该模型适用于实际的摩擦系统。文献[133]提出了具有 $n$ 个自由度的系统中,产生近似谐波FS的设计方法。文献[124,128]研究了具有一个和两个自由度的系统中,弛豫FS的数学模型。

在文献[134,135]中提出了研究FS的半解析谐波平衡法和数值法,通过具有两个自由度的模型,将其应用于汽车变速器中。这些研究旨在估计时变参量对系统稳定性的影响。

现代FS理论的发展水平,还不足以得到上述现象的精确解析解,从而在重要的实际工程中加以应用。在这方面,对实际摩擦连接进行实验研究耗资巨大。最近,对所研究的系统模型进行了相应的计算机模拟程序开发和数值实验研究。由于随机过程是计算机仿真的基础,因此,其结果以统计学结论的形式呈现。

不同作者提出的用于计算机模拟FS的微分方程,以简化形式在表5.3中列出。方程1和3忽略了系统中的阻尼,并且仅给出定性结果,因此,不适用于工程设计。方程2考虑了阻尼,但忽略了摩擦的静力学和动力学特性的影响。方程4~6更加具体,虽然摩擦引起的非线性使得它们在一般情况下无法求解,为了解决这些问题,可以使用线性化和实验系数。方程7所示系统能够更加全面地描述自激振荡的激励过程,但是对于求解来说是相当复杂的。此外,该系统不符合自激条件,它包含相似维度,但在物理意义上不同的单位,使其不可能通过相似性和维度的方法进行研究。

表 5.3　FS 的微分方程

| 方程 | 作者 |
|---|---|
| 1. $m\ddot{x} + kx - F(\dot{x}) = 0$ | Den Hartog[25]、Kaidanovskii 和 Khaikin[26, 71]、Strelk-ov[27]、Bowden 和 Leben[39] |
| 2. $m\ddot{x} + c\dot{x} + kx - F(\dot{x}) = 0$ | Block[44] |
| 3. $m\ddot{x} + kx + F(\dot{x}) = 0$ | Kosterin 和 Kragelskii[34] |
| 4. $m\ddot{x} + c\dot{x} + kx - F(\dot{x}, \dot{x}) = 0$ | Eliyasberg[36] |
| 5. $m\ddot{x} + c\dot{x} + kx - F(t, \dot{x}) = 0$ | Deryagin 等[22] |
| 6. $m\ddot{x} + 2c\dot{x} + x - F_f(t, \dot{x}) = F_p\sin(\Omega t)$ | Duan 和 Singh[135] |
| 7. $\begin{cases} m\ddot{x} + c_x\dot{x} + k_x x - F(y) = 0 \\ m\ddot{y} + c_y\dot{x} + k_y x - Q(x) = 0 \end{cases}$ | Kudinov 和 Lisitsyn[86, 121] |

# 参 考 文 献

1. I.V. Kragelskii, V. Gitis, *Friction-Induced Self-oscillations* (Nauka, Moscow, 1987), p. 184
2. D.V. Veinberg, G.S. Pisarenko, *Mechanical Vibrations and Their Role in Engineering* (Nauka, Moscow, 1965), p. 276
3. A.A. Kharkevich, *Self-oscillations* (Gostehizdat, Moscow, 1953), p. 170
4. Yu.I. Iorish, *Vibrometry. Measurement of Vibration and Impact. General Theory, Methods and Instrumentation* (Mashinostroenie, Moscow, 1963), p. 772
5. A. Nashir, D. Jones, D. Henderson, *Damping of Oscillations* (Mir, Moscow, 1988), p. 448
6. A.V. Chichinadze, *Design and Research of External Friction at Braking* (Nauka, Moscow, 1967), p. 231
7. F.R. Gekker, *Dynamics of Machines with Unlubricated Operation of Friction Joints* (Machinostroenie, Moscow, 1983), p. 168
8. I.V. Kragelskii, *Friction and Wear* (Mashinostroenie, Mosvow, 1962), p. 384
9. P. Wickramarachi, R. Singh, Analysis of friction-induced vibration leading to eek noise in a dry friction clutch, in *Proceedings of International Congress and Exposition on Noise Control Engineering*, Dearborn, MI, USA. August 19–21, 2002
10. S.S. Kokonin, E.I. Kramarenko, A.M. Matveenko, *Fundamentals of Design of Aviation Wheels and Brake Systems* (MAI, Moscow, 2007), p. 264
11. V.M. Shamberov, The effect of non-Coulomb dry friction on stability of automatic systems, in *Proceedings of Academy of Science*, Moscow, 2005, vol. 401(2), pp. 193–195
12. V.V. Kazakevich, G.M. Ostrovskii, To the question on oblique control in considering Coulomb friction in a sensitive element. Autom. Telemech. **17**(5), 119–214 (1956)
13. N.L. Golego, A.Ya. Alyabiev, V.V. Shevelya, *Fretting-Corosion of Metals* (Tekhnika, Kiev, 1974), p. 270
14. T. Jibiki, M. Shima, H. Akita, M. Tamura, A basic study of friction noise caused by fretting. Wear **251**, 1492–1503 (2001)
15. B.P. Gritsenko, Deformation and failure of the materials modified by plasma beams during friction. Dr. Sci. Thesis, Tomsk, 2007, p. 297
16. V.A. Kudinov, *Dynamics of Machine-Tools* (Mashinostroenie, Moscow, 1967), p. 360

17. V.A. Nalbandyan, Investigation of positioning accuracy of NC machine tools. Ind. Armenia **10**, 24–26 (1980)
18. M.I. Koval, G.A. Igonin, Comparative analysis of error fractions of NC machine tool working. Mach.-Tools Tool. **9**, 8–11 (1979)
19. V.L. Veina (ed.), *Nonlinear Problems in Dynamics and Strength of Machines* (LGU Publ., 1983), p. 336
20. Yu.A. Kashin, Some peculiarities of the high-strength wire drawing, in *Proceedings VNII Inform. Ferrous Metallurgy*, ser. 8, Hardware Production, Issue 3, Moscow, 1963, p. 6
21. I.I. Bakhman, *Vibration Mechanics* (Fizmat, Moscow, 1994), p. 363
22. B.V. Deryagin, V.E. Push, D.M. Tolstoy, The theory of sliding of solids with periodic stops (Friction-induced self-oscillations of the 1st kind). J. Tech. Phys. **26**(6), 1329–1342 (1956)
23. S. Thomas, Vibrations damped by solid friction. Philos. Mag. **9**, 329 (1930)
24. J.H. Wells, *Kinetic boundary friction*. Engineer (Gr. Brit.), vol. 147, p. 454 (1929)
25. J.P. Den Hartog, Forced vibrations with combined Coulomb and viscous friction. Trans. ASME APM **53**(9), 107–115 (1931)
26. N.L. Kaidanovskii, S.E. Khaikin, Mechanical relaxation self-scillations. J. Tech. Phys. **3**(1), 91–107 (1933)
27. S.P. Strelkov, The theory of pendulum self-oscillations. J. Tech. Phys. **3**(4), 563–572 (1933)
28. V.M. Yakovlev, On self-oscillations of a weight on a moving transportation belt. Mech. Solids **2**, 6–9 (1966)
29. B.E. Klamecki, A catastrophe theory description of stick-slip motion in sliding. Wear **101**(4), 235 (1985)
30. N.F. Bessarab, Friction-induced self-oscillations. J. Tech. Phys. **26**(1), 102–108 (1956)
31. R. Schnurmann, E. Warlow-Davies, The electrostatic component of the force of sliding friction. Proc. Phys. Soc. **54**, pt. 1(301), 14 (1942)
32. K. Shtepanek, in *Stability of motion in slide guides*, ed. by I. Tlustoy. Investigation of Metal-Cutting Machines (Mashgiz, Moscow, 1962), pp. 35–65
33. S.J. Dokos, Sliding friction under extreme pressures. J. Appl. Mech. **13**(2m), 148 (1946)
34. Yu.I. Kosterin, I.V. Kragelskii, Relaxation oscillations in elastic friction systems, in *Friction and Wear in Machines*, Moscow, vol. 11, pp. 119–143 (1958)
35. V.E. Push, *Small Displacements in Machine Tools* (Mashgiz, Moscow, 1961), p. 124
36. M.E. Eliyasberg, Design of feeding mechanisms in metal-cutting machines for smoothness and sensitivity of motion. Mach. Tools Tool. **11**, 1–7 (1951)
37. M.E. Eliyasberg, On breaking vibrations in sliding. Mach. Tools Tool. **12**, 6–9 (1951)
38. P.L. Papenhuysen, Wrijvingaproeven in verband met het Shippen van autovanden, *Ingenieur*, N. 53, S. 75 (1938)
39. F. Bowden, L. Leben, The nature of sliding and the analysis of friction. Proc. Royal Soc. Lond. Series A, Math. Phys. Sci. **169**(938), 371–391 (1939)
40. J.R. Jones, A study of stick-slip under press fit conditions. Lubric. Eng. **17**(4), 290 (1967)
41. Yu.M. Mamontova, Some investigation results of stick-slip in sliding by the asymptotic method. *The theory of Mechanisms and Machines*, issue 3 (Kharkov, 1967), pp. 87–95
42. J. Brecht, K. Schiffner, Influence of friction law on brake creep-groan. *SAE Paper* 2001-01-3138, 2001
43. S. Bahadur, The development of transfer layers and their role in polymer tribology. Wear **245**, 92–99 (2000)
44. H. Block, Fundamental mechanical aspects of boundary lubrication. *SAE Paper* 400129, 1940
45. S. Thomas, Vibrations damped by solid friction. Philos. Mag. **9**, 329 (1930)
46. N.F. Kunin, G.D. Lomakin, Soundless dry external friction of metals at low velocities. J. Tech. Phys. **24**(8), 1361–1366 (1954)
47. N.K. Myshkin, M.I. Petrokovets, A.V. Kovalev, Tribology of polymers: adhesion, friction, wear and frictional transfer (Review). J. Frict. Wear **27**(4), 429–443 (2008)
48. J.V. Strett (J. Reyleigh), *The Theory of Sound*, vol. 1 (Gostehizdat, Moscow, 1955), p. 530

49. G.A. Gorokhovskii, The method and investigation results of wear of metal-polymer friction pair elements at dry and boundary friction. Frict. Lubr. Wear Mach. Parts **2**, 43–55 (1961)

50. I.G. Nosovskii, *Influence of Gaseous Media on Wear of Metals* (Tekhnika, Kiev, 1968), p. 181

51. J.T. Burwell, E. Rabinowicz, Nature of coefficient of friction. J. Appl. Phys. **24**(2), 136 (1953)

52. D.K. Minov, The theory of cohesive force realization process at electric traction and methods of intensifying its application. *Problems in Raising Efficiency of Transportation*, issue 1 (USSR AS Publ., Moscow, 1953), pp. 7–129

53. E.E. Novikov et al., On the friction coefficient value under low sliding velocities. *The Theory and Design of Mining Machines*, 1982, pp. 39–51

54. Yu.I. Kosterin, *Mechanical Vibration at Dry Friction* (USSR AS Publ., Moscow, 1960), p. 76

55. S.S. Kedrov, *Vibrations of metal-cutting machines* (Mashinostroenie, Moscow, 1978), p. 199

56. V.D. Biderman, *The theory of mechanical vibration* (Vysshaya Shkola, Moscow, 1980), p. 404

57. G.G. Dorfman, Research and design of a heavy machine-tool part motion along slideways using simulation. Ph.D. Thesis Summary, ENIMS, 1979, p. 16

58. K. Shooter, R.H. Thomas, Friction properties of plastics. Research **2**, 533–539 (1952)

59. W.C. Milz, L.E. Sargent, Frictional characteristics of plastics. Lubr. Eng. **11**, 313–317 (1955)

60. T. Fort, Adsorption and boundary friction of polymer surfaces. J. Phys. Chem. **66**, 1136–1143 (1962)

61. N.S. White, Small oil-free bearings. J. Res. Nat. Bur Stand. **57**, 185–189 (1956)

62. D.G. Flom, N.T. Porile, Effect of temperature and high-speed sliding on the friction of Teflon sliding on Teflon. Nature **175**, 682–685 (1955)

63. D.G. Flom, N.T. Porile, Friction of Teflon sliding on Teflon. J. Appl. Phys. **26**, 1080–1092 (1955)

64. G.M. Bartenev, V.V. Lavrentiev, *Friction and Wear of Polymers* (Khimiya, Leningrad, 1972), p. 240

65. A. Schallamach, The load dependence of rubber friction. Proc. Phys. Soc. **65B**, 658–661 (1952)

66. L. Gümbel, Reibug und Schmierung im Maschinenbau. B.: Fichtenau. 321 S, 1925

67. L. Leloup, Etude d'un régime de lubrification: le frottement onctuent des paliers lisses. Rev. univ. mines. **90**(10), 373 (1947)

68. G. Tränkner, Reibundsmessungen an kleinen Langern im Gebiet der Grenzreibundsforschung auf dem Gebiete. Ingenierwesens **14**(1), 26 (1943)

69. T.M. Birchall, A.G. Moore, Friction and lubrication of machine tool slideways. Machinery **93**(2395), 29 (1958)

70. M.E. Salama, Effect of macroroughness on performance of parallel thrust bearings. J. Appl. Mech. **163**(2), 49 (1950)

71. N.L. Kaidanovskii, The origin of mechanical self-vibrations generated at dry friction. J. Tech. Phys. **19**(9), 985–996 (1949)

72. D.M. Tolstoi, P. Bio-Yao, On the friction force jump at stoppage. Proc. USSR AS **114**(6), 1231–1234 (1957)

73. V.A. Kudinov, D.M. Tolstoi, Friction and oscillation. Friction, wear and lubrication. Ref. Book in 2 vols., vol. 2, ed. by U.V. Kragelskii, V.V. Alisin (Nauka, Moscow, 1979), pp. 11–22

74. Le Suny Any, Mechanical relaxation oscillations. Proc. USSR AS, MTT, **2**, 47–50 (1973)

75. A.V. Chichinadze, A.S. Tomish, A dynamic test method for bearing materials at sign-varying friction. The methods of testing and evaluation of service characteristics of materials for journal bearings. Moscow, 1972, pp. 41–44

76. H. Schindler, Einfluss der Werkstoffpaarung auf die Gleit und Genauigkeitseigenschaften von Geradführungen. *Maschinenbautechnik*, 1969. Bd. 18, N. 7. – S. 345

77. E. Rabinowicz, The intrinsic variables affecting the stick-slip process. Proc. Phys. Soc. **71** (460), pt 4, 668 (1951)

78. F. Morgan, M. Muskat, D.W. Reed, J.B. Sampson, Friction behavior during the slip position of the stick-slip process. J. Appl. Phys. **14**(12), 689 (1943)

79. V.L.M. Veitsm, M.S. Bundur, V.E. Khitric, V.A. Shakov, The analysis of regularities in formation of dynamic characteristics of friction interacting with an elastic medium. J. Frict. Wear **6**(4), 653–660 (1985)

80. V.D. Tolstoi, New instruments for examination of friction-induced self-oscillations. Mach. Tools Tool. **1**, 22–24 (1961)

81. R. Bell, M. Buderkinm, Dynamic behavior of plain slideways. Ibid. 196. **181**(8), pt. 1, 169 (1967)

82. A.V. Chichinadze, O.S. Tenish, On the choice of materials for friction damping. Mach. Sci. **3**, 102–105 (1970)

83. I.T. Chernyavsky, O.V. Temish, *To the question on PC-aided modeling of external (dry) friction*, ed. by N.G. Brusevich. Automation of Research in Mechanical Engineering and Instrument-Making (Novosti Press Publishing House, Moscow, 1971), pp. 177–183

84. S.A. Brokly, P.L. Ko, Friction-induced quasi-harmonic oscillations. Probl. Frict. Lubr. **92**(4), 15–21 (1970)

85. B.M. Belgaumkar, The influence of Coulomb, viscous and acceleration-dependent terms of kinetic friction on the critical velocity of stick-slip motion. Ibid **12**(2), 107 (1981)

86. V.A. Kudinov, N.M. Lisitsyn, Key factors affecting smoothness of the motion of the machine platens and supports during sheared sliding. Mach. Tools Tool. **2**, 1–5 (1962)

87. J.S. Rankin, The elastic Range of friction. Phil. Magaz. **2**(10), 806–816 (1926)

88. M. Hunter, Static and sliding friction of pivot bearing. Engineering **157**(4074–4075), 117–138 (1944)

89. I.V. Kragelskii, The effect of the static contact duration on the friction force value. J. Tech. Phys. **14**(45), 272 (1944)

90. A.Yu. Ishlinskii, I.V. Kragelskii, On the friction-induced leaps. J. Tech. Phys. **14**(45), 276–282 (1944)

91. V.P. Shishokin, The effect of loading time on hardness of metals and alloys. Tech. Phys. **8**, 18 (1938)

92. I.V. Kragelskii, On the friction of unlubricated surfaces, in Proceedings of 1st All-Union Conference on Friction and Wear in Machines, USSR AS Publ., vol. 1, 1939

93. V.S. Shchedrov, Investigation of friction and wear processes on a sliding contact in machines. Dr. Techn. Sci. Thesis summary, IMASh, Moscow, 1953, p. 19

94. P.G. Howe, D.P. Benton, I.E. Puddington, London-Van-der-Waal's attractive forces between glass surfaces. Can. J. Chem. **33**, 1375 (1955)

95. E. Rabinowicz, The nature of static and kinetic coefficients of friction. J. Appl. Phys. **222**(2), 1373 (1951)

96. N.B. Demkin, *Contact of Rough Surfaces* (Nauka, Moscow, 1970), p. 228

97. N.F. Kunin, G.D. Lomakin, On interrelation between static and kinetic friction. J. Tech. Phys. **24**(8), 1367–1370 (1954)

98. F.P. Bowden, D. Tabor, *Friction and Lubrication of Solid Bodies* (Mashinostroenie, Moscow, 1968), p. 543

99. I.P. Kornauli, *On the Leaps During Friction* (Mechanics of Machines, Tbilisi, 1981), pp. 86–92

100. A.V. Chichinadze, O.S. Temish, Friction damper design. News. Mech. Eng. **1**, 12–14 (1971)

101. A.P. Amosov, Relaxation oscillations in external friction. Proc. USSR AS **212**(3), 569–572 (1973)

102. A.P. Amosov, On the conditions generating external friction oscillations. Mach. Sci. **5**, 82–89 (1975)

103. V.P. Sergienko, S.V. Bukharov, A.V. Kupreev, Tribological processes on contact surfaces in

108

oil-cooled friction pairs. Proc. NAS of Belarus. **51**(4), 86–89 (2007)

104. V.I. Kolesnikov, V.P. Sergienko, S.N. Bukharov et al., Investigation of noise and vibration in tribopairs of railway rolling stick by acoustic interferometry and laser vibrometry. Bull. Rostov State Univ.Commun. Lines **35**(3), 5–9 (2009)

105. V.I. Kolesnikov, V.P. Sergienko, V.V. Zhuk, V.A. Savonchik, S.N. Bukharov, Friction joints: investigation of tribological phenomena in nonstationary processes and some optimizing solutions, in *Proceedings 7-th International Symposium on Friction Products and Materials*, September 9–11, 2008, Yaroslavl, pp. 25–33

106. A.I. Sviridenok, S.A. Chizhik, M.I. Petrokovets, *Mechanics of the Discrete Friction Contact* (Science and Technique, Minsk, 1990), p. 272

107. M. Nishiwaki et al., A study on friction materials for brake squeal reduction by nanotechnology. *SAE paper* 2008-01-2581, 2008

108. Ostermeyer G.P., Müller M. New developments of friction models in brake systems // *SAE Paper* 2005-01-3942, 2005

109. G.P. Ostermeyer, M. Müller, H. Abendroth, B. Wernitz, Surface topography and wear dynamics of brake pads. *SAE Paper* 2006-01-3202, 2006

110. M. Müller, G.P. Ostermeyer, A cellular automaton model to describe the three-dimensional friction and wear mechanism of brake systems. Wear **263**(7), 1175–1188 (2007)

111. G.P. Ostermeyer, On tangential friction induced vibrations in brake systems. *SAE Paper* 2008-01-2850, 2008

112. S.N. Bukharov, Reduction of vibroacoustic activity of metal-polymer tribojoints in nonstationary friction processes. Summary of Ph.D. Thesis, 05.02.04, MPRI NASB, Gomel, 2010, p. 24

113. I.I. Blekhman, *Synchronization of Dynamic Systems* (Nauka, Moscow, 1971)

114. I.I. Blekhman, *Synchronization in Nature and Engineering* (Nauka, Moscow, 1981), p. 122

115. A.S. Pikovsky, B.G. Rozenblum, Yu. Kyrts, *Synchronization. A fundamental nonlinear phenomenon* (Tekhnosfera, Moscow, 2003), p. 496

116. V.P. Sergienko, S.N. Bukharov, Noise and vibration in frictional joints of machines. Tribologia **217**(1), 129–137 (2008)

117. A. Soom, C. Kim, Roughness-induced dynamic loading at dry and boundary-lubricated sliding contacts. J. Lubr. Tech. **105**(4), 75 (1983)

118. D.M. Tolstoy, Self-excited vibrations of a slider dependent upon its rigidity and their effect on friction. Proc. of USSR AS **153**(4), 820–823 (1957)

119. R. Courtel, Sur l'observation des certains dommages périodiques causes aux surfaces par le frottement et leur interpretation. C.r. Acad. Sci. **253**, 1758 (1961)

120. D.M. Tolstoy, R.L. Kaplan, To the problem on the role of normal displacements at external friction, ed. by I.V. Kragelskii. New in the theory of friction (Nauka, Moscow, 1966), pp. 42–59

121. V.A. Kudinov, Vibration in machine-tools. Vibration in Engineering. Ref. Book in 6 vol., vol. 3, ed. by F.M. Dimentberg, K.S. Kolesnikov (Mashinostroenie, Moscow, 1980), pp. 118–130

122. B.V. Budanov, V.A. Kudinov, D.M. Tolstoy, Interrelation of friction and vibrtation. J. Frict. Wear **1**(1), 15–21 (1980)

123. A.I. Sviridenok, N.K. Myshkin, T.F. Kalmykova, O.V. Kholodilov, *Acoustic Electrical Methods in Triboengineering* (Allerton Press Inc., New York, 1988)

124. V.F. Petrov, On the mechanical self-vibrations at dry friction of the systems with one degree of freedom. Bull. of MGU, Ser. 1, Math. Mech. **2**, 86–92 (1967)

125. J.D. Ferry, *Viscoelastic Properties of Polymers* (Wiley, New York, 1980), p. 662

126. Yu.M. Pleskachevsky, E.I. Starovoitov, A.V. Yarovaya, *Dynamics of Metal-Polymer Systems* (Belarus Science Publ., Minsk, 2004), p. 386

127. V.P. Sergienko, S.N. Bukharov, Vibroacoustic activity of tribopairs depending on dynamic characteristics of their materials. Mech. Mach. Mech. Mater. **9**(4), 27–33 (2009)

128. S.V. Baev, To the question on relaxation oscillations in the systems with dry friction, in

109

*Proceedings of Dnepropetrovsk Institute of Railroad Transport, "The theory of oscillations and dynamics of bridges"*, issue 89, Kiev, 1969, pp. 33–40

129. J.A.C. Martins, J.T. Oden, F.M.F. Simoes, Recent advances in engineering science: a study of static and kinetic friction. Int. J. Eng. Sci. **28**(1), 29–92 (1990)

130. L.P. Pavkenko, V.B. Golubev, To the design of friction-induced self-oscillations in transmissions of motor vehicles. Theory Mech. Mach. **31**, 57–68 (1981)

131. N.D. Salnikova, To the question of friction-induced self-oscillations in the systems with a finite number of degrees of freedom. Izv. VUZov, Mashinostroenie **6**, 54–59 (1968)

132. S.V. Belokobylsky, R.F. Nagaev, *The Method of Partial Harmonic Linearization in the Problems of Friction-Induced Self-Oscillations in Mechanical Systems with a Few Degrees of Freedom*, vol. 5 (Mashinostroenie, Moscowm, 1985), pp. 27–31

133. V.O. Kononenko, Self-vibrations in mechanical systems induced by friction. Abstr. Dr.Sci. Thesis, Inst. Constr. Mechanics of Ukrainian AS, Kiev, 1953, p. 16

134. C. Duan, R. Singh, Influence of harmonically-varying normal load on steady state behavior of a 2DOF torsional system with dry friction. J. Sound Vib. **294**, 503–528 (2006)

135. C. Duan, R. Singh, Forced vibrations of a torsional oscillator with Coulomb friction under a periodically varying normal load. J. Sound Vib. **325**, 499–506 (2009)

136. S.A. Brokly, N. Davis, Time dependence of static friction. Probl. Frict. Lubr. **1**, 57–67 (1968)

# 第6章 非平稳摩擦过程中的噪声与振动

本章主要针对汽车制动器及变速器中出现的典型非平稳摩擦过程进行讨论。综述车辆制动器和变速器中的振动噪声理论及实验研究成果,并从频率和现象学方面进行分类。对摩擦系统中噪声和振动的产生机理进行阐述。从获得合理的设计模型方面,对解析、数值以及实验计算等研究方法进行分析。这些分析来自于先进的实验方法,其结果可以用来预测摩擦副设计方案对其声振活动的影响。此外,作者在书中还涉及了降低制动器噪声和振动的基本方法。

## 6.1 非平稳摩擦连接的主要分类

在非平稳摩擦力下工作的摩擦连接,其主要特征为接触面上的摩擦条件具有显著差异。这些条件包括摩擦体的速度、载荷、温度以及它的物理力学特性、摩擦和磨损性能[1]。如果至少一个上述的影响条件在摩擦过程中随时间发生改变,则可以定义该摩擦过程为非平稳摩擦。

最普遍的非平稳摩擦连接应用实例是制动系统和摩擦离合器。制动单元和变速器的工作与摩擦体产生的摩擦力相关。制动系统意图减少来自于转动或者往复质量的动能,通过这种方式可以使得相对滑动速度降到零(停下)或者降低到一个理想值(变慢)。摩擦离合器用来控制机动装置从静止启动或改变装置的速度直到需要的值[2-4]。摩擦过程中的各项参数、摩擦接触条件即轮廓和实际接触面积以及接触点大小的改变,是上述摩擦连接装置工作中的主要特征。

准平稳摩擦连接包括链传动与带传动的情况、滚动轴承与滑动轴承在新的滑道上进行摩擦[5,6]、摩擦变速器以及齿轮传动装置等[7,8]。在经过长时间稳定负载以及稳定速度运行后,连接中可能会出现这种准平稳状态,此时,连接中本来恒定的体积温度被某些接触点处剧烈的温度变化所影响[9-11]。

除了上述提到的这些常见的非平稳过程特征外,即使同一种类的摩擦连接在接触条件以及摩擦时所产生的现象也会有很大的差异,这些差异主要取决于摩擦副的材料、设计、工作原理、是否存在润滑以及润滑剂的性质。因此,在下文中将对目前工程领域中应用的制动器以及摩擦离合器的工作特点进行综述。

## 6.1.1 制动机构

制动系统的配置,原则上可以通过以下几种方式实现:制动带、制动瓦、制动盘以及轨道制动器(图 6.1)[1]。

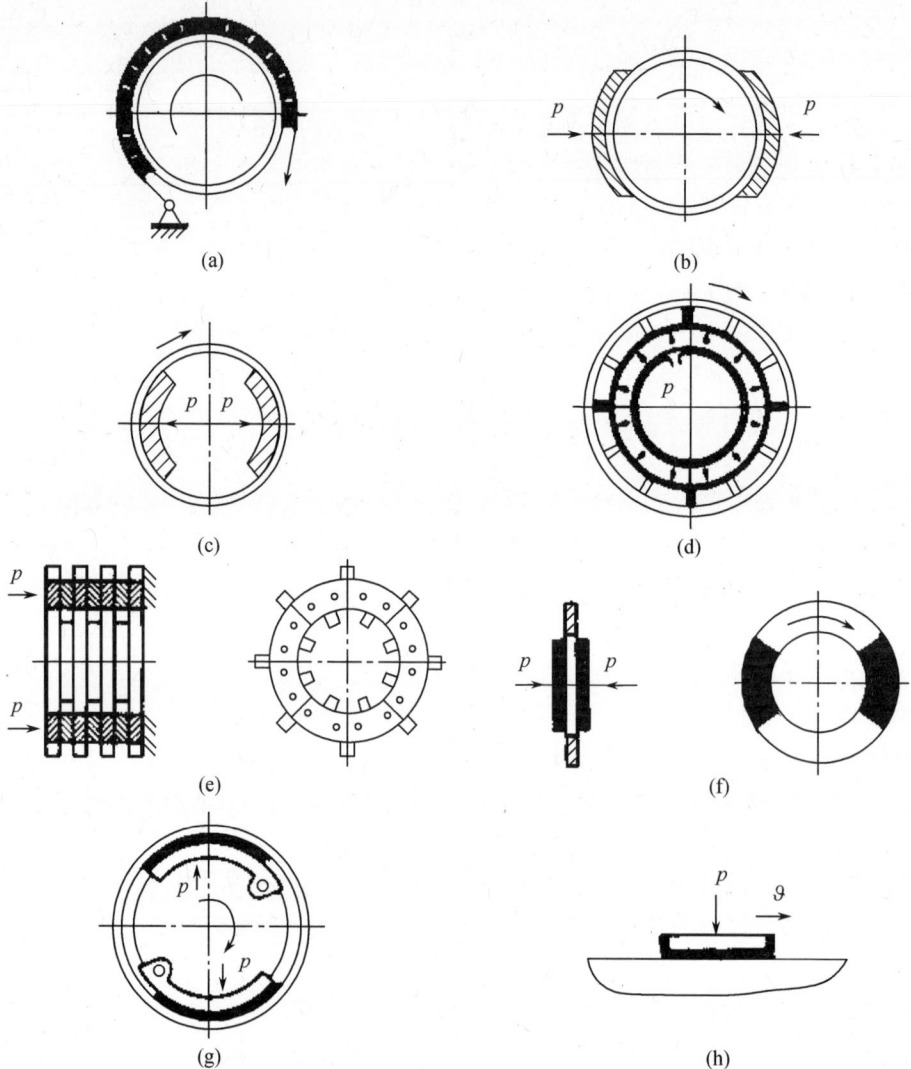

图 6.1 制动装置的种类

(a)制动带;(b)外部装配闸瓦的鼓型制动器;(c)内部装配闸瓦的鼓形制动器;

(d)鼓腔型闸瓦制动器;(e)多片式制动器($0.5 < k_{mo} < 1$);

(f)盘瓦式制动器($k_{mo} < 0.5$);(g)离心块制动器;(h)导轨制动器。

制动带(图 6.1(a))通常应用于拖拉机、农用机械、技术设备(钻机绞车)等装置中。制动带所用摩擦材料通常为橡胶或者是结合了黏接剂的树脂基聚合物[1,12]。

制动带根据不同的用途,其接触压力要求 0.3～1.0MPa 不等,初始滑动速度要求 1～20m/s 不等,并且平均表面温度变化应保持在 800～900℃。制动带在润滑条件下工作时,通常用于旋转工况;在非润滑条件下,一般是短暂运行工况。制动带所受非均匀载荷取决于制动装置的设计以及传动的扭矩值,这是制动带的特点之一。这种非均匀载荷会在启动过程结束后有所缓解。

闸瓦(闸块)制动器(图 6.1(b)、(c))在各种类型的机动车上使用非常广泛,同时,在技术装备以及装卸机械上也有大量的应用[13-15]。得益于广泛的应用领域,多种应用环境以及工况(操作条件),闸瓦制动器可以使用的摩擦材料种类要远多于制动带。这种制动器可以承受的接触点压力范围在 0.3～1.5MPa,速度可达 50m/s,温度范围 100～1000℃。闸瓦制动器一般排列成内外母线均有接触的鼓型,其相互重叠系数 $k_{mo}$ 的浮动范围为 $0.2 < k_{mo} < 1$,且鼓腔型($k_{mo} \approx 1$)。其中前者通常设计成双瓦式,并使用机械、液压、气动或者电动式杠杆传动[2,13]。除此之外,这种制动器的特点在于摩擦扭矩会使单个闸瓦或者两个闸瓦之间的负载分布不均匀。此外,由于闸瓦弧形的尺寸很大(60°～90°),同时系统中存在大尺寸杠杆传动单元,因此,这种制动器需要具有非常高的刚度[17,18]。

气动式鼓腔制动器(图 6.1(d))在名义接触面积上的载荷分布更为平均,这是该制动器的一个显著优点。这种制动器结构使得闸瓦与摩擦副整体的磨损更为均匀,降低了制动鼓上的温度波动上[13,19]。上述制动器响应快速而且便于操作。然而,其设计和维护都很复杂。同时,这些制动器对于压缩气源的依赖性降低了它们的市场吸引力。

盘式制动器及多片式制动器相比于闸瓦式制动器,主要优点在于结构紧凑。尽管其尺寸较小,但具有较高的摩擦扭矩。此类制动器的摩擦单元制造与调试简单,共轭单元的技术效果与载荷均匀性好。

以上特性扩大了用于盘式制动器摩擦层的材料选择范围。对于润滑摩擦的类似摩擦副材料选择也同样适用。这种制动器的接触压力范围为 1.0～3.0MPa,速度范围为 1～50m/s,受到载荷的制动器摩擦表面温度可以达到 1100～1300℃。

与闸瓦式制动器类似,盘式制动器也适用于机械、气动、液压或者电力传动[1,19,20]。此类制动器可以在润滑/非润滑条件下的多种气体介质中以单一模式或者往复短时模式工作。

目前,机动车中倾向于采用更有力的摩擦系统,这促进了摩擦连接的创新设计,其中的耗散过程在液态介质(主要是油)中发生。工作在油介质中的摩擦材料,能够减少摩擦副的热载荷,因而,具有更低的磨损率以及摩擦部件屈曲变形,同时,还能够避免传动部件及制动系统中的冲击载荷[21,22]。干摩擦过程被流体润滑摩擦或边界摩擦过程所替代。此外,摩擦区域的强制散热有助于提高摩擦连接的性能、寿命及耐久度。由于润滑而带来的摩擦力不可避免地减小,可以通过增加摩擦副数量的方法加以补偿[2,3]。多盘型制动器一般由 $n = 2 \sim 6$ 个可移动盘(转子)以及 $(n + 1)$ 个不可移动盘(定子)组成,二者总共有 $2n$ 个摩擦面[24]。由于这种结构能减小材料静、动摩擦系数的差异,因此其应用效果很好。在油介质中的摩擦相互作用具有其特殊性,润滑材料的流体力学和流变学性能都会降低,特别是在体积相方面;此外,对摩擦元件及接触部件摩擦参数的影响会提高。

多片式制动器所装配的盘片经常会遭遇温度引起的翘曲。这会使接触轮廓及名义接触面积减小,从而增加制动器的局部温度以及盘片的局部磨损[1,27,28]。由于花键中存在摩擦引起的损失,导致盘片上的轴向压缩载荷提高,从而降低制动器制动转矩[29,30]。为了使受热更加均匀,盘片的刚度应该适当降低。为了实现这个目标,摩擦元件被制作成多个相互分离的部分,每个部分都能够自对中并确保在名义接触区域中具有均匀分布的载荷。通过提升摩擦接触面上油膜的稳定性等方法,可以使油冷摩擦连接件达到最佳的可靠性和使用寿命。为此,熟悉和理解油冷摩擦连接件接触表面观察到的摩擦学现象及其内在机理就显得非常重要。

离心制动器(图6.1(g))主要用在调速器及其他控制机构中。离心力直接或通过传动系统作用在摩擦元件上,从而改变摩擦接触面上的载荷。这种制动器很难控制,因此,其摩擦元件磨损严重并且工作不稳定。

导轨制动器(图6.1(h))在轨道运输上有着广泛的应用,可以用作滑轨或磁性导轨制动器。这种制动器的特点是不断摩擦新的轨道,也就是说,滑动支撑件(制动垫片)不断摩擦偶件(滑道),这就意味着不断有新的区域进入接触。

这种制动器通过一种独特的机械装置,使其独立于轮-轨连接。这种制动器广泛地应用在快车及转换器中[9,32]。当导轨制动器与闸瓦制动器一同使用时,可能会提高制动效率达30% ~40%。

得益于在高速、特定摩擦功率以及频繁紧急制动等工况下的成功运行,电磁轨道制动器正逐渐变得更加实用[5,32]。其摩擦衬件可以由陶瓷合金、钢材 st. 2 和 st. 3、石墨铸铁等材料构成[16,33],这些材料相比于聚合物更加耐磨,与轨道接触型制动器相比会受到更小的磨损。车辆上使用的电磁轨道制动器的表面温度会达到1000℃,制动开始时的初速度可达150~200 km/h。

需要注意的是,电力机车上的受电弓会跟随滑动支撑的几何形状。在恒定速度下它以准平稳模式工作,当电车加速或者制动的时候会转变成非平稳工作模式[9,11,34]。

### 6.1.2　摩擦离合器

气动盘式离合器应用非常广泛,其结构类似于离心-鼓形式,其中闸瓦-鼓腔的接合压力由离心力产生。摩擦离合器受到的压力、温度以及速度范围大体上与其他类似的制动器相同。这种离合器的性能是以目标为导向的,也就是说,其性能会根据加速度的大小、速度的改变、驱动的接合-分离情况等目标而发生变化。由于离合器是连接驱动以及被驱动部件的机构(图6.2),其滑动行为不仅取决于摩擦副的特性、接触压力、速度及设计布局,而且与驱动特性以及驱动、被驱动元件的惯性矩有关。

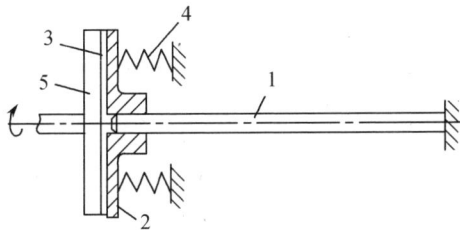

图6.2　摩擦离合器的结构
1—传动杆;2—从动盘;3—摩擦衬块;4—弹簧;5—飞轮。

摩擦离合器的工作特点是短周期模式运行。例如,用于不同类型与用途的汽车离合器可以每小时启动5~20次,但是在锻造及冲压设备上这个数字可以达到每小时1000次。

汽车上的摩擦离合器的滑动时间可能会持续3s,而锻造设备及机床上这个时间仅有0.1~0.5s[1,13,14]。

用在钻机动力系统的气动离合器,其打滑时间会持续0.2~0.8s[35]。

在有些类型的离合器,其滑动接合过程会持续很长时间,因此,它们在工作时需要低的加速度,例如,带有离心离合器的功率巨大的食品原材料分割装置中,滑动时间可以达到5~6min[1]。

多数离合器的一个独特之处在于,其作动时间可以用打滑时间来度量。这就意味着滑动主要发生在摩擦接触面压力发生变化并稳定上升阶段。与制动相比,在恒定的压力下离合器会有或多或少的动力分配情况发生,因此,会影响滑动过程中的所有参数的变化。这种参数的变化程度依赖于摩擦副的摩擦以及磨损特性。

尽管对摩擦材料的组成、性能及非稳态摩擦副的设计进行了不懈的努力,但是关于如何提高传动、制动单元效率及减少冲击载荷等问题仍有待解决[36-40]。与之同样重要的关键因素是改善摩擦连接的声振参数。变速箱与制动器中噪声、振动等级的提高往往意味着有害摩擦学现象,而这些现象会降低机器的耐久性[41]。上述情况的出现,同样会降低人们对车辆品质的主观印象,因此在设计阶段预测及考虑摩擦连接件声振特性是一项重要的任务[38,42]。

## 6.2　制动系统中的噪声和振动

制动装置作为一种非线性工作的机械装置,其本质特征是潜在的动态不稳定性。这意味着在预设参数下,制动系统受扰动影响后可能会表现出几个不同的振动模态[43-45]。系统从一个平稳状态转换到另一个平稳状态通常伴随着系统振幅的突然变化。为此,估计系统内部可能出现的状态、区分出各种实际状态、预测真实摩擦连接中各种状态发生的可能性是非常重要的。这种分析过程是十分关键的,因为上述情况的出现常常会伴随着高频声辐射。例如,制动啸叫是指在1000Hz以上的一个或几个离散频率处由高声压所产生的噪声,也就是说,具有音调特征[38,46]。制动啸叫主要发生在金属鼓盘上,鼓盘的高频弯曲振动会激励产生声波。当振动频率低于1000Hz时,由于制动系统元件、车体或悬架构件的耦合可能会产生低鸣或颤鸣。

### 6.2.1　影响制动时噪声和振动的因素

制动系统的动力失稳可能是一系列因素综合作用的结果。从消除这种失稳所采用的方法看,细分为两个主要组成部分,分别为摩擦学因素以及制动结构因素[47,48]。摩擦学因素可能包括固体表面之间的不稳定摩擦力,其主要原因在于摩擦所导致的弛豫自激振荡[49,50]、摩擦表面的几何缺陷[51,52]、由接触压力及其在摩擦表面的分布所决定的摩擦系数[53,54]。除此之外,依赖于滑动速度的摩擦系数负梯度(下降的摩擦动力学特性)[47,55,56]。结构因素,如制动系统几何尺寸、弹性和阻尼等特性,定义制动器动力学特性的内部与外部联系呈现出所有元素共同作用的趋势。由结构因素引起的动力失稳主要可以归因于模态耦合[57-59]。事实上,在给定的机构和工况中,结构因素占主导地位是有道理的。

通常习惯于用制动单元的NVH特性(噪声、振动以及声振粗糙度)作为反映噪声与振动强度的术语。它取决于制动系统元件(摩擦垫、制动盘、支撑件等等)与汽车悬挂系统的耦合作用。图6.3说明了影响NVH及表征制动元件的主要因素[60]。

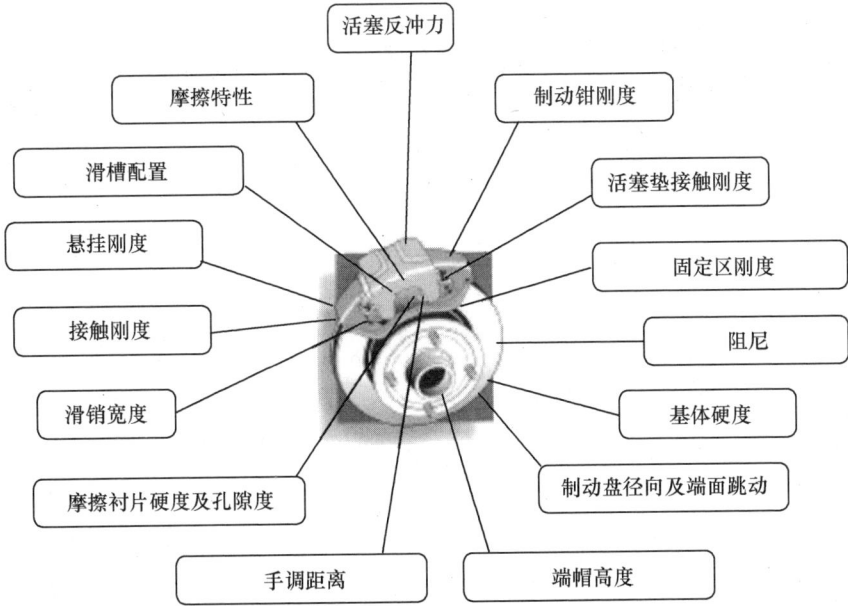

图6.3 影响制动元件的NVH特性的因素

## 6.2.2 摩擦接触声振效应的分类及物理学特点

### 1. 频率分类

制动系统中的噪声与振动,通常是根据这两种现象中占主导地位的频率进行分类的。图6.4给出了一种被广泛采用的制动噪声分类方法[61]。根据这种分类方法,低于一定频率阈值(100Hz、500Hz或1000Hz)的振荡都属于低频振动。频率超过上述阈值的声振现象称为高频噪声,其中包括了制动尖叫。发生在非平稳摩擦中的振动与噪声现象可以区分为以下几类:尖叫[50,59]、低鸣[62,63]、颤鸣[55,64,65]、由于制动盘厚度变化导致的冷抖动以及由于热应力引起的热抖动[66,67]。

在低频范围内,振动主要有两种不同的类型。它们分别是受迫振动/抖动和低频颤振,与这些类型相关的噪声我们分别称它们为嗡鸣声(Hum)和低鸣(Moan),产生这种噪声时其频率小于尖叫时的频率。实际上,抖动与低频颤鸣(Groan)的频带在400~500Hz范围内有重叠。在任何情况下,抖动都是易于识别的,因为抖动的频率和车速成正比,但是尖叫的产生与速度无关。

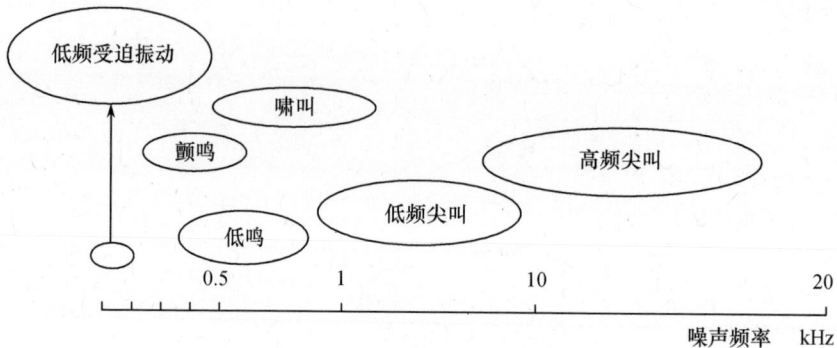

图 6.4　汽车制动连接件产生的不同的振动声学现象频率范围示意图

颤振的出现通常对应于特定类型的静 – 动摩擦特性。相比而言,抖动则是由自激振动引起的摩擦力变化所导致的。由于摩擦副表面的缺陷(由于碰撞、非均匀磨损、表层材料转移或者温度不稳定性)以及制动盘上摩擦面摩擦特性的不一致,摩擦力可能会引发受迫振动。另一方面,尖叫的发生是由于制动系统的动态失稳,并且同制动元件的共振特性及模态耦合有关。

上述按频率分类的方法最主要的缺点是,频率不同的相同物理起源现象可能会被归为不同的类型。此外,具有本质区别的现象也可能会被划分为同一类型。虽然如此,这种分类方法还是反映了司机和乘客对这些振动声学现象的主观感受。

2. 现象学分类

这种分类方法由 Jacobson 提出[68],该方法的理论基础是制动连接件受激励产生声振现象的物理学原理。

(1)受迫振动。受迫振动一般表现为抖动和相关的结构噪声(称为嗡鸣声)。根据频率分类法,把冷抖动和热抖动都归于低频(5～60Hz)范围中。在这两种情况下,假设在制动系统中产生制动转矩受迫振荡和振动的关键因素是接触面上的宏观几何缺陷。机动车制动系统和传动系统的摩擦生热是接触体发生热弹性变形(翘曲)的主要原因,这会影响摩擦接触面上的压力分布。在不不均匀非平稳发热条件下,当滑动速度很高时,会导致热弹性不稳定,或者出现所谓的"热点"。这种导致摩擦转矩低频波动的现象称为"热抖动"。由热弹性现象或驱动金属盘跳动公差引起的摩擦副不均匀磨损,会导致制动转矩产生振荡。机动车内部所感受到的这种振荡具有以下形式:对控制元件(方向盘、制动踏板)的拍击以及内部抖振,这种振荡称为冷抖动。

（2）摩擦自激振荡。颤振以及与之相联系的噪声现象"颤鸣"都可以归结为自激振荡。颤振主要缘于特定摩擦系数下发生的摩擦失稳,此时,摩擦系数与滑动速度有关。这种情况常称为"负阻尼"[55]。当逐渐释放制动,同时对车轮上施加扭矩时,在制动器内会发生颤振现象。此时,制动盘上的压力下降,因此,车轮转矩超过制动力的力矩,从而使车轮出现不连续的转动和滑动。所以,除非增加额外的扭矩或使衬套上的压力进一步下降,否则,车轮有可能会停止转动。这种摩擦引起的反复循环黏－滑运动会导致强烈而持久的振动(直到车辆停止),这种振动不仅仅存在于制动系统中,同时也会影响其他结构单元如悬挂、车体、控制元件和车体内部零件[69,70]。同冷抖动和热抖动颤振不同的是,颤振的发生频率不依赖于车轮的转速,且这种现象发生的频带为 30 ~ 600Hz[61,71]。颤振的一个特征是其振动频谱中出现了大量的高次谐波。例如,具有 McFerson 式悬挂结构的车辆,通常,其主要频谱特征是:对应于黏－滑运动的一次谐波范围在 20 ~ 50Hz[70]。高次谐波会引发座舱内的宽频噪声。通常来说,与尖叫现象相反,颤振会占据更高比例,但是因为这种现象存在一些潜在的性质所以很难被识别出来[72,73]。频率范围近似于颤振的另一种低频振动噪声叫做颤鸣,通常会发生在 100 ~ 1000Hz 范围内。颤鸣和颤振的区别是,颤鸣发生在匀减速运动中(通过对制动盘施加恒定压力)。在颤鸣和颤振的情况下,制动器都会发生振动并伴随着噪声。鉴于对人类所具有的难以预料的影响,颤鸣是特别不受欢迎的现象。应该指出的是,不同于颤振,颤鸣从没有表现为结构振动的形式[70]。然而,制动元件连同车体、悬挂的振动可能会产生颤鸣。由于其来源和机理,可以将颤鸣理解为尖叫现象在低频范围内的一种表现形式[62,63,73]。即使摩擦系数处于理想的状态,由于模态耦合[57-59]引发的不稳定性也会导致颤振的发生,一些研究人员认为,分析制动系统的动力学特性并改进设计方案是合理的。另一方面,制动系统结构上的不稳定性可能是由于摩擦过程中的相关因素造成的,而该过程主要与摩擦体的摩擦学特性有关。

（3）共振。这种类型的振荡以噪声(尖叫)的形式在空气中传播而不是通过车体结构传播。尖叫是发生频率最高的一种制动噪声,人们对其进行了大量持续性的研究工作。尖叫被定义为:在高于 1000Hz 的范围内,一个或几个离散频率处的高声压噪声,也就是说,尖叫呈现出一种音调特征[38,46,61]。尖叫由闸瓦或旋转制动盘的高频自由弯曲振动所激发,而这些振动则是由摩擦微振荡引起的。制动转矩的不稳定性会使薄壁制动元件产生受迫振动并引发共振,这可能是高频尖叫的产生原因。尖叫的主要来源是金属制动盘的高频弯曲振动,在振动过程中也会产生相应的声波。在较低的程度上,尖叫可能是由于制动闸瓦在 4 ~ 10kHz 范围内振动所造成的结果[74]。

应该强调的是,把制动噪声分为低频颤鸣和高频尖叫的方法在某种程度上是一种惯例,并且能够基本反映出对这些过程进行科学研究的方法上的细节。

一种特殊的分类方法将摩擦自激振荡通过粘连的破裂类型加以细分,这些黏连通常会在工作过程中每个独立的摩擦微接触上形成[75,76]。

① 表面无序微小分离及磨损所转化的弱噪声(第一类振动摩擦)。

② 在若干摩擦区域上同时进行的多个微小接触的有序分离(第二类振动摩擦)。

③ 全部摩擦面完全分离时刻的微接触同时失效(整体的宏观振动摩擦或第三类振动摩擦)。

根据上述的分类,颤振总是与摩擦元件的粘滑滑动有关,即第三类振动。通常,高频噪声总是与第一类、第二类振动所引起的摩擦声学现象相联系。然而,通过实验已经证明,只有在某些特定的条件下,衬里的整个表面才能够像刚体一样进行不连续的滑动接触[72,73,77,78]。

## 6.3　制动器噪声及振动的实验研究方法

对于工作时机械连接处产生的振动和声学现象,已经进行了多方面详尽的实验和理论研究。其中,实验方面的研究包括行驶测试及开发过程研究。理论测试则包括了振动、声学过程分析及数值仿真计算。

### 6.3.1　制动系统的行驶测试

为了得到机组在不同外部因素交互作用下噪声和振动的可信及可复现数据,需要让车辆进行行驶测试。在行驶测试的过程中,会针对需要进一步考虑的特征进行评估,这些特征包括振源、频率、时间噪声/振动以及其他变量[38,79]。最近开发的设计及实验方法可以区分出制动噪声和外部干扰。找出制动系统的哪些元件在振动、哪些元件在发出噪声,并确定其频谱(频率和能级)是非常重要的。同时,确定温度、压力、速度以及其他因素对制动系统摩擦副声振活动的影响也是至关重要的。图6.5给出了当制动噪声表现为摩擦表面温度的函数时,所有相应工况下的行驶测试结果。

行驶测试的结果更加可靠,但是可以控制的特征数量有限,而且不足以解决优化问题,无法选择摩擦副的摩擦材料或对摩擦连接整体进行改进。实验条件会被多种因素综合影响,例如,由于天气原因导致的轮胎抓地力的改变、驾驶者类型及驾驶习惯等[38,80-82]。

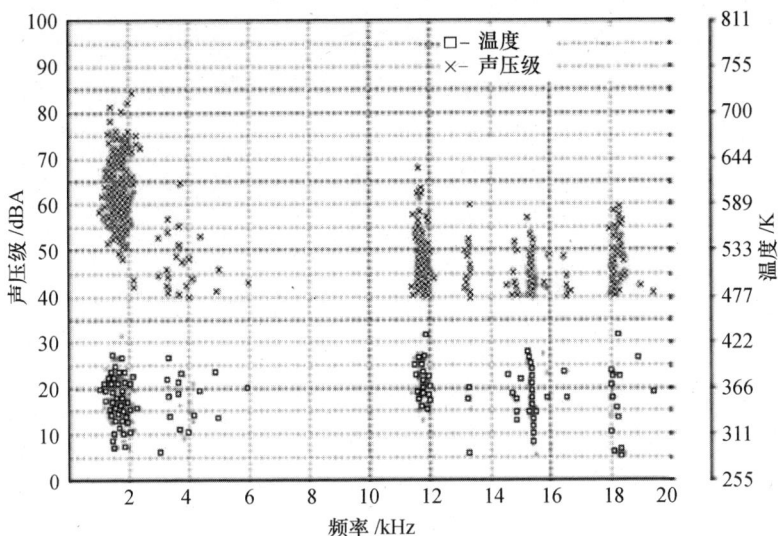

图 6.5　制动噪声为温度的函数时行驶测试的结果

## 6.3.2　开发测试

开发测试或台架测试,通常基于轿车路上行为的有效统计描述。台架测试中有两种主要的实验装置,即依靠惯性的和依靠拖拽的设备[38,83]。惯性实验台的动能由惯性质量积累并通过一个或几个制动元件来耗散。惯性工作台的问题包括对制动器空气冷却的模拟以及如何提供精确的声学测量。牵引工作台包括齿轮箱和电机,以便在驱动时获得高过载能力。工作台会保持一个预设的速度和载荷数值,同时还包括模拟的制动条件。牵引工作台最初是为了振动声学测试而开发的,因此,一般都安装在带有人工冷却系统的宽敞的声学测试间中。相比于惯性工作台,牵引工作台具有优势的地方是:它能够对汽车的整个悬挂系统进行实验,并且可以模拟制动器的充分冷却[84]。图 6.6、图 6.7、图 6.8 给出了用于汽车制动器振动声学实验的工作台总体图。

估计制动器噪声和振动的台架测试可以分为两类:遵循特定流程(程序)的测试、模拟真实运动的测试。其中程序流程包括了连续的制动工作循环,每个循环的特点是有许多载荷步,每一步对应着逐渐上升的温度和制动压力。程序测试通常能够复现制动器最接近实际的工作状况和热载荷情况。例如,环境温度、湿度、制动盘或衬里的温度、制动器制动时的压力、车轮的转速、轿厢加速度等参数也能够得到精确的保持和控制[38,79]。

遗憾的是,面向特定制动器设计的振动声学测试,目前仍然缺乏统一的建议

121

图6.6 用于研究汽车制动盘高频噪声(尖叫)的拖动式工作台的总体视图[84]

图6.7 用于研究汽车鼓型制动盘的噪声并且
适用于悬挂件的拖动式工作台的总体视图[84]

图 6.8  用于模拟载重能力为 75～130t 的采矿车的
多盘式油冷(湿式)制动器实验的惯性工作台的总体视图[85]

指导如何选择台架测试类型和测试程序[36-38,48,79,83,88]。对实际运动的模拟有助于在测试台架上重构出道路情况,并且获得制动元件的摩擦力、磨损以及热响应[83]。然而,本领域专家们对于行驶测试和台架测试中的车体负载之间的一致程度尚未达成共识。当行驶测试数据输入到台架实验的程序中时,该程序应当能够反映路况和汽车运动的细节特征。通常,台架测试中道路情况的复现不够精确,所以路况的精确模拟是迫切需要解决的任务[36-38]。一些制动系统设计者建议采用 SAE2521(USA)标准来进行台架测试,尽管该标准没有强调可靠的高频噪声模拟。值得注意的是,通用汽车公司基于本标准制定了一项流程,旨在评估制动器的噪声、振动和不平顺特性(Noise Vibration and Harshness, NVH)[80]。

### 6.3.3  振动声学分析的实验设备

除了采用传统的接触传感器(加速度计)以及测量麦克风对制动器噪声和振动进行测量的方法以外,信息化的非接触测量方法现在也变得越来越普遍。这些新方法包括多普勒激光测振、电子脉冲散斑干涉测量以及声全息测量。不过,这些新方法都有着共同的缺点,如设备结构复杂、成本高昂,这限制它们更广泛的应用(图 6.9)。

激光多普勒测振仪(LDV)可以用来估计振动特性、工作模态振型并对制动元件进行模态分析[81]。LDV 的工作频率范围宽(0.05～22Hz)、振动速度分辨率高(0～0.02μm/s),能够在线显示目标物的机械振动场,并模拟其动态特性。实验数据会用来计算声辐射强度并且模拟制动系统中的振动。在研究[89]中,讨论了基于扫描 LDV 的制动系统声学活动测试流程。该研究假定:由外部振动源对静止制动系统进行激励所得到的特征频率及模态振型,等同于制动器在工作过程中产生尖叫时所呈现的特征频率及模态振型。这种等效性体现了上述流程

图 6.9　通过全尺寸消声室测试研究制动噪声[86]

的优点。首先,人工复现制动尖叫毫无用处,且在实验室环境中很难做到;其次,该流程可以用于估计静止状态下制动盘的振动,从而避免了测量旋转表面振动这一难题;最后,测量结果与制动扭矩变化无关,因为用于激励静止制动装置的振动效应在衬套和制动盘之间产生相互作用力,该作用力可以随频率发生变化,而该频率可以和制动系统工作时所产生的振动频率相似[90](图 6.10)。

图 6.10　SAE J2521 实验所用实验台总体视图

　　由于经常转动,因此,制动过程中的这种不稳定行为使得在振动研究中使用LDV 可能会产生问题。此外,很重要的一点是,研究人员不仅要估计制动盘的法向振动分量,而且也需要估计制动盘的模态振型并分析其径向分量。目前,切向振动(由于制动力的不稳定性)对横向弯曲振动的影响还是一个有待解决的问题,其中后者已经知道是产生制动尖叫的原因。

为使制动盘的振动空间可视化,文献[91]的作者已经开发了 3D 扫描 LDV 系统,以获得不同投影方向上的制动盘模态振型图(图 6.11)。

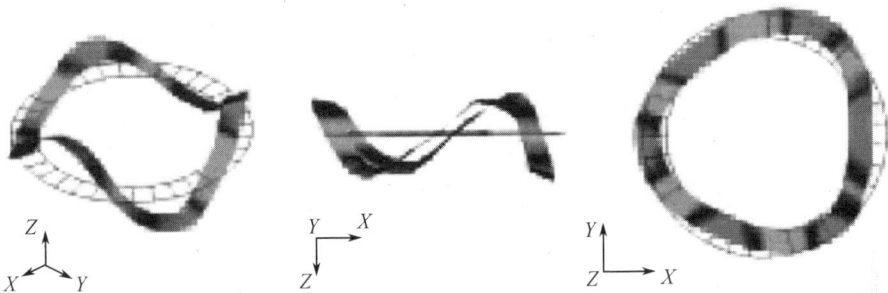

图 6.11　通过 3D 扫描 LDV 系统获得的制动盘模态形状[91]

电子脉冲散斑干涉测量技术(EPSI)是一种在不同的负载下对整个变形场尺度中的不同的物体进行非接触测量的现代技术方法。通过使用 3D EPSI 系统确定复杂的三维变形向量,避免了一维分析(平面外变形)的限制。该系统能够发现制动盘由振动引发的横向及纵向变形。EPSI 进行测量的过程如下[92]:研究对象被短纳秒激光脉冲所照亮,光信号由 3 个不同方向的 3 个摄像机同时记录(图 6.12)。EPSI 得到的结果被复现为空间变形场的形式。EPSI 可以消除已知的全息方法的缺点[93,94]并且能够研究高速过程[95-97]。

在其他文献中[92]已经给出了用于分析制动系统振动的 3D EPSI 系统。实验数据在台架测试以及汽车移动过程等环境中进行了评估。在实验室条件下,采用电动激振器对制动盘进行激励。

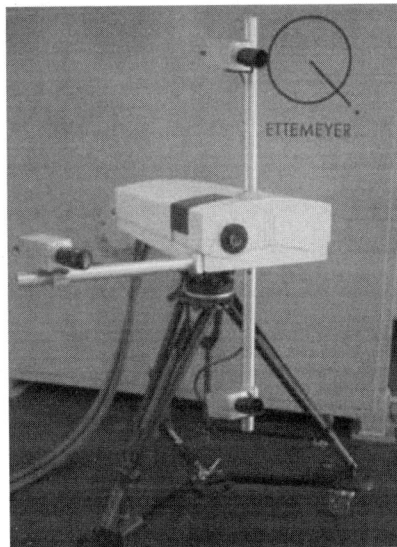

图 6.12　3D EPSI 系统[92]

在计算物体的横向和纵向变形之前,首先对视觉传感器 3 个不同方向的图像进行校正,采用校正后图像作为初始数据。使用 3 个坐标轴方向校正后的相位图计算载荷作用下制动盘的纵向位移 $V_x$ 和 $V_y$ 以及横向位移 $V_z$。在一张图上对不同成分进行综合显示,会使得振动图像更加生动(图 6.13)。

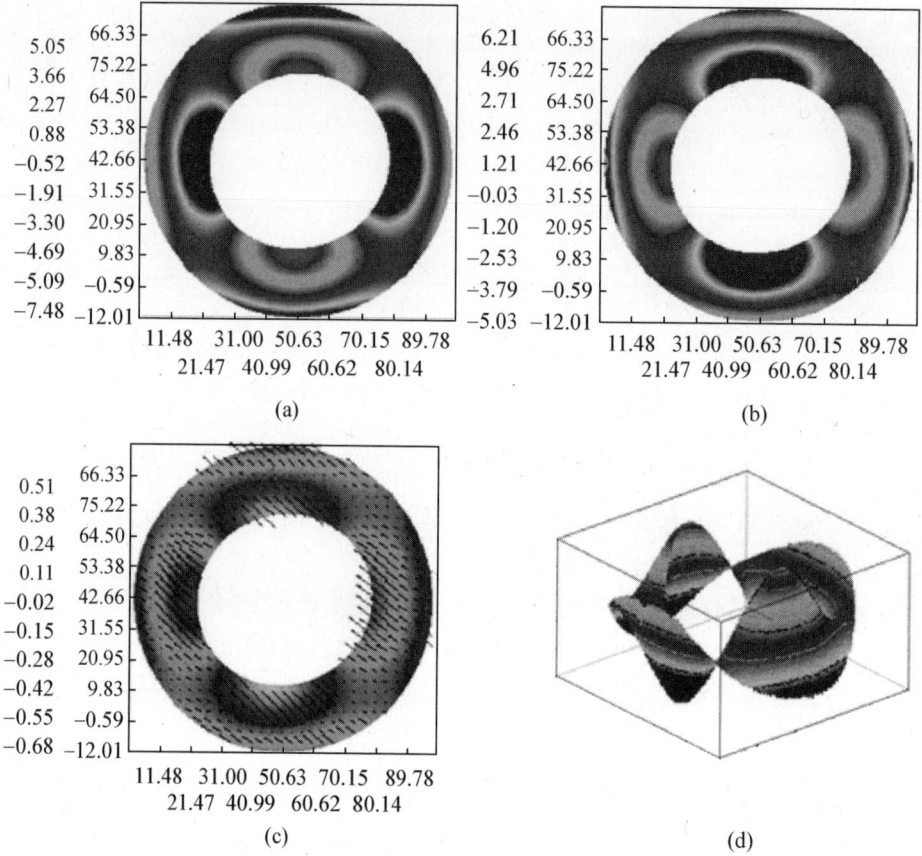

图 6.13　采用 EPSI 方法获得的制动盘噪声和振动测量结果($f = 5046$Hz)平面图
(a) $V_x$;(b) $V_y$;(c) $V_z$;(d) 3D 图。

研究[98]中介绍了声场(非定常 STSF)的非定常空间变换方法在分析高频制动噪声方面的应用。这样,所得到的动画等高线图反映了制动盘振动时与之相关联的声场形成及传播过程。通过任何现有的方法实际上都不可能以足够高的空间分辨率分析 16000 次/s 频率的声场,而 STSF 能够在时间分辨率下对制动期间的声场变化进行详细描述,其测试分辨率可以达到在单个振荡时间内制动盘产生频率高达 4kHz 的尖叫。

该方法的主要缺点是其空间分辨率有限,因为随着波源距离的增加,振荡呈指数性衰减而且无法被完全重构。相关仪器的分辨率为 4 ~ 5cm 级,与网格的间距一致。目前为止,研究中的频率上限范围为 3.2kHz。

# 6.4 低频受迫振动

## 6.4.1 受迫振动机理

汽车制动器中的受迫振动,或所谓的热抖动,该现象具有与车轮转速成正比的频率特性,因此其特性与车速有关。这种类型的振动会引起司机的不适,并且由于受迫振动的突然性,不利于驾驶者对交通状况的判断。热抖动的另一个不利的特征是循环的机械载荷和热载荷会使得金属制动盘破裂。制动器及变速器中的摩擦生热是接触部件热翘曲及摩擦接触面压力分布发生变化的原因。非平稳发热情况下,足够高的滑动速度会引发热弹性接触特性的波动,从而可能导致热弹性非平稳现象。这种情况的出现会使低频滑动速度失稳,或称为摩擦转矩变化(Friction Torque Variation, FTV)。另一方面,由热弹性现象或制动盘精度跳动引发的摩擦副不均匀磨损也可能会导致制动过程中出现 FTV 现象。FTV 现象通过悬挂件和车体从制动器摩擦副上的激励源开始传播,并以方向盘、制动踏板的局部振动、内部元件的抖动以及低频结构嗡鸣声等形式被司机和乘客所感知。

有关制动噪声的文献中,占比例最多的就是关于像尖叫这种高频振动的问题,及相应的数学模拟和分析方法。热抖动和颤振等低频声振现象的研究受到的关注相对比较少。目前,对于低频声振现象更深入的关注在其对于汽车工业[68]和铁路运输[99]方面的影响。

受迫振动的频率一般情况下取决于车轮的转速。例如,两倍于每秒旋转频率的受迫振动频率被称为二阶频率。根据振动的阶数可以将其分为两类[100]。

(1) 低阶振动。1~5 阶的振动属于该范畴。通常,与理想几何形状之间所出现的偏差是低阶振动的原因,这也称为"冷抖动"。类似材料热物理性质不均匀的情况,几何缺陷所造成的结果就是接触压力及温度场的不均匀性,这种现象在制动器持续和频繁往复工作情况下显得尤为典型[101]。如果制动时间延长,初始的冷抖动可能会变得更加剧烈并转变为热抖动。

(2) 由几何偏差引起的低阶振动和/或摩擦自激振动引起的高阶共振的叠加。图 6.14 给出了一个由制动盘几何缺陷及高频共振分量所产生的受迫振动叠加的例子。该图表示了制动系统减速过程中振动的 3D 快速傅里叶变换谱。受迫振动中的高阶振动振幅不是很高。然而,在长时间低强度制动时,振动过程所受到的力会不断增长。随着制动时间的推移,温度和压力场会逐渐稳定。制动盘或制动盘圆周上出现的热带会形成重复的热点。最终振动中的主导频率与实际的热点数量有关[102,103]。对于低阶频率来说,受热不平均会造成暂时的盘片厚度变化(Disk Thickness Variation, DTV)及变形。此外,足够高的局部温度会导致材料在相应表面区域和体积上的摩擦和磨损特性的不可逆改变。受迫振动频率上限会受到车辆最高速度、车轮半径以及振动阶数的制约。

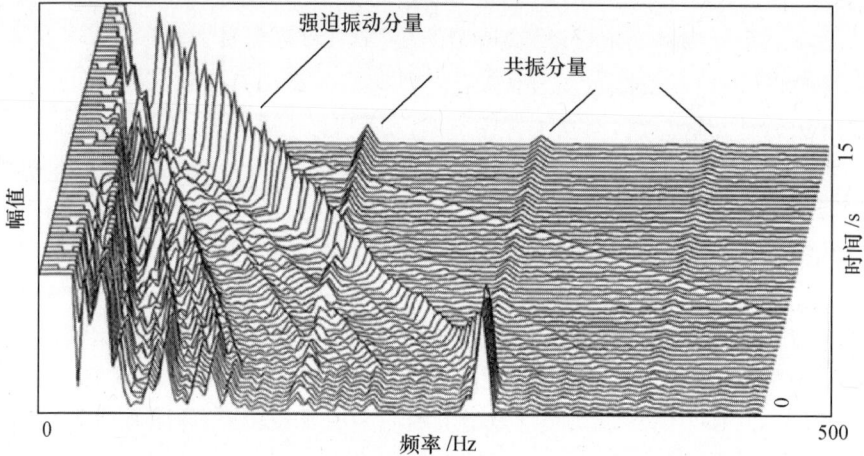

图6.14 具有高阶共振分量的非平稳摩擦受迫振动叠加图

有很多因素可以造成制动驱动器摩擦转矩和压力的不稳定,从而引发受迫振动。这些因素涉及摩擦表面的初始几何缺陷(非平面度)、摩擦副上的非均匀磨损和转移膜的形成、制动盘受热和压力分布的不均匀性、摩擦特性和外力的不一致程度(图6.15)。如同其成因一样,上述现象通常不是独立的。

1. 摩擦表面的几何不平度

从几何学的角度来看,DTV现象和制动盘的抖动对制动抖动的影响最大。制动盘端面跳动的幅值由以下几方面所决定:制动盘的制造和装配公差、轴承间隙、由制动造成的制动盘变形。DTV值能够达到15μm并造成显著的振动。由于这个原因,大多数制造商将初始跳动的固定公差保持在6~10μm[104,105]。

除了静态原因(不可逆)造成的几何不平度之外,制动盘的几何形状存在动态(可逆)变化(热致DTV现象、盘面起伏、锥形化等)。在车辆运行期间,由于初始跳动而造成的磨损会导致DTV逐渐增大。更大的初始跳动能够使得DTV更快地增大。

因为制动器闸瓦会对其一部分表面进行保护,停车制动时产生的DTV现象可能是由于制动盘的不均匀腐蚀造成的。此外,跳动还会被轮胎和路面之间的不平衡和相互作用产生的外力所影响。

一般情况下,摩擦表面的几何不平度在许多方面同摩擦热和磨损过程联系

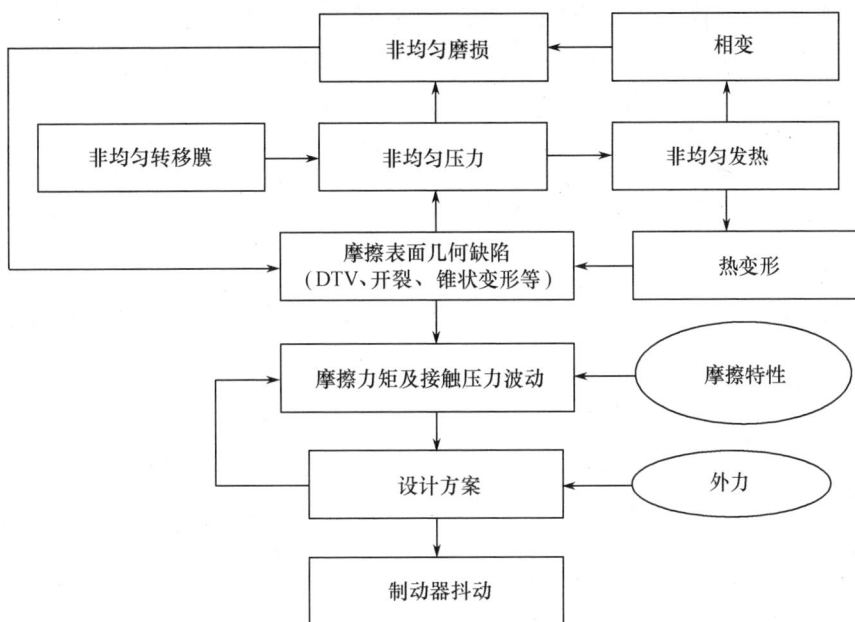

图 6.15  导致制动抖动的因素

在一起。通过文献[104,105]的实验研究证明,制动抖动的主要影响因素为短时DTV现象。

DTV现象受到多种因素影响,其中包括以下几方面。

(1)制造或装配过程中产生的初始DTV。

(2)磨损和清洁过程会加剧DTV现象。

(3)由于制动盘局部过热会引起相变,因此,材料的表面和体积特性在某些程度上是不均匀的[106]。在这种情况下,即使制动盘冷却后,DTV现象依旧存在。

(4)由于热弹性会造成制动盘受热不均匀、接触区域和压力局部化,因此,在每次制动中会出现热致DTV的暂时性增长[101,104]。$200\sim300℃$的局部温差所造成的热膨胀会直接导致约为$10\mu m$的DTV。所以,DTV现象会随着制动持续时间而增长,特别是在使用刚性闸瓦的情况下。

(5)转移膜厚度的变化同样会对DTV现象产生影响,其最大可达几微米。

(6)制动盘表面腐蚀程度的不均匀性以及热摩擦材料的转移。

2. 不均匀发热

盘式制动器的滑动速度及由此产生的热量会随着制动盘的半径增大而增加。因此,即使摩擦副的平面平行度及摩擦系数分布的均匀性都处于理想状态下,不均匀发热情况(温度场和压力接近外径位置呈带状分布)还是会发生[67]。随着制动时间的增加,热带具有转变为"热点"的趋势[107,108]。热点的尺寸远超过粗糙度的大小,但是不会超出摩擦接触区域宽度,其形成方式如图 6.16 所示。

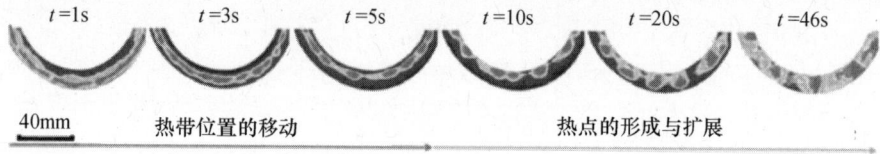

图 6.16　长时间高速制动下摩擦接触热点的形成[99]

随着制动闸瓦刚度的提高,热点的温度会达到最大值[109]。测量结果表明,热点的局部温度可以达到 700 ~ 800℃,同时,制动盘摩擦表面的温差为 300 ~ 600℃[66,67,110]。热点通常随机分布。表 6.1 列出了主要热点类型及其特征比较,这也是文献[107]中所讨论的分类方式。

表 6.1　不同类型热点的特性比较

| 热点类型 | 热点的最大尺寸/μm | 摩擦面温度/℃ | 热点存在时间/s |
| --- | --- | --- | --- |
| 粗糙点处 | <1 | 1000 ~ 1200 | $<10^{-3}$ |
| 中央 | 5 ~ 20 | 750 ~ 1200 | 0.5 ~ 20 |
| 横向的 | 20 ~ 100 | 100 ~ 700 | >10 |
| 局部 | 50 ~ 100 | 10 ~ 100 | <10 |

在热点区域的制动盘的剧烈加热会引起不均匀的热膨胀或由于热引起的 DTV 现象。这个过程可能是不稳定的,所以将其与热弹性失稳(Thermo Elastic Instability, TEI)现象联系起来。随着制动时间的延长,TEI 现象增加了压力和温度场的局部特性。在有限的情况下,特别是当高阶振动被激励(6 ~ 20 阶)时,制动盘会产生裂纹。

文献[111]的作者所进行的研究支持这样的假设:制动盘(制动盘和衬块的厚度、摩擦轨迹直径)的直径越小,热点形成的趋势越强。此外,滑动速度及其引起的摩擦能量增大也会促进热点的形成。

由持续或反复制动所激励的受迫振动,其主要原因在于温度梯度而不是制动中整体热载荷的提高[112]。由于制动盘材料的不均匀热膨胀,其温度梯度会造成瞬时的 DTV 现象[66]。在使用刚性闸瓦的情况下,DTV 和 FTV 的增加与制动时刻之间呈现出线性关系[101],这种现象在外径区域表现得最为明显。这就是为什么在循环减速过程中,制动时间及制动频率被视为是低频强迫振动出现的关键因素[112]。制动时间的延长和相应制动扭矩的降低促进了热点与热致 DTV 现象的形成[109]。因此,相比于持续 3 ~ 4s 的重载制动,延长制动时间并且

130

减少摩擦扭矩会提高制动盘的温度和压力梯度[101,109,113]。

滑动速度增加会提高能量载荷,此时,热点的形成速度变得更快[104,111]。其局部化的过程及与之相关的 DTV 现象会在约为 100 km/h 的速度时产生[104]。这是因为产生 TEI 现象需要达到某个最小临界速度。因此,摩擦材料的标准测试应在大于 100 km/h 的速度下进行。

3. 相变

在热点区域中,摩擦元件接触表面会暴露在增强的热载荷下,这导致了材料中的相变。灰铸铁在非平稳摩擦情况下的相变是最大的。当温度高于 740℃时,在热点区域可以形成不可逆的马氏体结构,其硬度为 650 ~ 800HV,并且其冷却过程并不充分(冷却速度超过 500℃/s,温度低于 300℃)。图 6.17 说明了材料热点区域显微硬度与摩擦面内部深度之间的关系[114]。

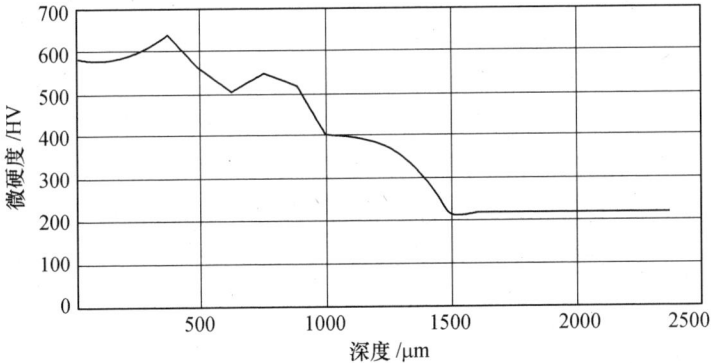

图 6.17  制动盘微观结构相变引起的蓝斑区域相变深度的微硬度分布图[114]

铁质合金转变为马氏体的程度取决于其基底中碳的含量,若合金中掺有其他材料,则马氏体的转变程度更低。由于马氏体的转变,热区体积可能增加超过 40%。当温度降低时,已经完成的相变会保留下来,因此,相变之后的组织会继续影响摩擦体的几何结构及摩擦学特性。宏观层面上的马氏体组织会产生很高的局部应力,从而激发变形过程并在之后的热循环中使冷却表面产生裂纹。因此,制动盘上的残余应变可能会造成冷抖动,而与摩擦副的进一步发热没有直接联系。尽管可能性较小,制动盘表面形成的金属碳化物会使情况变得更加恶劣[114,115]。

4. 接触压力的不均性

实验观察证明,制动引起的发热以及相应的径向平面接触压力分布极其不均匀。在单次制动中,该过程实际上表现出非连续特征,即具有在小区域内保持不变的形式(图 6.16)。热点的位置在重复制动过程中可能会发生变化[111]。此外,由于热流的不均匀性,制动盘热变形的增大可能会影响摩擦接触区域的压力分布。

5. 热变形

制动盘的热变形可以分为以下几种类型。

(1) 波状。这是最可能对实际接触面产生重要影响的热变形形式。制动盘的热变形波长受多种因素影响,其中最主要的是摩擦面和轮毂之间稳定的温度梯度。

(2) 锥形化。在这种热诱导类型的变形下,朝向轮毂的摩擦面偏差可达到 $200\mu m$ 并造成端面跳动[116]。正如文献[66]所证明,锥形化所诱发的跳动很大程度上取决于制动盘的设计。

(3) 热膨胀不均。温差达到 $250℃$ 的情况并不罕见,这会导致 $10\mu m$ 的 DTV[66]。

(4) 基准[66,117]。即使在制动过程中热点正在形成时,制动盘几何形状的瞬间扭曲也可能造成受迫振动。某些经常观察到的制动盘热变形形式如图 6.18 所示。

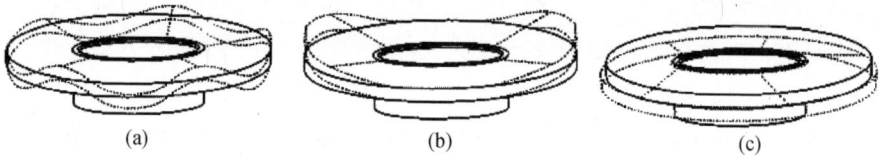

图 6.18 制动盘热变形的主要形式

(a)、(b) 波状变形;(c) 锥形变形。[114]

上述热变形现象在机理方面通常始于短时热抖动。当温度梯度足够高并且持续时间足够长时,热应变可能会导致制动盘形状的不可逆变化以及持续的冷抖动。文献[118,119]表明,永久热变形发生的原因也可能是在制动盘制造过程中发生的区域性残余恢复应力,当制动盘是通过研磨达到规定的平面度时最为显著。

6. 不均匀磨损

制动器非接合运动状态下的磨损有时称为"冷蚀"。这种现象主要归因于 DTV 并可能导致抖动。如果制动盘在松开制动器时发生跳动,则衬块可能会与部分盘面(不是全部)发生周期性的轻微接触,继而造成不均匀磨损现象。

当衬块发生周期性接触并造成 DTV 时,两种相互矛盾的过程可能会同时发生,即生成和消除,这两种现象哪种处于上风取决于所使用的摩擦材料。松开制动器时摩擦材料诱发的 DTV 现象能够消除制动过程中的 DTV,从而造成制动盘更剧烈的磨损。当压力和温度升高时,衬块的强烈磨损可能会降低形成热点的危险,这是由于摩擦面上接触压力的分布在这种情况下更均匀[67,120]。然而,剧烈磨损通常伴随着热点的加速剪切现象[67,109,120],这是制动盘热疲劳的原因[113]。

心细的驾驶员可能会注意到抖动现象的产生远早于车轮旋转发生变化,因为逐渐踩下制动时,低压力作用下的衬块会妨碍制动盘的恢复(消除 DTV)。在某些情况下,如果制动器已经出现制动压力变化(Brake Pressure Variation,BPV)以及相应的受迫振动现象,则可以通过几次紧急制动对该制动盘进行校正。然而,相比于驾驶风格,工作期间制动盘材料特性的变化对 DTV 的影响更大[121]。

如果制动时间持续很长时间时,则会显著增加磨损,特别是衬块的磨损。磨损水平的提高会平衡温度场并降低温度的最大值[120]。因此,这时,磨损会带来正面的效果,因为该情况下磨损会消除热点和热带,从而避免因热疲劳而导致的制动盘破裂。文献[67,120]中的仿真结果同文献[122]中的实验已经证明,衬块在高温下的剧烈磨损会防止接触压力在摩擦面的集中,并且可以减少热点的产生。

7. 摩擦转移膜的不均匀性

第三体层或摩擦转移膜由摩擦体碎片组成,厚度为几微米[99,122]。灰铸铁盘片磨损产生的金属微粒在大气中氧化,并以灰黑色膜的形式沉积在摩擦表面上。摩擦面上膜的特性及其厚度的均匀性限定了制动器的摩擦特性以及 FTV 级别。

如果车辆停稳后仍然保持制动器的接合状态,则受热后的衬块可能会粘结在制动盘上。因为当温度约为 500 ℃时,融化的摩擦材料会烧结在制动盘上。

8. 摩擦特性及摩擦系数

摩擦系数对滑动速度的依赖性通常被认为是制动器所有类型振动的来源,包括受迫振动。雅各布森[68,123]分析证实,即使摩擦系数不变,制动器也会发生受迫振动。尽管摩擦系数与制动压力之间存在的正相关关系可能会使振动更加剧烈,但是制动器中可能出现的强迫振动与摩擦副特性无关。当采用的材料摩擦系数较小时,应施加较大的压力得到理想的制动转矩。在这种情况下,接触压力及温度分的布会更加平均[113]。因此,摩擦系数的降低对受迫振动情况具有正面影响,并且能够降低制动盘出现裂纹的概率。此外,DTV 与 FTV 之间关系为摩擦力绝对值的函数。这也就是为什么 FTV 幅值与摩擦系数成正比[104],而 DTV 与摩擦力无关。

9. 外力

轮胎的不平衡及受力变化会激励起不同类型的振荡,由于轮毂和轴承单元所具有的弹性特性,振荡能够被传递到制动盘上。外部效应产生的振动频率是制动盘瞬时频率的数倍,与由片面几何缺陷引起的振动频率相当。因此,外力能够影响受迫振动。"车轮－轮毂－轴承"结构及其刚度能够控制制动盘偏移量的幅值[104]。因此,认为制动器的受迫振动是由于轮胎或失衡造成的"制动振动"是不正确的,因为其实质上的根源在于制动器本身。

10. 设计因素

结构的悬挂部件能够感知竖直方向上的大振幅以及由制动器振动引起的纵向幅值[123,124]。首先,前悬架的结构特征,特别是其纵向刚度,决定了制动器到车体的振动传播,以及驾驶员及乘客对振动的感知[124]。文献[105]的研究结果表明,汽车悬挂系统下摆臂衬套(橡胶金属铰节)的刚度是一个关键参数,因为其决定了悬架的纵向自激振动频率。

文献[125]中所讨论的悬挂系统详细设计研究已经指出了可能激励制动器产生强迫振动的因素。

(1)连杆的衬套有助于提高径向及纵向刚度。

(2)下摆臂衬套提供纵向刚度。

(3)防倾杆保证垂向刚度。

悬挂系统的纵向自激振动频率取决于摆臂衬套的刚度。提高自激振荡频率可以解决制动振动问题,这可以通过提高橡胶衬套的刚度或减小模态质量和悬挂系统惯性等方法实现[68]。

然而,因为轮胎的子午线结构,具有更低纵向刚度的结构在现代悬挂系统设计中是有利的[124],所以需要降低悬挂系统的纵向刚度来消除刚性轮胎带束的纵向振动。

需要注意的是,自振频率及阻尼应当仅在制动器处于接合位置时进行测量。实验表明,当制动器被释放时,特征频率明显增加(制动器释放时为18Hz,制动器接合时为13.8Hz),而等效黏性阻尼系数减小(制动器释放时为0.07,制动器接合时为0.08)[123]。

## 6.4.2　制动器受迫振动的研究方法

要研究制动器受迫振动,应该了解不同时间尺度下的制动过程。本书中需要明确3种时间尺度。

(a)车轮转动一周所用时间。

(b)制动时间或者两次连续制动的间隔时间。

(c)制动部件寿命。

设计师通常在制动件结构设计时采用较长的时间尺度,从而衡量制动件在其工作寿命内所发生的变化。同样重要的是研究伴随着制动所产生的相关过程。这些相关过程包括接触区域位置、温度及压力梯度、热带的形成。正如相关研究所显示,DTV 是一种在制动周期内能够产生很大变化的动态特性[101,104]。

由于传统方法中数值分析及处理过程非常复杂,因此,车轮转动一周所经历的过程通常被忽略。车轮每转一周过程中制动扭矩变化(Brake Torqor Variation,BTV)呈现正弦形式,其幅值函数如文献[112]所述。

由于针对某些问题的观点及其分析具有特殊性,因此,需要进一步对解决方法进行讨论,这意味着,需要对这些问题进行理论抽象或对其所处领域加以描述,其中包括所用模型及限制条件。

任何处理问题的方法都突出了要研究的物理现象、时间以及空间尺度。如何选择用于分析和实验的方法以及解的类型取决于所要解决问题的方式。

有关制动器受迫振动的文献分析表明,针对该问题所用的方法可以明确的分为两类,即通用研究方法和特殊研究方法。特殊研究方法通过幅值和频率(阶次)参数估计振动源的振动过程,而上述参数会受到 FTV 和/或 BPV 影响。相比之下,通用研究的方法主要针对诸如磨损和受热等物理现象进行研究。

通用研究方法包括以下类型[68]。

(1)系统化方法。该方法研究了由于车辆整体结构或悬挂系统中存在 FTV/BPV 综合影响下所产生的受迫振动。在这种情况下,制动频率被视为定值或以参数化方式发生改变。该方法被普遍应用到实验研究中[126,127]。这种方法也用来分析准平稳过程。Kim[128]等人采用多体系统分析法研究了由制动器一阶受迫振动所激励的 McFerson 悬挂系统动力学特性,该模型具有 12 个自由度。

(2)扫频法。该方法研究了制动过程所激励的受迫振动,并能够跟踪 FTV/BPV 引起的频率变化。车辆设计中的动力学特性可以通过实际临界速度共振表示[112]。

(3)主观评价法。该方法研究被测车辆中试车驾驶员或普通人对受迫振动的感知情况。当振动水平和频率确定以后,主观评价法可以用来研究车内人员体重、身高和位置对车辆的影响。

表 6.2 列出了每种研究方法最适合的分析和实验方法[68]。例如,有限元方法是检查 FTV 原因的关键工具,特别是针对由 TEI 引发的 FTV。通用研究法不研究导致 FTV 的初始现象,其结果是通过激励制动系统和共轭元件的正弦驱动力模拟的。这有助于分析多体系统(例如 ADAMS、DADS 和其他一些软件)的关键,并且对于研究低频(低于 50Hz)振动也具有极其重要的意义。

表 6.2　解决途径及相关方法

| 途径 | 方法 |
| --- | --- |
| 通用研究方法 | 有限元分析法、有限差分法、台架实验、温度场测量、X 光测量 |
| 系统化方法 | 多元件系统分析、傅里叶法、模态分析、Taguchi 法、行驶测试、频谱分析 |
| 扫频法 | 时域分析法、制动状态行驶测试、3D 频谱建模、电容式传感器顺序分析法 |
| 主观估计法 | 司机与乘客的主观估计、制动测试 |

制动器受迫振动实验通常包括台架实验及行驶实验。台架实验的主要优点是[104]可以准确复现测试条件、测量设备灵敏度高、成本和测试时间适中[109,129]。缺点是难以考虑所有其他能够传输 BTV 的汽车部件(车轮、悬挂、操纵机构)[104]。行驶(路上)测试的不足之处在于,难以控制制动过程中的 BTV/DTV。然而,这个问题可以通过对 BTV/DTV 进行测量解决,而不是通过保持所需速度、温度、压力等手段人为控制这些过程[102,112]。

### 6.4.3　制动转矩及接触压力的变化

BTV 和 BPV 现象的来源通常是局部的,然而,应当记住的是,这些来源通常是由不同自然现象之间的交互作用引起的(详见 6.4.1 节)。跳动现象及制动盘厚度不均匀,即制动盘几何缺陷引起的法向力变化会导致 BTV 和 BPV(图6.19)。此外,在热弹性失稳的影响下,会更容易形成热点,有时会在某些区域中造成机械物理特性的永久改变,这些情况都可能会使振动更加剧烈。

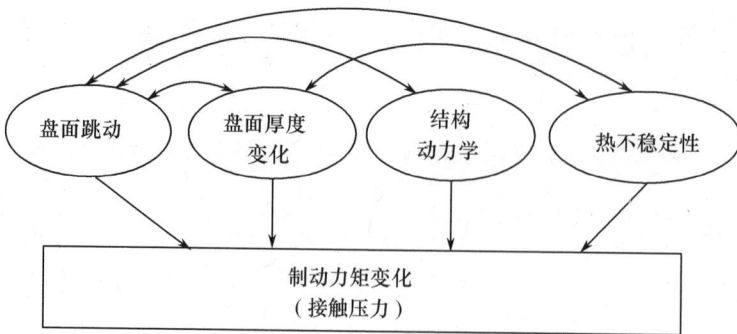

图 6.19　制动盘制动引起受迫振动的原因

外部因素对制动盘弹性动力学变形的影响同样重要,这些因素包括轮胎与路面之间的相互作用及不平衡现象。

盘式制动器的传统设计方式能够限定其温度、压力分布、最大温度、最大压力及最大应力,而这些值通常远小于其真实值[67]。

文献[130]对减速过程中制动元件热变形计算方法进行了讨论。该方法在考虑冷却的情况下,基于制动系统的温度进行分析计算,其结果能够进一步用作数值求解非耦合热应力应变状态问题的初始数据。

通过有限元法求解摩擦副非耦合热弹性问题,其结果表明,制动器热抖动最有可能在相对较低的接触压力和较高的总能量的情况下发生[66]。

图6.20说明了基于非耦合热弹性问题求解方法的制动盘应力–应变状态计算结果。由图6.20(a)可以看出,由循环制动引起的机械应力主要集中于制动盘平均半径和最大摩擦半径之间。热变形的形式可能是起伏变形(图6.20(b))或者锥形变形(图6.20(c))。

为了研究制动中的受迫振动,解决耦合条件下的热弹性问题就显得很重要,这需要综合考虑机械载荷及热载荷。用于有限元分析的商业软件对变形问题和热问题分别给出了解决方案。文献[131]的作者提出了一种2D(轴对称)耦合热弹性问题的求解方法,并模拟了制动盘上热带的形成。耦合求解方法的主要思想是从力学问题到热学问题的顺序切换,并对每个问题分别采用商业有限元分析软件(ABAQUS、LS-Dyna、Ansys等)求解。有限元模型考虑了特定区域上的时间依赖性。文献[101]中对类似的概念进行了讨论。为了研究闸瓦结构参数对热诱导裂纹的影响,作者使用了2D(轴对称)和3D(模拟翘曲)模型模拟热弹性翘曲及DTV现象。通过有限元法及混合单元解决耦合热弹性问题也涉及到磨损现象的模拟。现有的研究结果表明,在单次制动过程中,随着磨损区域的扩大,热点位置可能会发生缓慢改变[67]。

在对制动系统TEI过程进行仿真时,如果考虑实际制动条件,会对硬件提出更高的要求,增加了计算、处理以及数据存储的复杂性[101]。特别是在模拟长时间制动模式下的慢减速(被称作刚度问题)过程时尤为严重。注意:只有这种类型的制动是形成热点的主要原因。提高计算效率的问题可以通过下列方式之一解决。

(1)可以忽略制动盘表面及其几何参数瞬时状态下的周向测量值变化。但值得注意的是,这种周向尺寸变化在制动器低频振动中起到了关键的作用。

(2)采用特殊类型的接触单元能够在接触表面上达到所需的摩擦力和热量[67,129]。

(3)对相关领域的问题进行联立求解,是最为准确和高效的方法[120]。由于该方法主要基于20世纪90年代兴起的牛顿法,因此并不是所有的有限元分析软件都含有该算法。

(4)使用快速傅里叶变换(FFT)与有限元法相结合的3D混合方法。这种方法由Floquet和Dubourg所提出[132]。FFT(用于空间变量)能够减少问题的规

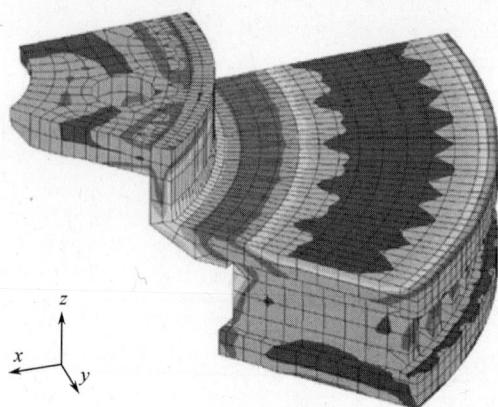

(a)

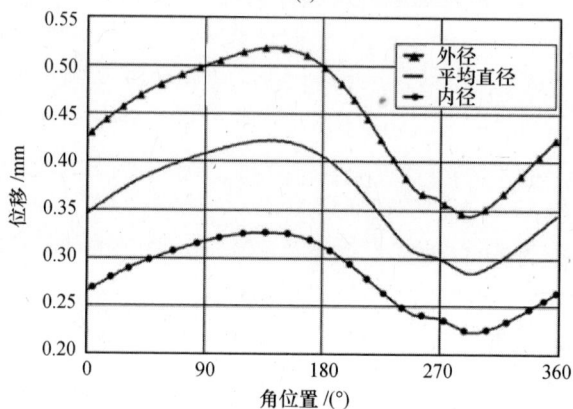

(b)

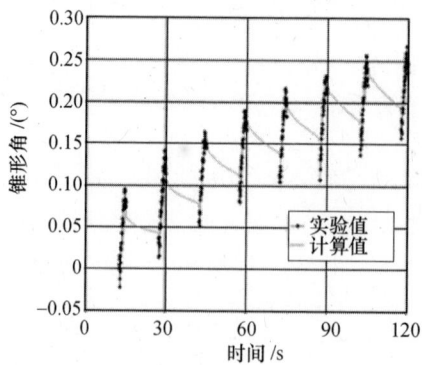

(c)

图 6.20  采用有限元法分析制动盘机械变形的计算结果

(a) 8 次制动循环后有限元模型的 Mises 应力云图；

(b) 侧面变形；(c) 制动时间与锥形变形之间的关系。[130]

模,将变量转换为离散频率参数,并将相应的频率导数排除在外。该方法适用于具有几何周期性的非轴对称固体结构,如通风制动盘结构。

（5）在有限元分析中直接使用小参数（摄动）法。该方法的主要思想不在于解决非平稳问题,而是只考虑温度场发生轻微变化促使其随时间呈指数增长的条件。该方法用于接触面积不随时间改变的平稳过程。但事实上,在制动时接触面积一定会改变。

（6）使用具有黏弹性单元的制动盘模型[111]。

计算流体动力学方法（CHD）经常用在通风式制动盘的研究中。特别是对于铝制制动盘而言,气流的作用非常重要。制动盘制造商采用这些方法增加气流[133,134]。联合应用有限元分析与 CHD 方法能够获得更加准确的制动器热载荷设计数据,市场分析显示,某些公司已经认识到这种应用方式所具有的前景。然而,需要指出的是,该领域的相关计算非常繁琐。

可以采用近似法代替上述方法,用来评估对流冷却过程。通风制动盘的设计采用以下两种对流冷却方式:利用制动盘表面上的横向气流冷却、利用通过风道的气流冷却[67]。制动系统的热过程仿真方法长期以来被用于估计制动盘的对流换热系数。现在通常采用两种方法计算通风制动盘的气流,即 Sisson 法及 Limpert 法[135]。作为替代方案,可以采用努塞尔数[119]近似估计对流换热系数,然后,利用经验参数对其进行修正。

### 6.4.4　受迫振动仿真

关于 BTV 和 BPV 引起的制动振动对车辆的影响,尽管已经有大量的科学文献对其进行了讨论,但是这些现象仍然是本领域研究的热点。文献[121,136]结果以及其他很多研究工作一致认为,制动器中的最大振动等级会在特定的速度下出现。然而,由于这些过程很难进行计算和模拟,因此得到的结果是不可靠的。就此而言,研究人员不得不采用十级标定系统对其进行主观估计。这样就使得涉及强迫振动的问题能够用试错法得到解决,而不是用任何系统化的规程解决。

大量文献分析了这种方法的灵敏度,但实际上并不是"纯粹"的建模方法。纯粹建模假定在时域内对制动振动进行计算,不仅模拟了振动源特性（BTV 和 BPV）及其与结构元件之间的相互关系（共振及共振的传播）,而且也模拟了如图 6.21 所示的特定制动过程（扫频、制动条件）。

在研究制动中的受迫振动时,利用针对非刚性问题开发的通用算法（如 Runge-Kutta 法）直接积分求解微分方程的效率很低,同时,这种方法缺乏变量的合理变换及各自独立的假设。计算时间可能会很长（从几小时到几天）,但是结

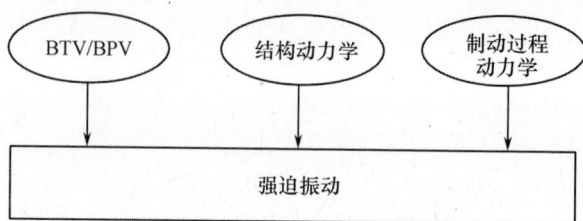

图 6.21 扫频法进行灵敏度分析[68]

果往往是错误的。在模拟完整的制动循环过程时,那些应用于机械领域的商业软件(如 ADAMS)在算法方面就会存在速度缓慢、效率低下等问题。因此,在制动之间有限的时间间隔内,最大振动水平往往会被夸大。然而,上文所提到的软件能够在准平稳情况下进行灵敏度分析。

1. 灵敏度分析

利用系统性方法解决受迫振动问题时,认为并非整个车辆都容易发生振动,因此,车辆对于 BTV 或 BPV 现象的灵敏度较低。例如,恩格尔系统[126]包括 5 个不同的元件:制动盘、支架/闸瓦、轮胎、轮毂连接件、转向球头。该系统在各个元件之间建立了反馈。

文献[128]对车辆与 BTV 之间的灵敏度进行了数值仿真研究,其中的多体分析以上文中所提出的系统作为实例。遗憾的是,我们并不知道仿真中所用的悬挂系统模型。虽然这种分析方式应用在汽车工业中,但是对于更多的读者来说,关于这种方式其实所知甚少。文献中有很多关于 Augsburg 模型[104]的信息,该模型包括以下元件。

(1)利用弹簧将两个质量连接在一起,用以模拟支撑件的纵向弹性;

(2)制动闸瓦——由一组弹簧来模拟;

(3)制动活塞——由一个质量来模拟;

(4)液压系统——由体积累加单元模拟。

同步测量诸如转向柱、转向平台、车轮等位置的振动加速度,可以定量研究振动从振源到驾驶者之间的传播路径。离散点间的采样信号可以用来求取相应的传递函数[102,127]。通过上述过程,可以找到表征汽车灵敏度的受迫影响及传递函数。

振幅函数[112]可以被认为是广义传递函数,该函数由制动系统振动所产生并能够用来对制动事件进行分类。与传递函数的情况相反,由于 FFT 的独立性,幅值函数可以在更大的延迟下使用。该方法能够更加准确地估计特征频率,因为其中考虑到了系统有限延迟及惯性引起的最大时滞放大效应。在没有考虑时滞的情况下,特征频率的值可能会被系统性地低估,特别是当延迟值很高时。

在某些频率范围内对制动过程进行的研究显示,制动过程开始时的振动频率超过了临界速度时频率限制的10%~30%。制动过程中,在振幅最大时会伴随清晰的剪切现象,其在低阻尼系统中尤其明显。对于第一阶振动的研究,如果模态阻尼比约为1%,应当采用非平稳过程方法(包括扫频过程),除非发生极小延迟的情况[68]。

文献[137]中对慢减速制动过程进行了研究。作者得出结论,在特定速度下出现的振幅峰值是由于在频率计算中所使用的摩擦动力学特性下降。但遗憾的是,该作者并没有将扫频作为一个单独的现象加以考虑。

2. 受迫振动仿真

在大部分制动器受迫振动设计及实验研究中,制动过程通常具有恒定的滑动速度,以及相应恒定的车轮转动频率、恒定的压力及温度。像这样在频域范围内简化测量以及更有效地获得数据似乎是合理的。然而,实际制动过程中的振动却不是恒定值。

当速度等于或者接近于临界速度时,能够发现 BTV 和 BPV 水平的增加。当使用制动时,振动马上就会被察觉。在某个特定的速度下,振动会达到最大幅值。对于减速情况,如果制动器保持接合,则振动会得以延续。这是一种典型的由恒定频率振动源及扫频过程产生的受迫振动。

图 6.22[123] 通过制动盘匀减速状态下的两自由度转子 – 定子模型,给出了制动器受迫振动的主要特性。在计算之前,非振动部分的转子(制动盘)转角 $\Phi$ 及定子(支撑件)转角 $\Phi_C$,以及相应的叠加振动转角 $\varphi_D$ 和 $\varphi_C$ 被分离开来。振幅函数 $E$ 十分准确地描述了振动的相对水平 $\varphi_C$($\varphi_C$ 的二阶导数),转子 – 定子模型的所有参数都可以通过实验确定。

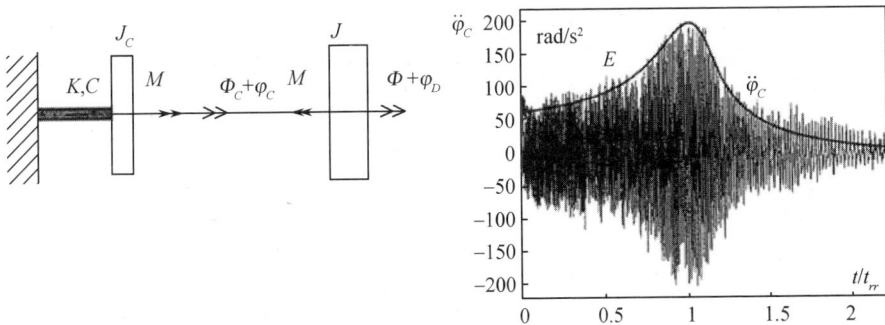

图 6.22　模型仿真结果与实验数据的比较图[123]

文献[138]研究中所给出的全尺寸车辆模型具有类似的振动参数,同时能够解释其他的一些现象。然而,这种模型更加复杂并且需要更多额外信息,如风

141

速、道路摩擦系数等。

在设计乘用车辆时,前悬架的刚度应保证纵向共振频率范围为 10 ~ 20Hz,从而使共振在相应速度下发生。在这种情况下,一阶受迫振动最大幅值所对应的临界速度为 60 ~ 140km/h。对于二阶振动来说,相应的临界速度(以及伴随的共振)会在 30 ~ 70km/h 范围内。研究中,车辆的共振频率约为 14Hz,对应的一阶临界速度为 95 km/h。

目前,对于制动器的低频受迫振动还没有充分的研究。为了理解该领域的一些重要问题,需要进行一系列深入的探索。我们应当关注一些极富挑战性的研究方向[68,69,139 - 142],这些方向在本领域研究中获得了特别的青睐。

(1)考虑磨损和热弹性条件下的初始 BTV 仿真(磨损加剧,特别是高温高压降低了 TEI 的情况下)。

(2)受迫振动和摩擦自激振动之间的关系。

(3)摩擦转移膜的不均匀性。

(4)TEI 过程及其与翘曲的关系。

(5)制动过程中的悬挂结构振动模态研究。

(6)BTV 现象与同时发生的形变(DTV、跳动、等效半径)及摩擦特性之间的相互关系。

(7)BTV 水平的计算及预设振动参数和制动条件的规则。

(8)给定 BTV 水平下,设计汽车振动的计算模型。

在一般情况下,制动器受迫振动研究包括两个阶段。

(1)激励源(如 BTV 等)分析,包括通过有限元法或台架实验法对制动系统的元件进行热 - 力耦合分析。这一阶段的计算和实验都非常耗时。

(2)激励源对汽车的影响分析。如果强迫激励的影响是已知的(通过有限元计算或台架实验测量),并以时间函数的形式预先设定,则可以通过上文提到的振幅函数方法分析系统对激励的响应。

尽管采用振幅函数的方法对整个车体的多质量系统模型进行分析并不难,但是该方法需要进一步细化。上述系统模型可能有助于找到制动部件、悬挂系统或其他结构的优化准则。

### 6.4.5 降低制动器受迫振动的方法

制动中降低受迫振动的通用方法,文献[68]中所述如下。

(1)减弱 BTV 和/或 BPV(通用法)。

(2)增加定子对于转子的相对质量及惯性矩。

(3)改善阻尼。

（4）降低制动器的能量载荷。

（5）提高制动系统的特征频率。

减小车辆质量及车轮半径可以降低制动器的受迫振动[68]。此外,车辆质量的减小会降低热致 DTV 水平、热点出现的概率以及当制动盘热容量不变时热裂纹出现的风险。定子质量(即最内圈的衬块和盘片)降低会使振动更加剧烈,因为在这种情况下,DTV 会增强。

得益于较小的质量以及在对流换热方面的优势,通风制动盘已经得到了普及。文献[66]中显示,通过改变摩擦环的位置来改动通风制动盘的设计,仅会导致反向的锥状变形且变形大小会降低到 100μm。尽管风冷效率低于贯通式设计,背面通风制动盘仍然得到了广泛的应用。

尽管通风制动盘具有上述优点,但却可能因为其热场的不均匀性而诱发制动振动。从很高的初始速度进行紧急制动(小于 1min)时,制动盘的热容量是更为重要的一项参数。在这种情况下,具有更大质量的实心制动盘的温度会小于通风制动盘的温度[67,119]。不管怎样,当制动时间延长时,通风制动盘的温度会显著提高[119]。

在实心(未通气)制动盘设计中不允许重新布置摩擦环。利用沿摩擦环内径加工出来的特殊狭缝,可以避免制动盘潜在的锥状变形,这些狭缝可以是切口或冷却槽的形式。这使得大多数的实心制动盘和贯通式通风盘(内毂配合面)的锥状变形最小化。

在第 7 章中,将从材料学的观点对减轻受迫振动的方法进行详细的讨论。

# 6.5  低频制动噪声(颤鸣)

汽车制动器产生的低频颤鸣是引起驾驶员及乘客不适的一种常见现象。根据 6.2 节中所提出的分类,低频颤振的频率范围同抖动(受迫振动)频率一致。由于这两种类型的振动噪声具有不同的表现形式(在低速、低压下产生),同时激励的物理学机理(第一类摩擦自激振动)也有所不同,因此低频颤鸣被单独划分为一种制动噪声类型。

## 6.5.1  制动中低频颤鸣的实验研究

科学文献中关于制动颤鸣噪声的实验研究,所关注的首要问题是如何确定摩擦表面的特征(其中摩擦动力学和静力学参数最为重要),以及这些特征对摩擦自激振动的影响。在该领域进行的研究证明,通过优化结构和所使用的摩擦材料成分,可以改善摩擦连接的声振特性。作为引起颤鸣噪声的主要因素,在第

5 章已经从物理学方面对摩擦自激振动进行了讨论。从材料科学角度考虑如何降低制动噪声问题将在第 7 章进行讨论。

诸如文献[64,143 - 145,147]等进行的早期实验研究有助于确定制动系统的动态特性,但这些研究中缺乏关于整个悬架设计的信息。在最近的工作中,研究了包括悬挂部件在内的设计参数对车内自激振动的激励和传播过程的影响及其与颤鸣噪声产生之间的关联[70,146]。

文献[70]中对采用 McPherson 悬挂系统的汽车制动颤鸣噪声进行了实验研究。在该实验中,测试车被安装在带有滚筒的台架上,检测仪器安装如图 6.23 所示,加速度计分别被固定在弹簧下端支柱以及卡钳支架上;传声器分别安装在轮弧上以及驾驶舱内。滚筒的转速对应于传送带小于 1km/h 的速度。制动器能够快速阻止车轮转动,然后逐渐松开制动,颤鸣噪声就会产生。

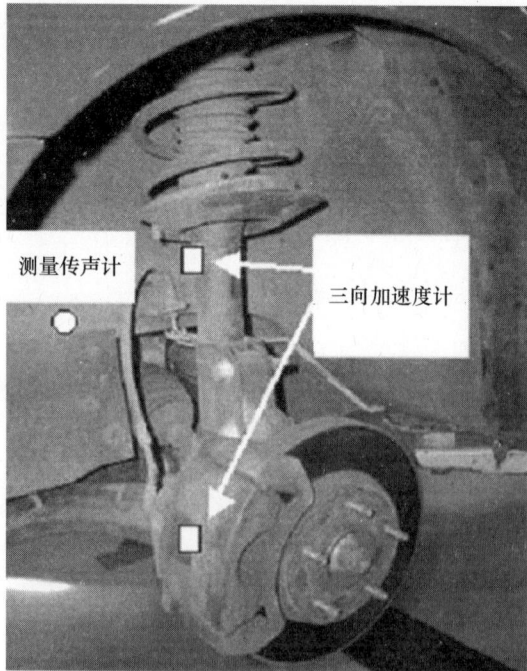

图 6.23　McPherson 悬挂结构的测量传声器和加速度计布置图[70]

不同研究者在制动颤鸣噪声实验中获得的数据表明,与其他制动元件耦合的卡钳支架在发生切向振动的同时也在垂直方向产生振动[69,70,146]。垂直方向的振动会改变制动盘 – 衬块摩擦区域的压力。卡钳支架的加速度在垂直方向上达到最大值,而支柱在水平方向上产生响应。之所以会发生上述情况,是由于这种悬挂形式使得卡钳支架垂直移动,从而使转向节开始转动的同时引起支柱的

144

整体移动。

图 6.24(a)显示了支柱和卡钳支架的加速度数据,39Hz 处的支柱响应同卡钳支架的扰动振动相一致。

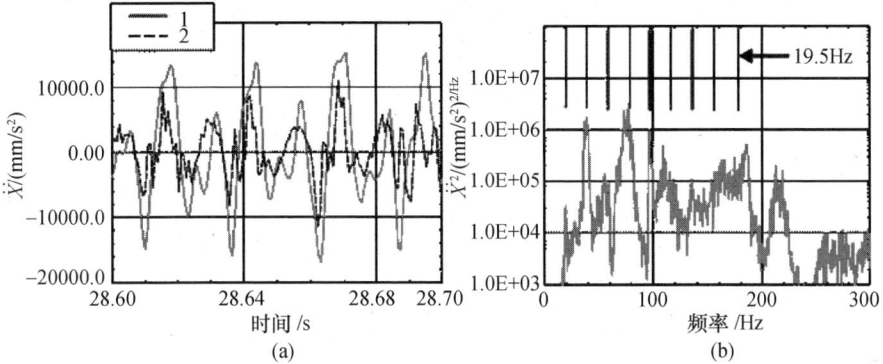

图 6.24　颤鸣振动测量结果(时域(a)、频域(b)变化曲线(0.1s 范围内);
支柱纵向(1)及卡钳支架垂直方向(2)的加速度)

支柱的加速度功率谱密度图给出了颤鸣噪声的频谱(图 6.24(b)),在 39Hz、77Hz 处能够观察到明显峰值。从响应图中同时可以观察到以 39Hz 为基频的高阶倍频谐振成分。在 1/2 倍频程处,也就是相隔 19.5Hz 的地方也出现了谐振响应,但其等级较低。原则上,颤鸣噪声的特点是频谱图中包含大量的谐波成分。McPherson 悬挂支柱的一次(阶)谐波通常出现在 20 ~ 50Hz 的范围内。

实验测得的声压级(SPL)谱密度数据如图 6.25 所示。可以看出,该特征曲线的峰值出现在 39Hz 处,该频率下能够接收到最清晰的颤鸣噪声。几个传声器的同步测量数据表明,驾驶舱内的噪声高于外部卡钳支架附近的噪声。该结果证实了颤鸣效应的结构性根源。此外,这种类型的颤鸣噪声可能会因内部声学环境的影响而进一步加强。

可以推测,噪声最初是通过支柱连接装置传播到驾驶舱内。支柱加速度谱与驾驶舱内部声压谱在 39Hz 处具有相同的峰值,这证明了上述推测的正确性。

支柱的加速度谱和内部声压谱测试结果表明,当频率大于 60Hz 时,振动的传递性显著降低。其中部分原因是由于支柱紧固点处的能量传递损耗,或者是因为从支柱到驾驶员右耳之间的噪声传递率会受到较强影响。这一现象可以由图 6.26 给出的支柱紧固位置典型局部幅频特性曲线所证实。上述响应结果曲线表明,当频率从 40Hz 提高到 80Hz 时,能量传递率下降了 10dB。

显然,降低低频颤振会削弱相应的噪声,通过实现传递特性,可以调节引发颤鸣噪声的振动频率使其符合最小的传递率,从而阻碍其在驾驶舱内的传播。

145

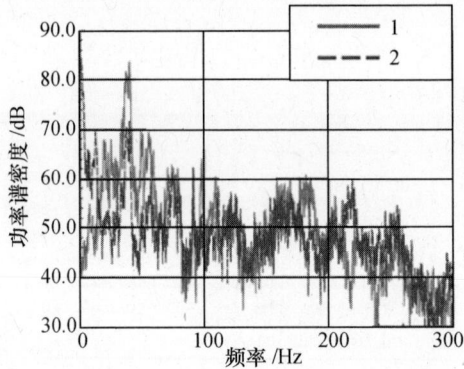

图 6.25　制动过程中产生颤鸣时的噪声等级

1—内部；2—外部。

图 6.26 中，90Hz 附近的最小幅频特性界定了颤鸣噪声频率，从而给出了相应的降噪范围和目标。

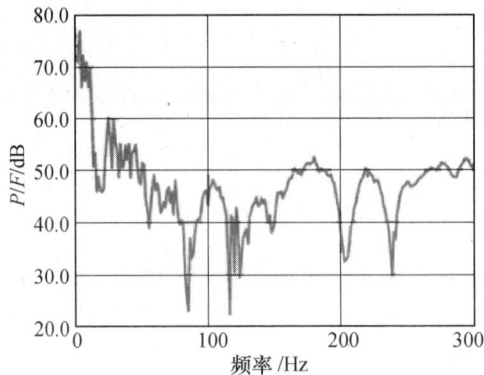

图 6.26　幅频传递特性（支柱紧固点处的受力 $F$/车厢内部声压级 $P$）

## 6.5.2　制动颤鸣噪声的理论研究

目前已经开发出了不同的模型，用于进行摩擦动力学仿真并研究设计方案对颤鸣噪声特性的影响。这些模型主要基于静、动摩擦系数的实验数据以及摩擦过程的理论分析结果[69,70,147]。进行非平稳非线性动力学分析有助于表征导致粘滑运动的摩擦力。例如，文献[70]中通过目前广泛使用的 MSC. ADAMS 软件创建了上述模型，并对制动颤鸣噪声进行了分析。相应的悬挂及制动系统的模型如图 6.27 所示。由于 McPherson 支柱属于独立悬挂结构，所以只对车体的 1/4 进行仿真是合理的。

146

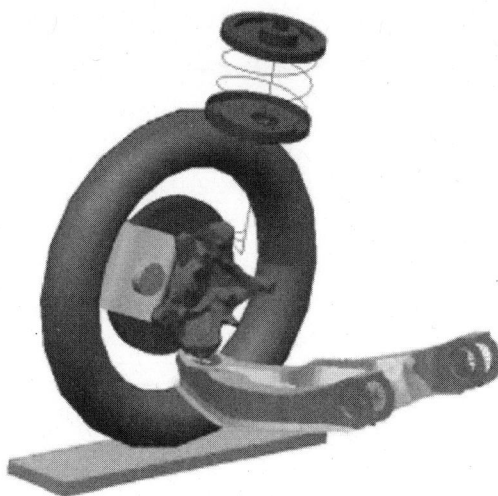

图 6.27　用于制动颤鸣噪声研究的采用 McPherson 支柱的悬挂系统模型[70]

悬挂系统主要可见的部件包括转向臂、轴颈、支柱、制动盘、支撑组件和轮辋（轮胎）。

虽然图 6.27 中没有显示车体的外部轮廓，但是模型中包括了表示车体的刚性集中质量。

根据估计，一些部件可能会在典型的颤鸣噪声频率范围内（200～500Hz）表现出弹性特征，因此不能将其作为刚性结构处理。MSC. ADAMS 软件可以将弹性部件表示为弹性体，并且它们的几何形状可以从有限元分析软件（如 MSC. NASTRAN 或 I-DEAS）中导入。表 6.3 说明了系统模型中每个组件是如何进行处理的。

表 6.3　制动元件建模

| 元件 | 模型性质 |
| --- | --- |
| 转向臂 | 弹性体 |
| 轴颈 | 弹性体 |
| 支柱 | 弹性体 |
| 制动盘 | 刚性集中质量 |
| 支撑组件 | 刚性集中质量 |
| 轮辋/轮胎 | 集中参数 |
| 车体 | 刚性集中质量 |

最难被正确预先设定的是轮辋－轮胎子系统的性质，在所需考虑的频率范围内，轮辋确实存在弹性以及振动。在有限元模型中，轮辋－轮胎子系统可以用

ADAMS 软件表示为弹性体。但值得注意的是,这样的有限元模型在实际中很难被建立起来。为此,可以采用集中参数(一组弹簧和质量)模型表示轮辋 – 轮胎子系统。通过与系统模态分析结果相比较,能够选定适当的弹簧和质量特性,从而赋予这些部件正确的刚度。

对摩擦力的仿真被认为是颤鸣噪声理论研究中最复杂的问题[73,148]。作用在制动盘和衬块中的力可以通过 Amonton-Coulomb 标准摩擦方程描述,即

$$F = \mu(v_r)N \tag{6.1}$$

式中:$F$ 为切向的摩擦力;$N$ 为制动压力的法向分量;$\mu(v_r)$ 为取决于制动盘和摩擦衬块之间相对速度 $v_r$ 的摩擦系数。为了找到摩擦系数与滑动速度之间的依存关系,可以使用不同的分析表达式描述由静止到滑动这一转换时刻的摩擦力。当滑动速度基本为零时,摩擦系数值通常可以用以下等式描述[149],即

$$u(\vartheta_r) = \frac{0.4}{\pi}\arctan(200 \cdot \vartheta_r)\left(\frac{1}{|\vartheta_r| + 1} + 1\right) \tag{6.2}$$

图 6.28 中给出复杂的关系曲线显示出颤鸣噪声仿真中的特殊之处。相比于其他模型,该图中的曲线明显依赖于运行的路线,其主要原因如下:随着相对速度的增加(从粘滞转变为滑动),曲线符合标准摩擦静动力学模型;在过渡到滑动之前可以采用较大的静摩擦系数;从滑移转变为滑动之后,则采用较小的滑动摩擦系数。然而,当相对速度从滑动降低到滑移时,之前所得到关系就会变得不合适。从物理学角度看,由减速引起的摩擦力增加也是不可接受的。因此,当相对速度降低时,可以使用替代路径使得摩擦系数恒等于动摩擦系数[70]。

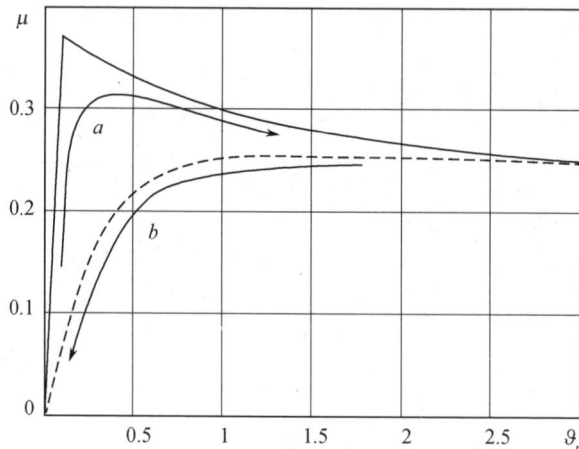

图 6.28　摩擦系数与相对速度之间的关系曲线
a—从静止到滑动状态；b—从滑动到静止状态。

具有 McPherson 支柱的汽车制动器摩擦自激振动计算结果如图 6.29 所示[70,146-148]，滑动速度及卡钳支架垂向加速度随时间的变化曲线如图 6.29(a) 所示。滑动过程刚开始时，加速度(曲线 1)和相应的滑动速度(曲线 2)都具有一个突然的增加(跳跃)。随着速度减小到 0 且运动状态变为静止，跳跃过程结束。图 6.29(b) 给出了表征摩擦连接振动载荷的卡钳支架加速度(3s)时间变化曲线。

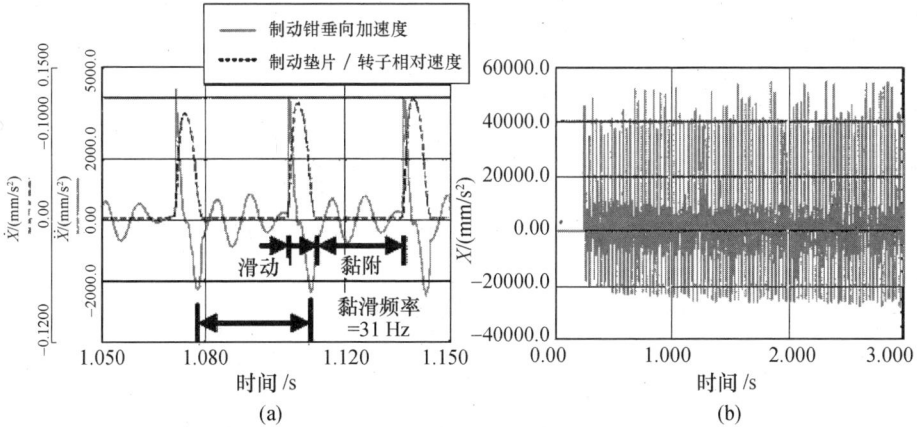

图 6.29　制动颤鸣噪声仿真结果(卡钳支架垂直方向加速度(实线)、
相对速度(虚线)，时间尺度)
(a)0.1s;(b)3.0s。

理论上的"黏滑"循环的重复频率(31Hz)接近于行驶实验中所得到的测量值(39Hz)。

通过 FFT 法计算得到的加速度谱如图 6.30 所示。其中包括卡钳支架垂直方向加速度谱(图 6.30(a))、支柱水平方向加速度谱(图 6.30(b))、支柱与车体连接处作用力 F 的频谱(图 6.30(c))。图 6.30 中给出的频谱分析已经证明，大多数曲线峰值都与制动器单元的摩擦自激振动有关，因为这些峰值所对应的频率与颤鸣噪声的主要频率(1 阶频率)之间呈倍频关系。与实验结果类似，支柱纵向加速度和卡钳支架垂直加速度的频谱实际上相一致，并且与其力谱具有类似的形式。

计算上述受力 F 尤为重要，因为在实验中对该力的测量非常复杂。然而，支柱和车体的连接被认为是车内振动传播的主要环节。因此，可以仅根据支柱的加速度估计支柱和车体之间连接处的作用力。

具有 McPherson 支柱的悬挂系统理论和实验结果表明，颤鸣噪声的动力学特性与轮胎及支柱的纵向振动有关。目前，已经有人提出，通过修改结构来调整

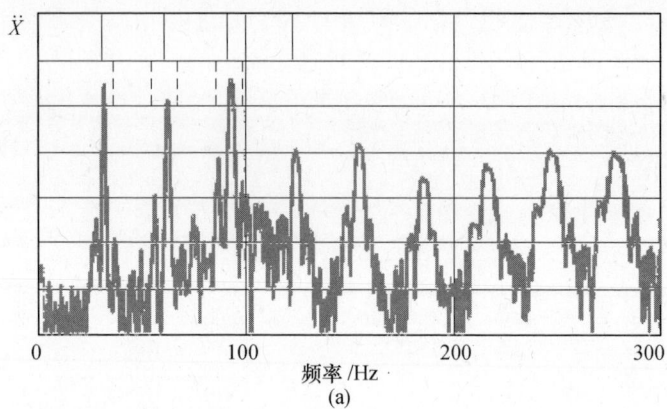

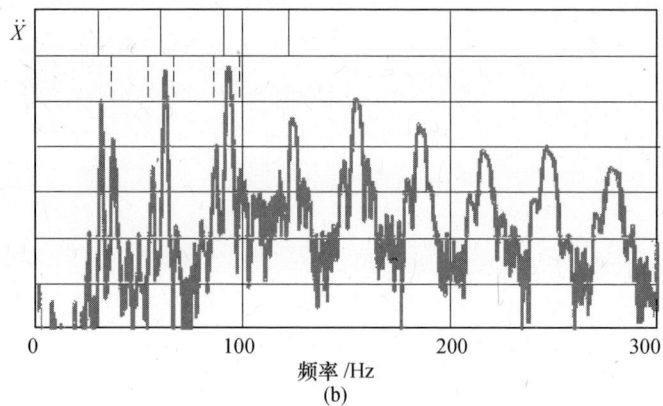

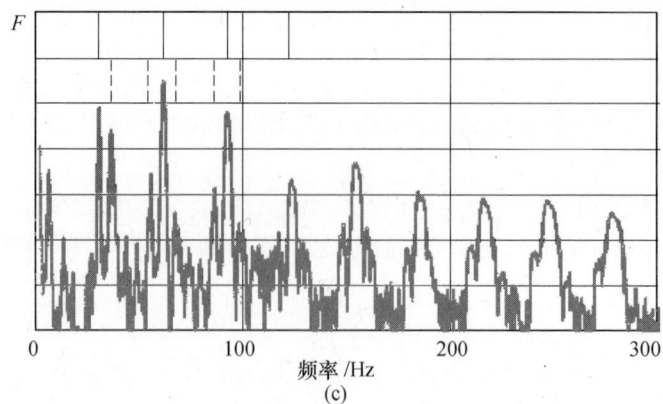

图 6.30　制动颤鸣噪声仿真结果

（a）卡钳支架垂直方向加速度谱；（b）支柱水平方向加速度谱；（c）支柱－车体连接处的力谱。

悬架设计,使其主频率(1阶频率)能够满足最小化的支柱－车体连接振动传递幅频特性。文献[70]已经在理论上建立了相关模型,通过增加轴颈－支柱系统刚度,提高了振动频率并降低了振动等级。降低弹簧刚度、增加弹簧线圈质量,均有利于阻碍振动向车体的传递。

# 6.6 制动器高频声辐射现象(尖叫)

关于高频尖叫和低频颤鸣的研究已经很详尽。非线性耗散机械系统的动力学研究通常已经证明,不稳定状态域中的某些解会随着系统阻尼的增加而减小,同时扰动谱变宽[150,151]。不同作者发布的实验结果显示,通过增加摩擦材料的杨氏模量可以达到一定的降噪效果。此外,一个重要的实验证据表明,通过降低摩擦系数可以降低尖叫[49,152-155]。但是,这种方法会不可避免地降低摩擦力,从而对制动系统的效率产生不利的影响。对非线性弹性有限可伸展聚合物模型的分子动力学理论研究已经证明,如果使用一种具有特定结构特性的基体相聚合物,使得摩擦材料保持稳定的大摩擦系数可以降低产生尖叫噪声的概率[156]。

机械系统的部件间相互作用常常会导致高频振动。这种现象的本质可以归结为摩擦引起的非线性和实际接触的不连续性。因此,即使在理想状况下,静摩擦和动摩擦系数占比相同时,振动仍然可能发生,在超声速范围内的振动频率会超过1kHz。

文献[157]中的实验研究在相似载荷、滑动速度以及其他摩擦条件下确定了下列特性。

(1)由摩擦过程所决定的声振谱成分具有结构依赖特征。

(2)摩擦引起的振动噪声和振动分量的相对频率与等级取决于摩擦系数的大小和稳定性以及摩擦材料的阻尼。

高频振动噪声研究普遍实现了计算机化。针对不同制动器结构开发了数学模型,能够用于非平稳摩擦过程中的高频振动(尖叫噪声、颤鸣噪声)动力学研究以及摩擦副结构参数选择[158-160]。为避免代价高昂的设计错误,计算机技术水平对于不同设计方案在振动声学参数方面的有效性测试和优化起到了关键作用。

## 6.6.1 结构动力学分析方法

与制动系统中尖叫现象有关的传统动力学设计方法是模态分析,其中包括对所有可能存在的系统不稳定状态进行复特征值估计以及振动模态振型的空间可视化[161,162]。此外,与模态分析相比,非平稳过程分析方法正变得越来越普遍,该方法所研究的瞬态过程考虑到了时变参数的影响[15,74,163]。

由于制动系统及其元件形状复杂且具有较多的自由度,因此,可以使用有限单元法实现上述任意一种方法[15,49,52,161-168]。

1. 模态分析

除了上述方法,为了计算表征振动系统的复特征值,还可以在 Krylov 子空间上采用投影法[169]。在一般情况下,系统的运动可以采用以下二阶非齐次微分方程进行描述,即

$$[M]\{\ddot{x}\} + [C]\{\dot{x}\} + [K]\{x\} = \{F_f\} \tag{6.3}$$

式中:$[M]$、$[C]$ 和 $[K]$ 分别代表了质量矩阵、包括摩擦材料内部机械损耗的阻尼矩阵、系统刚度矩阵;$\{x\}$、$\{\dot{x}\}$ 和 $\{\ddot{x}\}$ 分别为相应的位移、速度和加速度向量;$\{F_f\}$ 为制动盘和衬块工作时的摩擦力向量。在不考虑摩擦力的情况下,非齐次方程式(6.3)可以写成齐次的形式[15,170],即

$$(\lambda^2[M] + \lambda[C]) + [K]\{\Phi\} = 0 \tag{6.4}$$

式中:$\lambda$ 和 $\{\Phi\}$ 为特征值和相应的特征向量(可能是复向量)。为了求解这个关于 $\lambda$ 的方程,通过忽略阻尼和刚度矩阵$[K]$中的非对称元素可以使系统方程变为对称。这种对称处理能够找到 $N$ 个特征向量$[\phi_1,\cdots,\phi_N]$,然后,将初始矩阵投影到 $N$ 个特征向量的子空间上,即

$$[M]^* = [\phi_1,\cdots,\phi_N]^{\mathrm{T}}[M][\phi_1,\cdots,\phi_N] \tag{6.5}$$

$$[C]^* = [\phi_1,\cdots,\phi_N]^{\mathrm{T}}[C][\phi_1,\cdots,\phi_N] \tag{6.6}$$

$$[K]^* = [\phi_1,\cdots,\phi_N]^{\mathrm{T}}[K][\phi_1,\cdots,\phi_N] \tag{6.7}$$

将式(6.5)~式(6.7)带入式(6.4)中,可以得到复数形式方程为

$$(\lambda^2[M]^* + \lambda[C]^* + [K]^*)\{\Phi\}^* = 0 \tag{6.8}$$

最终,初始矩阵的复特征向量为

$$\{\Phi\} = [\phi_1,\cdots,\phi_N]^{\mathrm{T}}\{\Phi\}^* \tag{6.9}$$

对于该算法更详细的推导过程参见文献[171]。

对应于 $n - \lambda_n$ 的复特征值为

$$\lambda_n = \alpha_n \pm \mathrm{i}\omega_n \tag{6.10}$$

式中:$\alpha_n$ 为 $\lambda_n$ 的实部,表示系统是否稳定;$\omega_n$ 为 $\lambda_n$ 的虚部,表示 $n$ 阶模态的固有频率。

关于位移 $x$ 的制动系统初始运动方程的通解具有以下形式,即

$$x = Ae^{\lambda t} = e^{\alpha t}(A_1 \cos\omega t + A_2 \sin\omega t) \tag{6.11}$$

基于这种方法,可以找到与系统不稳定状态以及尖叫现象相关的所有复特征值[56,171]。系统的状态由复特征值的实部符号决定,正实部 $\lambda$ 对应于系统不稳定状态,用于确定系统状态的一个附加参数为衰减系数 $h$,其负值表示系统不稳定,即

$$h = -\frac{\alpha}{\pi|\omega|} \tag{6.12}$$

模态分析的主要目的是找到与系统不稳定状态相关的衰减系数。同时,对系统不稳定模态的了解可能有助于找到一种能够降低不稳定性的方法。例如,通过改变系统的结构(刚度、几何形状)将模态频率移出不稳定区域[52,172]。

考虑到系统中存在的摩擦力,文献[173,174]中提出了一种改进的方法研究导致动力学不稳定性的模态相互作用的不同机制。式(6.3)的右半边为其一般形式,即

$$\{F_f\} = \mu(\{N_s\} + \{N_d\}) \tag{6.13}$$

式中: $\mu$ 为摩擦系数; $\{N_s\}$ 和 $\{N_d\}$ 分别为相应的静态和动态法向力。复特征值的问题忽略了由活塞施加到摩擦衬块上的静态法向力。振动引起的金属制动盘和摩擦衬块间的动态法向力为

$$N_d = K_s(x_{N,\text{disc}} - x_{N,\text{pad}}) \tag{6.14}$$

式中: $x_{N,\text{disc}}$ 和 $x_{N,\text{pad}}$ 分别为制动盘和衬块在法向上的位移; $K_s$ 为局部接触刚度。因此,考虑到摩擦力之后的式(6.3)将具有以下形式,即

$$[M]\{\ddot{x}\} + [C]\{\dot{x}\} + [K]\{x\} = \mu \cdot K_s[K_f]\{x\} \tag{6.15}$$

式中, $[K_f]$ 为取决于衬块和制动盘间摩擦的有效刚度矩阵。该矩阵不对称,并与切向力作用下的相对法向位移有关。

考虑到摩擦系数的 $n$ 阶振动模态的复特征值可以由下式近似表示[57],即

$$\lambda_n^2 = -\omega_n^2 - \mu \cdot K_s[\Lambda_f]_{nn} + \mu^2 \sum_{\substack{n=1 \\ k \neq n}}^{N} \text{sign}(\omega_n - \omega_k) f([\Lambda]_{nk}, [\Lambda]_{kn}) + O(3) \tag{6.16}$$

式(6.16)给出了式(6.4)中的近似解。 $\lambda_n^2$ 的计算误差为 3 阶无穷小 $O(3)$,式(6.16)中的第二项和第三项受摩擦力影响且其形式为

$$K_s[\Lambda_f]_{nn} \sim \{\Phi_{\text{T,rel}}\}_n^{\text{T}} \{\Phi_{\text{N,rel}}\}_n \tag{6.17}$$

$$f([\Lambda]_{nk}, [\Lambda]_{kn}) \sim (\{\Phi_{\text{T,rel}}\}_n^{\text{T}} \{\Phi_{\text{N,rel}}\}_k)(\{\Phi_{\text{T,rel}}\}_k^{\text{T}} \{\Phi_{\text{N,rel}}\}_n) \tag{6.18}$$

153

其中

$$\{\Phi_{\mathrm{T,rel}}\}_n = \{\Phi_{\mathrm{T,disc}} - \Phi_{\mathrm{T,pad}}\}_n \tag{6.19}$$

$$\{\Phi_{\mathrm{N,rel}}\}_n = \{\Phi_{\mathrm{N,disc}} - \Phi_{\mathrm{N,pad}}\}_n \tag{6.20}$$

式中:下标 T 和 N 分别表示与切向和法向相关。系统的不稳定性由式(6.16)的第三项进行定义,其中包括两种模式之间的法向及切向相对位移的内积。对于某些模态来说,如果式(6.18)中的特征向量内积值较大,则这些模态会随着函数符号的不同而显示出强烈的合并或分离趋势。从不稳定性是由于两模态之间相互靠近这一事实来看,使式(6.16)第三项较大的模态被认为具有潜在的相互作用并产生不稳定性。基于这一判断准则的改进方法,能够给出修改制动系统设计所需要的建议,以消除或最小化模态的互相作用,从而消除高频尖叫发生的可能性[57,175,176]。

基于模态设计方法的仿真过程显示出一些缺点。为了模拟尖叫,实际上,不稳定的制动过程被一系列稳定阶段所替代,其中滑动速度和接触压力分布被预设为常数。对每一个阶段求取复特征值。其中正实部表示该阶段的不稳定程度,并与尖叫的发生概率和噪声强度有关。这些阶段可以利用有限元仿真软件[170]进行自动计算。然而,只有当摩擦模式至少在很短时间间隔内能够保持平稳状态时,所给方法中所采用的线性化处理才能够得到满意的计算精度。此外,上述方法中并没有考虑某些不稳定摩擦所独有的特征,其中包括热影响持续时间与摩擦材料特性之间的关系等。该方法不适用于估计所产生的噪声等级,这是因为不稳定模态所对应的正实部仅能表征振动频率之间比值的增加,而并不能估计频率值[59]。

理论上,共振振幅可在无阻尼(无内部摩擦损失)的情况下无限增长。然而,实际上,任何系统中都存在着能量损耗。外部扰动源所具有的能量是有限的,而系统元件具有耗散特性[177]。因此,给定系统中的振动振幅会达到一个极限值,该值可以通过非平稳过程分析或实验模态分析推导出来。设计模型的验证过程也同样需要进行实验模态分析[38,59,61]。

即使这些模态有足够的频率多样性,但在制造或操作中产生不可避免的偏差,与这些偏差有关的微小的频率偏移(小于 3%)可能经常会导致模态重合而造成不稳定[57,175]。摩擦系统对外部条件的敏感度也可能在制动过程中引发尖叫。

2. 非平稳过程分析

进行模态分析能够很好地确定平稳或近似平稳摩擦问题的稳定性。然而,这种方法不适用于非平稳过程或者非线性系统。

图 6.31 给出了实验测得的摩擦副在产生尖叫的两次制动过程中的暂态振动信号。

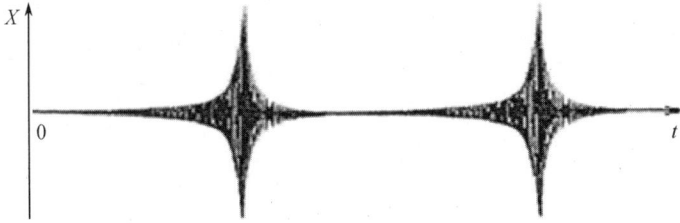

图 6.31　伴有尖叫噪声的两次制动过程中的摩擦副振动速度[59]

信号频谱,即其在频域中的表示(图 6.32)可以通过与尖叫噪声相关的时间采样信号的快速傅里叶变换获得。在频谱中存在显著非线性的情况下,分析该系统动力学特性的唯一可靠方法就是非平稳过程分析[15,74,163,178]。理论上,非平稳过程的分析不需要对模态分析的模型做任何假设。这些假设可能包括制动盘和衬块之间的恒定接触面积、线性摩擦定律以及材料特性与制动时间的相关性[59]。非平稳分析能够考虑制动过程中影响材料时效特征的负载变化,并保证具有足够的精度。非线性非平稳求解方法有助于分析非稳定载荷的影响,以使估计系统的稳定性。非稳定过程可以在初始阶段进行分析,直到系统达到某种平衡(平稳)状态。这使得其他与时间相关的因素能够被考虑在内。当非平稳过程促使高幅值振动形成极限环时,这些振动频率通常与制动尖叫现象有关[178]。

实际上,基于求解运动微分方程和中心差分法的现代有限元仿真软件能够实现上文中所提到的方法,即

$$[M]\{\ddot{x}\}^{(t)} = \{F_{\beta неш}\}^{(t)} - \{F_{\beta нутр}\}^{(t)} \tag{6.21}$$

式中:$[M]$ 为集中质量的对角矩阵;$\{F_{\beta неш}\}$ 为外力向量;$\{F_{\beta нутр}\}$ 为内力向量;$t$ 为时间。由式(6.19)得到的振动速度和振动位移的关系式为

$$\{\dot{x}\}^{(t+0,5\Delta t)} = \{\dot{x}\}^{(t+0,5\Delta t)} + \frac{\Delta t^{(t+\Delta t)} + \Delta t^{(t)}}{2}\{\ddot{x}\}^{(t)} \tag{6.22}$$

$$\{x\}^{(t+\Delta t)} = \{x\}^{(t)} + \Delta t^{(t+\Delta t)}\{\dot{x}\}^{(t+0,5\Delta t)} \tag{6.23}$$

式中:$\Delta t$ 为每一积分步长上的时间增量。

如文献[163,180]中所用的显式方法一样,在时域积分中也可以采用隐式方法[181]。在文献[180]的研究中首次使用了有限元法来分析制动尖叫,该研究考虑了系统的非线性特性和非平稳运行状况,确定了系统的稳定性取决于制动

155

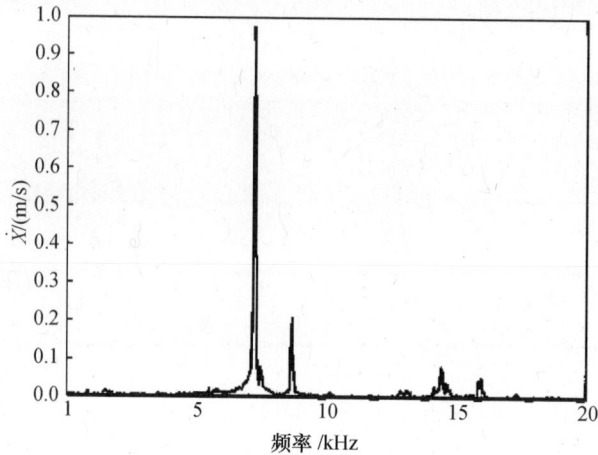

图 6.32    制动尖叫产生过程中的摩擦副振动速度谱[179]

盘 - 衬块的接触特性。文献[163]根据罚函数和虚位移原理对接触动力学进行了考虑,该研究的优点之一是模型采用的摩擦系数与台架实验所测得的接触压力相关。为了缩短显式积分法的计算时间并保持足够高的精度,文献[170]的作者采用了一种缩减积分点数的特殊有限元法。快速傅里叶变换的结果已经证明,一些所预测的高等级噪声频率与实验观察到的尖叫噪声频率吻合良好。这种对制动器高频噪声进行有限元仿真的方法已经在文献[74,181 - 183]中进行了进一步的阐述。文献[184 - 186]将非平稳过程分析应用于航空多盘制动器尖叫噪声的研究中。

　　非平稳过程分析方法的主要缺点是:长时间的计算会使摩擦接触件的设计过程变得更加辛苦。非平稳问题的求解同设计决策一样,都需要必不可少的软件资源。我们可以在所提到的问题中加入提高的分析频率上限,以克服显式积分中需要降低采样时间间隔的问题[163,180]。显式积分中时间步长 $\Delta t$ 的选择通常应基于系统的线性度,即

$$\Delta t \leqslant l/c$$

式中:$l$ 为有限单元的特征长度;$c$ 为声速。

　　为了能够对高频部分进行分析,时间步长应该足够小。例如,如果分析需要考虑到10kHz 的频率,$\Delta t$ 不应该超过 $10^{-5}$s。对于隐式积分而言,高频尖叫的等级被低估了。造成这种现象的原因尚未清楚。同文献[74]作者的观点一样:很难定义一种合适的方法分析制动中的尖叫现象。在解决问题的不同阶段和不同方面时,具体问题具体分析的方法是有成效的。因此,从这个角度看,进一步对

156

上述方法进行补充和完善是非常合理的[69]。

## 6.6.2　设计方法的有效性

设计法的一个普遍缺点是冗杂繁复的数学模型,即使采用现代计算机辅助计算程序的帮助下采用有限元仿真方法进行计算也需要大量的时间。当估计最新计算模型的有效性及模拟噪声和尖叫影响的方法时,假定系统的相关关键参数均已通过实验确定。在进一步的研究中,我们了解了现在数值方法的近似性和局限性。这从实际驾驶实验和在实验台实验时分别得到的实验数据同仿真的结果不一致时就能明显看出。

1. 惯性和弹性性质的表示

数学模型根据对象在实验室实验中获得的结果进行固体力学描述,这包括了物体的主要物理参数、材料的几何参数和性质。然而,由于诸如材料不均匀、使用时产生的残余应力或影响预处理的非弹性性质等不良倾向存在。使其得到的模态在人耳可以听到的频率范围内分布如此高,模型中的微小差异也会引起特征频率的变化,这会在识别实际是否产生尖叫噪声时成为决定性的论据[187]。

2. 材料的阻尼特性

由于摩擦体的摩擦不稳定性,低频颤振、高频尖叫和低频颤鸣噪声很常见。为了提高解决方法的设计精度,我们应该正确理解系统的阻尼特性。不幸的是,由于其多样性和过程的随机性质,实验中难以测量或体现大型模型中的摩擦的相互作用和阻尼特性,特别是在结构的边界及接合处上。摩擦接触过程中的振动声学仿真过程通常不考虑制动系统中摩擦材料的阻尼特性,而是倾向于以简单的方式表示它(图6.33)。在这种情况下,摩擦衬里的阻尼特性仅表现为减少从振动源传递到结构相应位置的振动隔绝性能。因此,作为不稳定现象主要原因的接触动力学的摩擦学特性的相关问题仍有待解决。

同时,应当承认的是,即使阻尼入口参数发生非常小的变化,都可能会造成稳定性出现巨大差异[73]。这导致了大量不稳定模态的产生,仿真对象的实验验证结果表明,啸叫噪声通常只出现在单一频率上。为了解决这个问题,可以在至少一部分制动系统关键部件中应用瑞利阻尼[176,188]。在使用建模和仿真方法时,如何表示众多具有结构阻尼作用的相互作用面可能会成为主要问题[189]。

3. 陀螺效应

虽然啸叫和颤鸣发生在低转速条件下,此时,其回转力很小,但由于制动盘为对称性结构,忽略回转力是不恰当的。由对称性所导致的重合模态能够在低转速条件下发生分离。最近的研究已经证明,在重合模态起到决定性作用的某

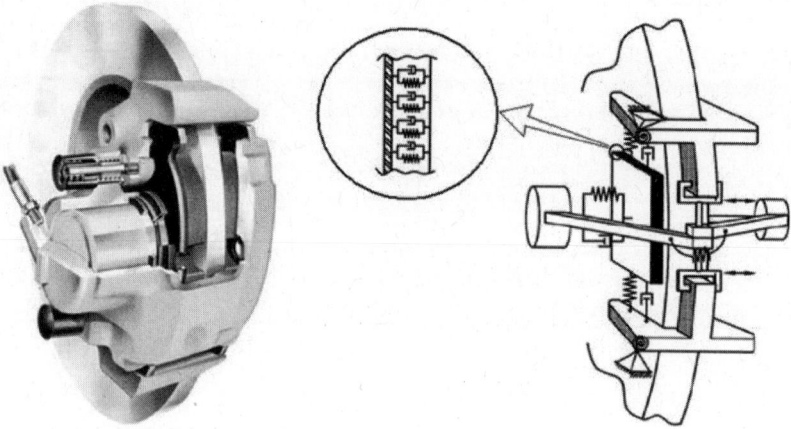

图 6.33　汽车盘式制动器动力学研究方案和摩擦衬里阻尼的表示[190]

些颤振类型中,这种陀螺效应应当考虑在内[191,192]。

### 4. 摩擦模型

关于摩擦的数值模拟主要采用 Amonton-Coulomb 模型[70]。然而,选择这种模型并不总是合理的。首先,因为模型的参数是不稳定的,这会给系统带来不确定性。文献[193]中提出了一种考虑相对速度与滑动摩擦系数之间相互关系的有效模型。这种相关性在润滑学理论中非常著名,如 Jercey-Stribeck 图。有趣的是,摩擦系数和滑动速度之间的负梯度关系在理论上会导致失稳,这在早期被认为是造成制动啸叫的主要原因。这种现象如今被视为一种滞后效应,与模态相互作用或颤振所引起的整体结构动力学失稳不同。遗憾的是,目前仍然缺乏适用于噪声和振动模拟的完善的摩擦定律[194]。

### 5. 接触应力

描述摩擦体中切向应力和法向应力的定律非常复杂,这增加了数值计算的难度。最为著名的接触问题数学证明方法是罚函数法和拉格朗日法。然而,应该承认的是,就像在单纯的粗糙度问题中,表面粗糙度的随机性可能会导致整个系统复杂的非线性行为[73]。为此,已经开展的基础性研究从微观和细观水平上对接触特性进行了探索[188,194,195]。这些研究的目的是使用基于微观和细观变量的时间或空间平均值确定宏观特性。

### 6. 热影响

在颤振、啸叫和颤鸣的仿真过程中,通常会忽略材料的热致性能及应力变化。另一方面,应当充分考虑制动液在散热环境中所受到的影响。众所周知,制动液的压缩性在长时间制动过程中会随温度的增长而发生显著变化,这会影响

158

制动器的动态特性。文献［179］中的研究结果给出了温度对一系列参数的影响，包括弹性模量、摩擦系数等。由温度波动引起的性能变化也可以通过随机法反映出来[196]。正如热致振动过程仿真一样，在非平稳分析中理论上可以允许存在热效应，可以在被允许进行像热致振动的模拟这样的研究。然而，在实践中，即使采用数值计算法，计算上的问题依然包含在内。

制动颤振噪声的实验和理论研究[69,70,147]已经证明，制动支撑件在切向振动的同时，其对偶零件也会在垂直方向上经历振动。垂直方向上的振动又会对制动盘和衬块之间的接触压力分布产生显著的影响。因此，在研究中不仅仅需要重点研究制动系统，同时，也要结合相关元件的动力学特性，如悬挂系统、车体、安装件、车轮以及轮箍。

需要强调的是，对于接触面积较大的系统是如何从黏滑状态转换到滑动状态，目前还没有明确的结论。根据现有的数据，颤振的产生始终与摩擦元件的黏滑运动有关。但是，最新的微型系统模型显示出不同结果[197,198]。低频测试结果已经表明，只有在某些特定的条件下，摩擦衬块才能像刚体一样成为整体黏滑接触[73]。

实际上，摩擦自激振动的非线性和非对称性会使噪声和振动频谱中包含大量的高次谐波。对于低频颤振噪声而言，通常，主观上认为是混沌噪声。遗憾的是，目前还不清楚这种随机性究竟是来源于能够产生黏滑运动的混沌动力学系统[111]，还是来源于局部破坏所造成的边界波，或其他原因。因此，显而易见的是，对于摩擦自激振动与声学现象之间的相互关系，目前所掌握的知识还不足以实现对制动器颤振噪声的可靠模拟。

如今，对制动系统声振行为进行预测的理论工作变得更加具有实际意义。更何况实验方法相对而言更为昂贵，同时在优化摩擦连接件方面潜力有限。预测和最小化制器噪声与振动问题的数值解，可以在满足下列条件的情况下得到充分的证明和推导。

（1）对所研究问题采用系统化研究方法。

（2）对于给定的问题（热致振动、颤振、颤鸣、啸叫等）采用用适当的方法。

（3）充分理解实验和仿真结果。

基于数值计算方法的计算机辅助模型显示出许多无可争议的优点。但是由于该方法首先对模型进行了假设和简化，导致其预测结果的准确度和可靠性是有限的。因此，在该领域中使用的方法及建立的模型都需要进一步细化和完善。此外，在这一领域仿真中存在的主要问题是，对于摩擦接的声振现象还缺乏从摩擦学角度进行的研究。

综合本章中的理论和实验研究成果，结合不同摩擦衬块材料制动器所得到的测试结果,能够得出以下结论:摩擦材料特性会影响制动器自激振动和受迫振动水平,对制动器低频和高频噪声也是如此。

# 参 考 文 献

1. A.V. Chichinadze, R.M. Matveevsky, E.D. Brown, *Materials in Tribological Engineering of Nonstationary Processes* (Nauka, Moscow, 1986), p. 248
2. M.P. Aleksandrov, *Brakes for Lifting-and-Shifting Machines* (Mashinostroenie, Moscow, 1976), p. 560
3. G.E. Blokhin, *Aviation Friction Clutches* (Oborongiz, Moscow, 1955), p. 208
4. S.G. Borisov, On development of the basics of raising durability of friction joints. Proc. NATI **237**, 3–9 (1975)
5. A.V. Chichinadze, A.G. Ginzburg, in *The Design of Temperature Regimes for a Sliding Bearing Rubbing Over a Fresh Track*, ed. by V.M. Sinaiskii, E.A. Marchenko. Heat Dynamics and Simulation of External Friction (Nauka, Moscow, 1975), pp. 5–11
6. A.V. Chichinadze, V.M. Goryunov, in *Temperature Regime of Sliding Bearings Under High Velocities*, ed. by A.V. Chichinadze. Heat Dynamics of Friction (Nauka, Moscow, 1970), pp. 70–77
7. V.L. Basinyuk, *Dynamics, Lubrication and Noise of Gearing* (MPRI NASB, Gomel, 2006), p. 216
8. L.G. Krasnevsky, The role of science-consuming components in mechanical engineering. Mod. Des. Methods Mach. **1**(2), 4 (2004)
9. A.V. Chichinadze, *Design and Research of External Friction at Braking* (Nauka, Moscow, 1967), p. 230
10. Yu.N Drozdov, V.G. Pavlov, V.N. Puchkov, *Friction and Wear in Experimental Conditions* (Mashinostroenie, Moscow, 1986), p. 224
11. A.V. Chichinadze, A.G. Ginzburg, V.M. Goryunov et al., Determination of serviceability criteria of materials under high sliding velocities. J. Frict. Wear **2**(3), 479–494 (1981)
12. V.P. Sergienko, V.V. Zhuk, V.A. Leshchev, A.V. Kupreev, Ecologically safe frictional materials for tractor brakes and transmissions. Tractors Agric. Mach. **12**, 12–16
13. S.M. Borisov, *Air-Actuated Friction Clutch* (Mashinostroenie, Moscow, 1971), p. 184
14. S.M. Borisov, *Friction Clutches and Brakes of the Road-Construction Machines* (Mashinostroenie, Moscow, 1973), p. 185
15. A.R. AbuBakar, H. Ouyang, Complex eigenvalue analysis and dynamic transient analysis in predicting disc brake squeal. Int. J. Veh. Noise Vib. **2**(2), 143–155 (2006)
16. A.A. Dmitrovich, G.S. Syroezhko, in *Proceedings of the International Scientific Conference on "Sintered Frictional Materials, Powder Metallurgy and Protective Coatings in Engineering and Instrument-Making"* (Minsk, 2003), pp. 22–29
17. M.I. Zlotnik, I.S. Kaviyarov, *Transmissions of Modern Industrial Tractors* (Mashinostroenie, Moscow, 1971), p. 247
18. V.G. Inozemtsov, V.M. Kazarinov, V.F. Yasentsev, *Automatic Brake* (Transport, Moscow, 1981), p. 464
19. S.S. Kokonin, E.I. Kramarenko, A.M. Matveenko, *Fundamentals of Design of Aviation Wheels and Brake Systems* (MAI, Moscow, 2007), p. 264
20. F.K. Germanchuk, *Durability and Efficiency of Brake Devices* (Mashinostroenie, Moscow, 1973), p. 176
21. N.K. Myshkin, S.S. Pesetskii, V.P. Sergienko, State of the art and promises in adoption of new polymeric materials in "Belarus" tractor design, in *Proceedings of the International Scientific Conference on "Promises in Development of Belorussian Tractor Industry"*, Minsk, 2006, pp. 133–146

22. P.L. Mariev, A.A. Kuleshov, A.N. Egorov, I.V. Zyryanov, *Open-Mine Motor Vehicles: State of the Art and Prospects* (Nauka, St. Petersburg, 2004)
23. V.A. Balakin, V.P. Sergioenko, M.M. Zabolotsky, A.V. Kupreev, Yu.V Lysenok, Thermal design of multidisc oil-cooled brakes. J. Frict. Wear **25**(6), 585–592 (2004)
24. L. Rabiner, *Theory and Application of Digital Signal Processing* (Prentice Hall, NJ, 1975), p. 762
25. A.V. Chichinadze (ed.), *Fundamentals of Tribology* (Nauka, Moscow, 2001), p. 664
26. A.S. Akhmatov, *Molecular Physics of Boundary Friction* (Fizmatgiz, Moscow, 1963), p. 472
27. G.M. Flidlider, Thermal stresses and stability of "Thin" friction discs in unsteady friction regime. J. Frict. Wear **2**(6), 77–85 (1981)
28. V.P. Sergienko, M.Yu. Tseluev, S.N. Bukharov, Prediction of Thermal Conditions for Multidisc Oil-Cooled Brake of a Mining Truck. *SAE Paper,* 2010-01-1713 (2010)
29. A.G. Ginzburg, in *Design and Research of the Axial Force with Friction in Splines of Multidisc Brakes and Clutches*, ed. by A.V. Chichinadze. Friction and Wear of Frictional Materials (Nauka, Moscow, 1977), pp. 13–19
30. I.N. Zverev, S.S. Kokonin, I.I. Khazanov, in *Friction Effect in Splined Joints of Multidisc Systems on Operation Uniformity of Friction Clutches and Brakes*, ed. by A.V. Chichinadze. Heat Dynamics of Friction (Nauka, Moscow, 1970), pp. 137–145
31. P.A. Vityaz, V.I. Zhornik, A.S. Kalinichenko, V.A. Kukarenko,V.Ya. Kezik, Improvement of tribological properties of heavy-loaded tribojoints based on the use of carbon nanocomponents, in *Proceedings of the International Scientific Conference on "Powder Metallurgy: Advances and Problems"*, Minsk, 2005, pp. 219–222
32. L.V. Ballon, *Electromagnetic Rail Brakes* (Transport, Moscow, 1979), p. 136
33. A.I. Kolesnikov, *Improvement of the Railroad—Rolling Stock Relationship* (Marshrut, Moscow, 2006), p. 365
34. V.A. Balakin, V.P. Sergienko, *Thermal Design of Brakes and Friction Joints* (MPRI NASB, Gomel, 2000), p. 220
35. S.M. Borisov, *Air-Actuated Friction Clutches* (Mashinostroenie, Moscow, 1971), p. 184
36. H. Abendroth, Worldwide brake—friction material testing standards, challenges, trends, in *Proceedings of the 7th International Symposium Yarofri, Friction products and Materials*, 9–11 September 2008, Yaroslavl, 2008, pp. 140–150
37. H. Abendroth, B. Wernitz, The integrated test concept: Dyno-vehicle, performance-noise, B. *SAE Paper*, 2000-01-2774 (2000)
38. V. Vadari, M. Albright, D. Edgar, An introduction to brake noise engineering. Sound and Vibration [Electronic resource] (2006), http://www.roushind.com. Accessed 15 Sept 2006
39. R. Mowka, Structured development process in stages of OE-projects involving with Western European car manufacturer, in *Proceedings of the 5th International Symposium of Friction Products and Materials Yarofri*, Yaroslavl, 2003, pp. 228–232
40. Yu.M Pleskachevskii, V.P. Sergienko, Friction materials with polymeric matrix: promises in research, state of the art and market. Sci. Innov. **5**, 47–53 (2005)
41. G.F. Alekseev, in *On Friction and Wear of Tribopairs Under Vibrational Loads*. Theoretical and Applied Problems of Friction, Wear and Lubrication of Machines (Nauka, Moscow, 1982), pp. 8–16
42. S.N. Bukharov, Reduction of vibroacoustic activity of metal-polymer tribojoints in nonstationary friction processes. Summary of Ph.D. Thesis, 5 Feb 2004, MPRI NASB, Gomel, 2010, p. 24
43. Vibration in Machinery. Ref. Book in 6 vols, ed. by V.N. Chelomei (Mashinostroenie, Moscow, 1979), vol. 2. Vibration of Mechanical Nonlinear Systems, ed. by I.I. Blekhman (1979), p. 351
44. A.H. Gelig, G.A. Leonov, V.A. Yakubovich, *Stability of Nonlinear Systems with More than One Equilibrium State* (Nauka, Moscow, 1978), p. 400
45. M.F. Dimentberg, *Nonlinear Stochastic Problems for Mechanical Vibrations* (Nauka, Moscow, 1980), p. 368

46. J. Wallaschek, K.H. Hach, U. Stolz, P. Mody, A survey of the present state of friction modelling in the analytical and numerical investigation of brake squeal, in *Proceedings of the ASME Vibration Conference*, Las Vegas, 1999, pp. 12–15
47. I.V. Kragelskii, V. Gitis, *Friction-Induced Self-Oscillations* (Nauka, Moscow, 1987), p. 184
48. V.P. Sergienko, S.N. Bukharov, A.V. Kupreev, Noise and vibration in brake systems of vehicles. Part 1: experimental procedures (review). J. Frict. Wea **29**(3), 234–241 (2008)
49. I. Ahmed, On the analysis of drum brake squeal using finite element methods technique. *SAE Paper,* 2006-01-3467 (2006)
50. N. Millner, An analysis of disc brake squeal. *SAE Paper*, 780332 (1978)
51. A. Bakar, H. Ouyang, J. Siegel, Brake pad surface topography Part I : contact pressure distributions. *SAE Paper*, 2005-01-3941 (2005)
52. G. Liles, Analysis of disc brake squeal using finite element methods. *SAE Paper*, 891150 (1989)
53. S. Kim, S. Cho, T. Yeo, A study on the effects of piston and finger offset on the pressure distribution at disk brake pad interface. *SAE Paper*, 2005-01-0794 (2005)
54. J. Fieldhouse, An investigation of the pad/disc dynamic centre of pressure using a 12 piston opposed caliper. *SAE paper*, 2007-01-3960 (2005)
55. J. Brecht, K. Schiffner, Influence of friction law on brake creep-groan. *SAE Paper* 2001-01-3138 (2001)
56. H. Ouyang, J.E. Mottershead, Friction-induced parametric resonances in disc: effect of a negative friction-velocity relationship. J. Sound Vib. **209**(2), 251–264 (1998)
57. M. Donley, C.H. Chung, Mode coupling phenomenon of brake squeal dynamics. *SAE Paper,* 2003-01-1624 (20030
58. S.-W. Kung et al., Modal participation analysis for identifying brake squeal mechanism, in *Proceedings of the 18th Brake Colloquium*, San Diego, CA, pp. 75–79, 1–4 Oct 2000
59. H. Ouyang, W. Nack, Y. Yuan, F. Chen, Numerical analysis of automotive disc brake squeal: a review. Int. J. Veh. Noise Vib. **1**(3/4), 207–231 (2005)
60. Brake Noise, Vibration, and Hardness: Technology Driving Customer Satisfaction [Electronic resource], http://www.akebonobrakes.com
61. W. Liu, J. Pfeifer, Introductions to brake noise & vibration. Honeywell Friction Materials [Electronic resource], http://www.sae.org/events/bce/honeywell-liu.pdt
62. W. Nack, A. Joshi, Friction induced vibration: brake moan. *SAE Paper*, 951095 (1995)
63. A. Gugino, J. Janevic, L. Fecske, Brake moan simulation using flexible methods in multibody dynamics. *SAE Paper*, 2000-01-2769 (2000)
64. M. Abdelhamid, Creep groan of disc brakes. *SAE Paper* 951282 (1995)
65. A. Crowther, J. Yoon, R. Singh An explanation for brake groan based on coupled brake-driveline system analysis. *SAE Paper*, 2007-01-2260 (2007)
66. H. Inoue, Analysis of brake judder caused by thermal deformation of brake disc rotors, in *Proceedings of the 21st FISITA Congress*, Belgrade, 1986, pp. 213–219, paper 865131
67. Kao T.K., Richmond J.W., Moore M.W. The application of predictive techniques to study thermo-elastic instability of brakes. *SAE Paper*, 942087 (1994)
68. H. Jacobson, Aspects of disc brake judder. Proc. Inst. Mech. Eng. Part D: J. Automob. Eng. **217**, 419–430 (2003)
69. J. Brecht, Mechanisms of brake creep groan. *SAE Paper*, 973026 (1997)
70. Donley M., Riesland D. Brake groan simulation for a McPherson strut type suspension. *SAE Paper*, 2003-01-1627 (2003)
71. M. Gouya, M. Nishiwaki, Study on disc brake groan. *SAE Paper*, 900007 (1990)
72. K. Popp, P. Stelter, Stick-Slip vibrations and chaos. Philos. Trans. R. Soc. **332**, 89–105 (1990)
73. N. Hoffmann, L. Gaul, Friction induced vibrations of brakes: research fields and activities. *SAE Paper*, 2008-01-2579 (2008)
74. Y.-K. Hu, A. Mahajan, K. Zhang, Brake squeal DOE using nonlinear transient analysis. *SAE Paper*, 1999-01-1737 (1999)

162

75. N.F. Kunin, G.D. Lomakin, Soundless dry external friction of metals at low velocities. J. Tech. Phys. **24**(8), 1361–1366 (1954)

76. N.F. Kunin, G.D. Lomakin, On interrelation between static and kinetic friction. Tech. Phys. **24**(8), 1367–1370 (1954)

77. K. Okayama, H. Fujikawa, T. Kubota, K. Kakihara, A study on rear disc brake groan noise immediately after stopping. *SAE Paper*, 2005-01-3917 (2005)

78. A. Crowther, R. Singh, Identification and quantification of stick-slip induced brake groan events using experimental and analytical investigations. Noise Control Eng. **56**(4), 235–255 (2008)

79. M. Abdelhamid, Statistical analysis of brake noise matrices. *SAE Paper*, 973019 (1997)

80. Resolving Customers' Brake Noise Issues. Case study. Brüel & Kjær Sound & Vibration Measurement A/S [Electronic resource], http://www.bksv.com/pdf/ba0798.pdf

81. K. Cunefare, Investigation of disc brake squeal via sound intensity and laser vibrometry. *SAE Paper*, 2001-01-1604 (2001)

82. S. Mahajan, Y.-K. Hu, K. Zhang, Vehicle disc brake squeal simulations and experiences. *SAE Paper*, 1999-01-1738 (1999)

83. J. Thompson, A. Marks, D. Rhode, Inertia simulation in brake dynamometer testing. *SAE Paper*, 2002-01-2601 (2002)

84. J.D. Fieldhouse, C. Beveridge, Comparison of disc and drum brake rotor mode movement, in *Proceedings of the Seoul 2000 FISITA World Automotive Congress*, Seoul, 2000, pp. 241–246

85. V.P. Sergienko, N.K. Myshkin, S.N. Bukharov, O.S. Yarosh, Investigations of the effect of friction material composition on vibroacoustic activity of tribojoints, in *Proceedings of the International Science Conference "Actual Problems of Tribology"*, 6–8 June 2007, Samara (Russia), 2007, pp. 266–278

86. J. Thompson, *Brake NVH: Testing And Measurements* (SAE International, London, 2011), p. 156

87. Automotive Brake NVH Dynamometer [Electronic resource], http://www.linkeng.com/. Accessed 25 Feb 2012

88. T. Hodges, Development of refined friction materials, in *Proceedings of the 5th International Symposium of Friction Products and Materials*, Yaroslavl, 2003, pp. 203–208

89. J. McDaniel, J. Moore, C. Shin-Emn, Acoustic radiation models of brake systems from stationary LDV measurements, in *Proceedings of the International Mechanical Engineering Congress and Exposition*, 1999, pp. 1–8

90. M. Fischer, K. Bendel, Hot on the trail of squealing brakes. *LM INFO*. Spec. Issue 1/2004, 9

91. J. Schell, M. Johansmann, M. Schüssler, D. Oliver, Three dimensional vibration testing in automotive applications utilizing a new non-contact scanning method. *SAE Paper*, 2006-01-1095 (1995)

92. R. Krupka, A. Ettemeyer, Brake vibration analysis with three-dimensional pulsed ESPI. Exp. Tech. **25**(2), 38–41 (2001)

93. R.R. Jones, C. Wykes, *Holographic and Speckle Interferometry*, Ch. 3–5 (Cambridge University Press, Cambridge, 1989)

94. J.D. Fieldhouse, P. Newcomb, The application of holographic interferometry to the study of disc brake noise. *SAE Paper*, 930805 (1993)

95. Z. Wang, A. Ettemeyer, Pulsed ESPI to solve dynamic problems. Application Report no. 04-97. Dr. ETTEMEYER GmbH & Co., 1997

96. G. Pedrini, B. Pfister, H.J. Tiziani, Double pulse electronic speckle interferometry. J. Mod. Opt. **40**, 89–96 (1993)

97. G. Pedrini, H.J. Tiziani, Double pulse electronic speckle interferometry for vibration analysis. Appl. Opt. **33**, 7857–7863 1994

98. J. Flint, J. Hald, Traveling waves in squealing disc brakes measured with acoustic holography. *SAE Paper*, 2003-01-3319 (2003)

99. Y. Desplanques, G. Degallaix, Interactions between third-body flows and localization phenomena during railway high-energy stop braking. *SAE Paper*, 2008-01-2583 (2008)

100. H. Jacobsson, Frequency sweep approach to brake judder, part A: the brake judder phenomenon. Classification and problem approach. Licentiate thesis, Chalmers University of Technology, Göteborg, 1998

101. T.K. Kao, J.W. Richmond, A. Douarre, Brake disc hot spotting and thermal judder: an experimental and finite element study. Int. J. Veh. Des. **23**(3/4), 276–296 (2000)

102. M.K. Abdelhamid, Brake judder analysis: case studies. *SAE Paper*, 972027 (1997)

103. W. Kreitlow, F. Schrödter, H. Matthäi, Vibration and 'hum' of disc brakes under load. SAE Trans. Sect. **1**, 431–437 (1985)

104. K. Augsburg, H. Brunner, J. Grochowicz, Untersuchungen zum Rubbelverhalten von Pkw-Schwimmsattelbremser. *Automobiltechnische Zeitschrift*, 1999, p. 101

105. W. Stringham, P. Jank, J. Pfeifer, A. Wang, Brake roughness—disc brake torque variation, rotor distortion and vehicle response. *SAE Paper*, 930803 (1993)

106. E.I. Marukovich, A.P. Markov, O.Yu. Bondarev, *Remote Flaw Detection on Contour Surfaces* (Belorusskaya Nauka, Minsk, 2011), p. 330

107. A.E. Anderson, R.A. Knapp, Hot spotting in automotive friction systems. Wear **135**, 319–337 (1990)

108. J.R. Barber, Thermoelastic instabilities in the sliding of conforming solids. Proc. R. Soc. Ser. A **312**, 381–394 (1969)

109. J.W. Richmond, T.K. Kao, M.W. Moore, in *The Development of Computational Analysis Techniques for Disc Brake Pad Design*, ed. by D.C. Barton, Advances in Automotive Braking Technology (MEP Ltd., London and Bury St. Edmunds, 1996), p. 158

110. R. Avilés, G. Hennequet, A. Hernández, L.I. Llorente, Low frequency vibrations in disc brakes at high car speed. Part I: experimental approach. Int. J. Veh. Des. **16**(6), 542–555 (1995)

111. T. Steffen, R. Bruns, Hotspotsbildung bei PkwBremsscheiben. *Automobiltechnische Zeitschrift*, 1998, pp. 100, 408–413

112. H. Jacobsson, Analysis of brake judder by use of amplitude functions. *SAE Paper*, 1999-01-1779 (1999)

113. H. Abendroth, T. Steffen, W. Falter, R. Heidt, Investigation of CV rotor cracking test procedures, in *Brakes 2000, International Conference on Automotive Braking-Technologies for the 21st Century*, London, 2000, pp. 149–162

114. D. Eggleston, Thermal Judder. *EURAC Technical Bulletin* 00034056 [Electronic resource]. http://www.eurac-group.com/documents/thermaljudder.doc

115. V.P. Sergienko, S.V. Bukharov, A.V. Kupreev, Tribological processes on contact surfaces in oil-cooled friction pairs. Proc. NAS Belarus **51**(4), 86–89 (2007)

116. D.D. Sterne, Monitoring brake disc distortions using lasers, in *Proceedings of the Institution of Mechanical Engineers, AUTOTECH'89 Conference*, 1989, IMechE paper C399/34

117. P.C. Brooks, D. Barton, D.A. Crolla, A.M. Lang, D.R. Schafer, A new approach to disc brake judder using a thermo-mechanical finite element model, in *Proceedings of the Institution of Mechanical Engineers, AUTOTECH'93 Conference*, 1993, IMechE paper C462/31/064

118. S. Gassman, H.G. Engel, Excitation and transfer mechanism of brake judder. *SAE Paper*, 931880 (1993)

119. D.G. Grieve, D.C. Barton, D.A. Crolla, J.K. Buckingham, Design of a lightweight automotive brake disc using finite element and Taguchi techniques. Proc. Inst. Mech. Eng. Part D: J. Automob. Eng. **212**, 245–254 (1998)

120. D. Thuresson, Thermomechanical analysis of friction brakes. *SAE Paper*, 2000-01-2775 (2000)

121. M.J. Haigh, H. Smales, M. Abe, Vehicle judder under dynamic braking caused by disc thickness variation, in *Proceedings of the Institution of Mechanical Engineers, Braking of*

*Road Vehicles*, London, 1993, pp. 247–258, IMechE paper C444/022/93

122. M. Börjesson, P. Eriksson, C. Kuylenstierna, P.H. Nilsson, T. Hermansson, The role of friction films in automotive brakes subjected to low contact forces, in *Proceedings of the Institution of Mechanical Engineers, Braking of Road Vehicles*, London, 1993, pp. 259–267, IMechE paper C444/026

123. H. Jacobson, Wheel suspension related disc brake judder. *Proceedings of the ASME Design Engineering Technical Conference*, Sacramento, California, 1997, VIB-4165

124. A. De Vries, M. Wagner, The brake judder phenomenon. *SAE Paper*, 920554 (1992)

125. R. Bosworth, Investigations of secondary ride aspects of steering wheel vibration (shimmy and judder) using Taguchi methodology, in *Proceedings of the Institution of Mechanical Engineers, AUTOTECH 89*, London, 1989, IMechE paper C399/9

126. Engel H. G., Hassiotis V., Tiemann R. System approach to brake judder, in *Proceedings of the 25th FISITA Congress*, Beijing, 1994, vol. 1, pp. 332–339, paper 945041

127. M.K.Abdelhamid, Brake judder analysis using transfer functions. *SAE Paper*, 973018 (1997)

128. M. Kim, H. Jeong, W. Yoo, Sensitivity analysis of chassis system to improve shimmy and brake judder vibration on steering wheel. *SAE Paper*, 960734 (1996)

129. T.K. Kao, J.W. Richmond, M.W. Moore, Computational analysis of pad performance, in *Proceedings of the Institution of Mechanical Engineers, Braking of Road Vehicles*, 1993, paper C444/027/93

130. T. Valvano, K. Lee, An analytical method to predict thermal distortion of a brake rotor. *SAE Paper*, 2000-01-0445 (2000)

131. P.C. Brooks, D. Barton, D.A. Crolla, A.M. Lang, D.R. Schafer, A study of disc brake judder using a fully coupled thermo-mechanical finite element model, in *Proceedings of the 25th FISITA Congress*, Beijing, 1994, pp. 340–349

132. A. Floquet, M.-C. Dubourg, Realistic braking operation simulation of ventilated disc brakes. Trans. ASME J. Tribol. **118**, 466–472 (1996)

133. R.H. Martin, S. Bowron, Composite materials in transport friction applications, in *Brakes 2000, International Conference on Automotive Braking—Technologies for the 21st Century*, London, 2000, pp. 207–216

134. A.R. Daudi, W.E. Dickerson, M. Narain, Hayes' increased air flow rotor design, in *Proceedings of the Second International Seminar on Automotive Braking "Recent Developments and Future Trends"*, Leeds, UK, 1998, pp. 127–143

135. M.D. Hudson, R.L. Ruhl, Ventilated brake rotor air flow investigation. *SAE Paper*, 971033 (1997)

136. D.A. Crolla, A.M. Lang, Brake noise and vibration—the state of the art. Veh. Tribol. Tribol. Ser. **18**(Elsevier), 165–174 (1991)

137. R. Avilés, G. Hennequet, E. Amezua, J. Vallejo, Low frequency vibrations in disc brakes at high car speed. Part II: mathematical model and simulation. Int. J. Veh. Des. **16**(6), 556–569 (1995)

138. H. Jacobbson, Brake judder. Thesis, Chalmers University of Technology, Göteborg, 2001

139. R. Meyer, Brake Judder—analysis of the excitation and transmission mechanism within the coupled system brake, chassis and steering system. *SAE Paper*, 2005-01-3916 (2005)

140. A. Singh, G. Lukianov, Simulation process to investigate suspension sensitivity to brake Judde. *SAE Paper*, 2007-01-0590 (2007)

141. L. Zhang, D. Meng, Z. Yu, Theoretical modeling and FEM analysis of the thermo-mechanical dynamics of ventilated disc brakes. *SAE Paper*, 2010-01-0075 (2010)

142. F. Jardim, A. Tamagna, Study of the relationship between DTV, BTV and BPV over judder-type vibration of disc brake systems. *SAE Paper*, 2010-01-1694 (2010)

143. A.Yu. Ishlinskii, I.V. Kragelskii, On the friction-induced leaps. J. Tech. Phys. **14**(45), 276–282 (1944)

144. F. Bowden, L. Leben, The nature of sliding and the analysis of friction. Proc. R. Soc. Lond. Ser. A Math. Phys. Sci. **169**(938), 371–391 (1939)

165

145. E. Rabinowicz, The intrinsic variables affecting the stick-slip process. Proc. Phys. Soc. **71** (460 pt 4), 668 (1951)
146. V. Vadari, M. Jackson, An experimental investigation of disk brake creep-groan in vehicles and brake dynamometer correlation. *SAE Paper*, 1999-01-3408 (1999)
147. J.J. Xu, Disc brake low frequency creep groan simulation using ADAMS, in *Proceedings of the 2000 ADAMS International User Conference*, Orlando, Florida, June 2000
148. U. Kim, L. Mongeau, Simulation of friction-induced vibrations of window sealing systems. *SAE Paper*, 2007-01-2268 (2007)
149. G.P. Ostermeyer, On tangential friction induced vibrations in brake systems. *SAE Paper*, 2008-01-2850 (2008)
150. Yu.S. Pavlyuk, V.L. Sakulin, Nonlinear dynamics of mechanical systems under random effects [Electronic resource]. Chelyabinsk (2008). ftp://ftp.urc.ac.ru/pub/local/e-zines/DSM/v1_05.pdf
151. J. Wauer, J. Heilig, Dynamics and stability of a nonlinear brake model, in *Proceedings of the ASME* DETC 2001/VIB-21579, Pittsburgh, 2001
152. M.R. North, Disc brake squeal, in *Proceedings of the Conference on Brake of Road Vehicles, Institution of Mechanical Engineers*, 1976, C38/76, pp. 169–176 (1976)
153. T. Lewis, Analysis and control of brake noise. *SAE Paper*, 872240 (1987)
154. H.V. Chowdhary, A.K. Bajaj, C.M. Krousgrill, An analytical approach to model disc brake system for squeal prediction, in *Proceedings of the ASME DETC 2001/VIB-21560*, Pittsburgh, 2001
155. H. Ghesquiere, Brake squeal noise analysis and prediction. *ImechE Paper*, 925060 (1992)
156. M. Nishiwaki et al., A study on friction materials for brake squeal reduction by nanotechnology. *SAE Paper*, 2008-01-2581 (2008)
157. V.P. Sergienko, S.N. Bukharov, Vibroacoustic activity of tribopairs depending on the dynamic characteristics of their materials. Mech. Mach. Mech. Mater. **9**(4), 27–33 (2009)
158. F.R. Gekker, *Dynamics of machines with unlubricated operation of friction joints* (Machinostroenie, Moscow, 1983), p. 168
159. A.K. Pogosyan, V.K. Makaryan, G.S. Gagyan, Design of vibration stability of friction pairs in the disc-block brake systems of machines. J. Frict. Wear **12**(2), 225–231 (1991)
160. A.V. Chichinadze, A.D. Brown, F.P. Gekker, Modeling of friction joints on the example of multidisc aircraft wheels. Eng. J. **9**, 46–54 (1998)
161. S.W. Kung, K.B. Dunlap, R.S. Ballinger, Complex eigenvalue analysis for reducing low frequency squeal. *SAE Paper*, 2000-01-0444 (2000)
162. L.W. Chen, D. Ku, Stability of nonconservatively elastic systems using eigenvalue sensitivity. ASME J. Vib. Acoust. **116**(2), 168–172 (1994)
163. Y.K. Hu, L.I. Nagy, Brake squeal analysis by using nonlinear transient finite element method. *SAE Paper*, 971510 (1997)
164. H. Matsui, H. Murakami, H. Nakanishi et al., Analysis of disc brake squeal. *SAE Paper*, 920553 (1992)
165. M. Nishiwaki, H. Harada, H. Okamura et al., Study on disc brake squeal. *SAE Paper*, 890864 (1989)
166. W.V. Nack, Brake squeal analysis by finite elements. *SAE Paper*, 1999-01-1736 (1999)
167. G. Dihua, J. Dondying, A study on disc brake squeal using finite element methods. *SAE Paper*, 980597 (1998)
168. W.V. Nack, Brake squeal analysis by the finite element method. Int. J. Veh. Des. **23**(3–4), 263–275 (2000)
169. Y. Saad, Krylov subspace methods for solving large unsymmetric linear system. Math. Comput. **37**, 105–126 (1981)
170. ABAQUS Analysis User's Manual, Version 6.7. Dassault Systems (2007)
171. Q. Cao, H. Ouyang, M.I. Friswell, J.E. Mottershead, Linear eigenvalue analysis of the disc-brake squeal problem. Int. J. Numer. Methods Eng **61**, 1546–1563 (2004)

172. C.H. Chung, W. Steed, J. Dong, B.S. Kim, Virtual design of brake squeal. *SAE paper*, 2003-01-1625 (2003)

173. C.H. Chung, W. Steed, K. Kobayashi, H. Nakata, A new analysis method for brake squeal Part I: theory for modal domain formulation and stability analysis. *SAE paper*, 2001-01-1600 (2001)

174. H. Nakata, K. Kobayashi, M. Kajita, C. Chung, A new analysis approach for motorcycle brake squeal noise and its adaptation. *SAE paper*, 2001-01-1850 (2001)

175. N. Hoffmann, L. Gaul, Quenching mode-coupling friction induced instability using high frequency dither. J. Sound Vib. **279**, 471–480 (2005)

176. J.-J. Sinou, L. Jezequel, Mode coupling instability in friction-induced vibrations and its dependency on system parameters including damping. Eur. J. Mech. A **26**, 106–122 (2007)

177. A. Nashir, D. Jones, D. Henderson, *Damping of Oscillations* (Mir, Moscow, 1988), p. 448

178. H. Ouyang, W. Nack, Y. Yuan, F. Chen, On automotive disc brake squeal-part ii: simulation and analysis. *SAE Paper*, 2003-01-0684 (2003)

179. F. Chen, M.K. Abdelhamid, P. Blaschke, J. Swayze, On automotive disc brake squeal Part III: test and evaluation. *SAE Paper*, 2003-01-1622 (2003)

180. L.I. Nagy, J. Cheng, Y. Hu, A new method development to predict squeal occurrence. *SAE Paper*, 942258 (1994)

181. M.L. Chargin, L.W. Dunne, D.N. Herting, Nonlinear dynamics of brake squeal. Finite Elem. Anal. Des. **28**, 69–82 (1997)

182. Y. Chern, F. Chen, J. Swayze, Nonlinear brake squeal analysis. *SAE Paper*, 2002-01-3138 (2002)

183. H. Van der Auweraer, W. Hendricx, F. Garesci, A. Pezzutto, Experimental and numerical modelling of friction induced noise in disc brakes. *SAE Paper*, 2002-01-1192 (2002)

184. T.E. Rook, J.J. Enright, S. Kumar, R. Balagangsadhar, Simulation of aircraft brake vibration using flexible multibody and finite element methods to guide component testing. *SAE Paper*, 2001-01-3142 (2001)

185. O.N. Hamzeh, W.W. Tworzydlo, H.J. Chang, S.T. Fryska, Analysis of friction-induced instabilities in a simplified aircraft brake. *SAE Paper*, 1999-01-3404 (1999)

186. M.H. Travis, Nonlinear transient analysis of aircraft landing gear brake whirl and squeal, in *Proceedings of the ASME Design Engineering Technical Conference*, 1995, DE-vol. 84-1, vol. 3, Part A, pp. 1209–1216

187. A. Tuchinda, N.P. Hoffmann, D.J. Ewins, W. Keiper, Mode lock-in characteristics and instability study of the pin-on-disc system, in *Proceedings of the 19th International Modal Analysis Conference (IMAC-XIX)*, Florida, 2001, pp. 71–77

188. K. Willner, Elasto-plastic normal contact of three-dimensional fractal surfaces using halfspace theory. J. Tribol. **126**, 28–33 (2004)

189. L. Gaul, R. Nitsche, The role of friction in mechanical joints. Appl. Mech. Rev. **54**, 93–106 (2001)

190. T. Jearsiripongkul, G. Chakraborty, P. Hagedorn, Stability analysis of a new model floating caliper disk brak. Integr. Comput. Aided Des. **11**, 77–84 (2004)

191. D. Hochlenert, G. Spelsberg-Korspeter, P. Hagedorn, Friction induced vibrations in moving continua and their application to brake squeal. J. Appl. Mech. **74**, 542–549 (2007)

192. O.N. Kirillov, Subcritical flutter in the acoustics of friction. Proc. R. Soc. A [Electronic resource]. http://onkirillov.narod.ru/2008-RSPA20080021.pdf

193. H. Hetzler, D. Schwarzer, W. Seemann, Steady-state stability and bifurcations of friction oscillators due to velocity-dependent friction characteristics. Proc. Inst. Mech. Eng. Part K J. Multibody Dyn **221**, 401–412 (2007)

194. G.P. Ostermeyer, M. Müller, H. Abendroth, B. Wernitz, Surface topography and wear dynamics of brake pads. SAE 2006-01-3202 (2006)

195. L. Gaul, R. Allgaier, W. Keiper, K. Willner, Untersuchungen zum Bremsenquietschen am Balken-Scheibe-Modell. VDI-Bericht **1736**, 17–31 (2002)

167

196. H.S. Qi, A.J. Day, K.H. Kuan, Forsala G.F, A contribution towards understanding brake interface temperatures, in *Proceedings of the* International Conference Braking, *2004*: *Vehicle Braking and Chassis Control*, 2004, pp. 251–260
197. S.M. Rubinstein, G. Cohen, J. Fineberg, Detachment fronts and the onset of friction. Nature **430**, 1005–1009 (2004)
198. S.M. Rubinstein, G. Cohen, J. Fineberg, Dynamics of precursors to frictional sliding. Phys. Rev. Lett. **22**(98), [Notes 226103.1–226103.4] (2007)

# 第7章　降低非平稳摩擦过程中噪声与振动的材料科学方法

在本章中,作者给出了当今汽车制动器与变速箱所用摩擦材料的技术特点和分类。为了优化摩擦材料的结构和组成,减少或消除自激振荡、高频噪声及低频颤动,本章对本领域研究内容进行了综述,分析了摩擦材料的主要参数在各种频率范围内对摩擦材料产生噪声和振动的决定性作用。需要强调的是,基于材料科学的研究方法在解决摩擦系统减振降噪问题方面具有很高的效率。

在机械工程领域,有大量的方法被应用于减少或消除摩擦所导致的自激振动及相关摩擦系统中的声振行为。它们可细分为两大类:旨在改进摩擦副摩擦学特性的方法;以改善摩擦接头整体弹性及耗散特性为目的的方法。需要注意的是,降低摩擦所导致的自激振动在很大程度上依赖于摩擦接头的结构特征,对此上述两种方法都可以实现,但若要完全消除自激振动,则只能通过上述第一种方法[1, 2]。

制动器系统的低频声振通常可以使用夹在制动器片与制动缸面之间的吸振材料进行消减。改变薄壁单元结构特性或在这些单元表面敷设阻尼材料能够有效降低高频噪声成分并减小谐振峰值[3]。依据计算出的制动器系统本征频率及模态或振动声辐射频谱特性实验数据,能够对阻尼层材料进行优化选择[4]。然而,我们应当清楚,任何结构改变或涂层材料的应用都将不可避免地提高现有项目的成本。在制动装置噪声控制中最有前途的发展方向是开发一类具有稳定的摩擦系数、优异的热物理学特性及良好的工作温度与滑动速度范围适应能力的摩擦材料[1, 2, 5-7]。

现今已有的科学数据证明,应用上述方法能够在设计阶段实现摩擦副所需的材料选择,也会对其声振特性产生影响。众所周知,摩擦引起的自激振动会在制动器系统中造成很大的噪声和振动。摩擦系数与滑动速度成负相关性(即滑动速度下降,则摩擦系数增大),这种关系以稳定接触为前提。然而,以各自的动态平衡特性解释摩擦体间相对静止和运动过程中的响应,这样的理论无法为摩擦材料定义任何可接受的实用性标准,因此,不能用来估计摩擦副对于声振活动的敏感性。摩擦副的静动态特性取决于负载、速度条件、摩擦材料的性能以及

169

其他许多因素。在很多工况中,即使在理想恒定摩擦系数条件下,也有可能因摩擦而发生自激颤振现象[8]。此外,由于需要满足包括摩擦在内的复杂使用特性,因此,尝试通过改善声振参数控制摩擦副的静动力学特性通常很困难甚至是不可能的。近年来,对基于线弹性有限拉伸模型的聚合物分子动力学理论研究表明[9],使用具有特定基体相结构特征的特殊摩擦聚合物,能够稳定地提供较高的摩擦系数,从而降低摩擦副对产生噪声振动的敏感性。然而,对于摩擦体成分与结构如何影响摩擦接头的阻尼特性及噪声振动辐射特性,仍然缺乏科学的依据和系统化的数据。这在一定程度上是由于很难确定和处理与材料所有成分有关的实验数据。除此以外,由于摩擦材料的构成通常是制造商的专有技术,因此很难弄清其真实成分。研究人员通常只能引用单一成分在简单的模型混合物中所得的结果。[10-12]

摩擦材料测试是设计工作中成本最高的部分,同时该部分成本呈现出增长的趋势。对于制动时的噪声和振动问题,相关法律和售后服务要求也在不断提高[13,14]。

# 7.1 摩擦材料的分类及技术特性

摩擦材料包括一大类用于耗散或传递机械能的人造材料[15],常用来制造制动器、变速器摩擦盘、离合器衬套、摩擦衬套、移动车辆和机车车辆的阻尼器、冶金/飞机制造/石油生产企业中的工程设施、铁路/运输系统、技术装备以及许多其他机器和机械中。聚合物基体的摩擦材料在各行业的消费情况如图 7.1 所示。摩擦材料的应用影响着人们的生活质量,对于有人参与的运输与生产安全而言尤为重要。

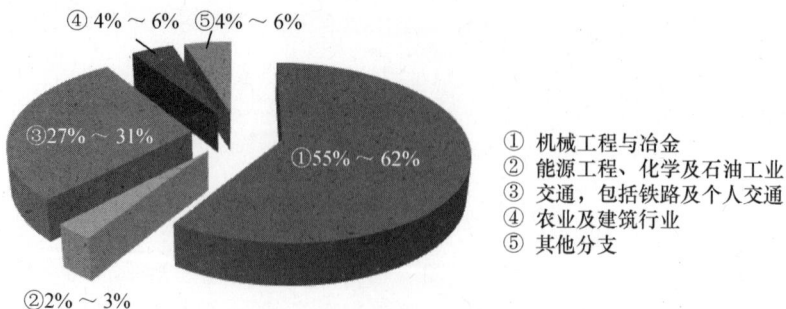

④ 4%～6% ⑤ 4%～6%

③ 27%～31%

① 55%～62%

② 2%～3%

① 机械工程与冶金
② 能源工程、化学及石油工业
③ 交通,包括铁路及个人交通
④ 农业及建筑行业
⑤ 其他分支

图 7.1 摩擦材料消费比例

从结构组成的观点来看,具有聚合物基体的摩擦材料是由不同的多相体系组成的复合材料,其中一些有机聚合物或聚合物的共混物表现出某种连续相

170

（基质）（图 7.2）。它们的性能很大程度上取决于基质聚合物的耐磨性和热－力耦合强度。摩擦复合材料含有增强填料，其形式通常是用以强化高分子基体的高强度高模量纤维。此外，其中还含有改善材料的热物理特性，热容量和热导率的成分。同时，为了实现所需的摩擦学特性，此类材料中还包括微尺度上的分散摩擦改性剂、能够降低聚合物基质的刚度的结构增塑剂、腐蚀抑制剂、防刮伤添加剂和一些具有其他指标的掺杂剂。

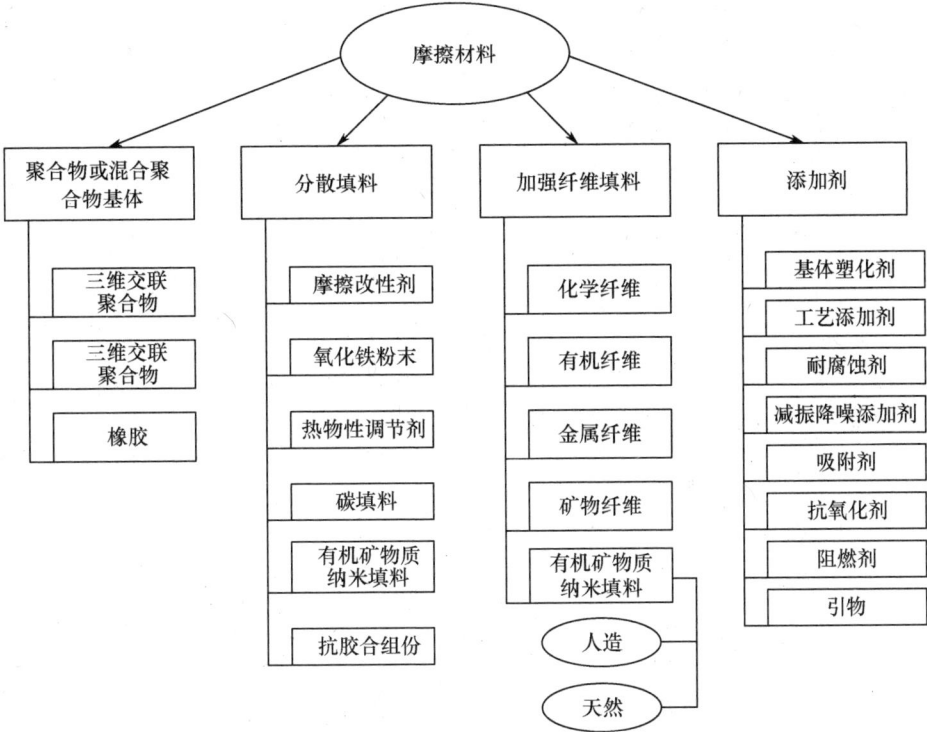

图 7.2　具有聚合物基体的摩擦材料的结构组成

　　摩擦材料在其商业制造中可能包括约 100 种矿物、有机物、合成物或含金属的物质。现代摩擦材料构成了一个由 12～40 种成分组成的复杂异构系统，其赋予材料独特的性能，使它们可以应用在极端的服务条件下[16]。

　　在过去 80 多年的时间里，摩擦材料科学得到了大力的发展。摩擦聚合物组成成分及一些类型金属陶瓷材料的主要填充物是石棉。从摩擦材料科学的角度来看，这种天然材料表现出这样一种本领域中没有任何其他已知的天然或人造材料所具有的独特性能。根据其成分、结构形态及所含硅酸盐纤维化合物物理化学性质的不同，石棉可以分为以下 6 种：青石棉、直闪石、阳起石、铁石棉、透闪石以及温石棉。一类与镁硅酸盐相关的矿物温石棉(理论方程式 $3MgO \cdot 2SiO2 \cdot 2H2O$)最常用于制造摩擦材料。

最近一系列研究结果表明,已经确定纤维长度 $5 \sim 8\mu m$ 且颗粒直径小于 $3\mu m$ 的石棉是一种具有致癌作用的生物活性物质。其危险性还在于石棉纤维的负面影响从开始到临床迹象显现的潜伏期长达 30 年[17]。

在 1982 年,根据联合国大会的决定,发布了"哪些消费和/或出售是被政府禁止、撤销、严格限制或不采用的统一货物清单"。一大批石棉材料被认定为对人体健康特别有害的物质。在 1982 年至 1990 年期间,几乎所有石棉的使用方式在西欧、美国和许多其他国家都是被禁止的。石棉基材料在摩擦接头中的应用是特别危险的,因为其最细小的颗粒会大量地积聚在城市公路和封闭的工业区周边的空气中。尽管国际社会采取了这种严格的措施,但事实上独联体国家对使用石棉摩擦材料并没有政府级别的限制。

摩擦材料技术的应用领域会受到一系列要求的限制,如摩擦系数的稳定性和大小、工作条件与气候环境对滑动摩擦特性的影响等。摩擦材料应该与接触体匹配运行而不发生额外的磨损与咬合,具有足够的机械强度、高耐磨性、期望的热物理学性质和高摩擦耐热性、耐腐蚀性及不可燃性;同时,应提供最佳的声振特性,有抑制自激振动的能力并满足制动舒适性要求。此外,摩擦材料还应当是生态友好的,具有良好的可制造性,廉价且有稳定的原材料供应。摩擦材料在使用期间会经受各种不利因素的影响,包括剧烈的正负温度和动态载荷变化、高滑动速度、强烈的磨损以及通常在不良介质(盐溶液、油、酸等)中使用等[18]。

到目前为止,仍然在运输和机械工程中使用的三类摩擦材料是:基于有机基质的复合物、金属陶瓷及碳基复合材料。针对特定的要求和性能指标,上述每一类材料都能够给出广泛的摩擦材料配方。选择哪种材料的主要指标是摩擦副工作的热参数。图 7.3 显示了摩擦材料工作的温度区间。聚合物摩擦材料所处工作温度范围能够最大限度地满足现代工程要求,因此,其产量达到摩擦材料总产量的 90%,如图 7.4 所示。

摩擦材料测试是设计工作中成本最高的部分并呈现出增长的趋势。对于制动时的噪声和振动问题,相关法律和售后服务要求也在不断提高[13, 14]。

有机基质摩擦材料(RPFM 和 PFM)的应用受限于整体温度范围 $T_v = 300 \sim 400℃$ 和摩擦表面平均温度 $T_s = 400 \sim 420℃$。金属陶瓷摩擦材料使用的热量条件为 $T_v = 600 \sim 700℃$ 及 $T_s = 800 \sim 1000℃$,但随着温度的升高,其摩擦效率随之下降。碳基摩擦复合材料的发展主要针对极端热量条件(如 $T_v = 1000 \sim 1500℃$ 及 $T_s = 1500 \sim 2000℃$)并常用于单向摩擦副中。碳基摩擦复合材料在高湿度及

172

材料密度

| 材料 | 密度 (g/cm³) |
|------|------|
| RPFM | 1.72 ～ 2.65 |
| PFM | 1.98 ～ 2.73 |
| CMFM | 4.55 ～ 4.96 |
| CFCM | 1.46 ～ 1.79 |

图 7.3　摩擦材料的摩擦学特性对比

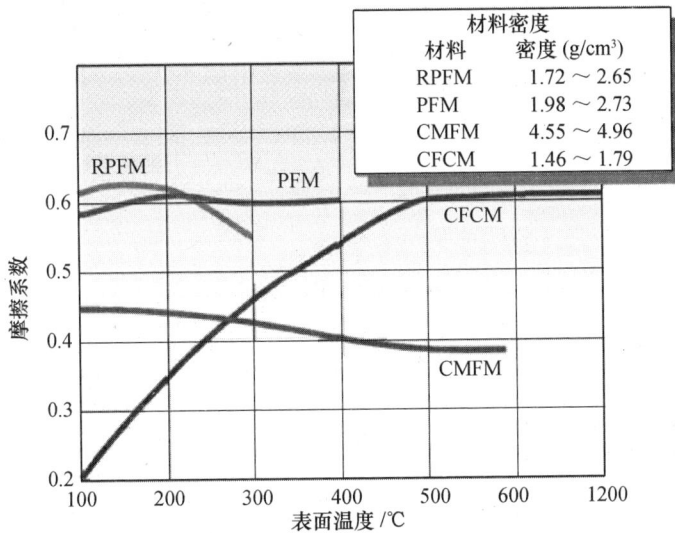

RPFM—橡胶聚合物摩擦材料；PFM—聚合物摩擦材料；
MFM—金属陶瓷摩擦材料；CFCM—碳基摩擦复合材料。

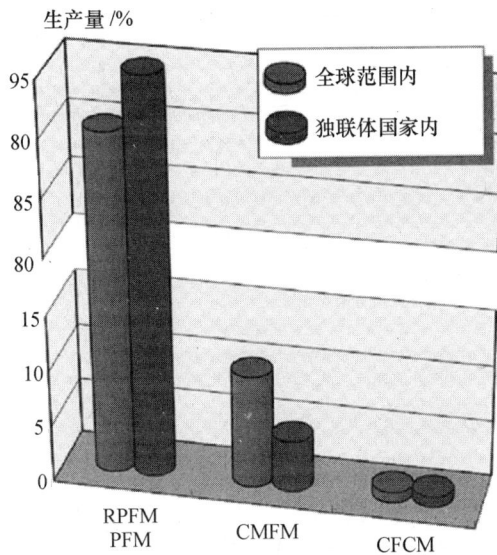

图 7.4　摩擦材料的产品构成

低温($T_s < 330℃$)环境下效率较低且相当昂贵（400～1200美元/kg）。在过去几十年中，有机基质摩擦材料产量和消耗量保持了稳定的增长趋势（图7.4），突出的材料性能保证了其工作效率，如具有高强度、良好的摩擦和声振特性、可制造性、耐久性与安全性。

在运输和工程领域，对于非平稳摩擦条件下如何应用金属陶瓷摩擦件已经积累了丰富的实践经验。其优点主要体现在特殊摩擦工况下的比摩擦功率高、导热性和耐磨性好等方面。在油介质中工作的金属陶瓷铁基摩擦材料的比摩擦功率为0.9～4.0MW/m²，允许的滑动速度为80m/s。新的基于铜－石墨的摩擦材料在制动器相互作用时可提供6MW/m²的比摩擦功率，其间的比摩擦功可达8.5MJ/m²[19]。作为比较，纸质摩擦材料的比摩擦功率在8.5～1.45MW/m²，石墨基摩擦材料的比摩擦功率在0.5～1.5MW/m²，最大有效滑动速度为30～42m/s。需要指出的是，金属陶瓷摩擦材料在油液中不能很好工作，也就是说，它不能确保摩擦转矩的稳定性和摩擦接头的平滑驱动，这影响了机器瞬时过程中的动态性能。另一个重要的缺点是：这些材料制成的摩擦副具有很高的声振活性。更加遗憾的是，传动装置和制动系统中的此类摩擦现象难以减轻，这也会对汽车质量的主观印象造成影响[20, 21]。本章援引针对摩擦材料制备问题所取得的研究结果，并对如何改进其声振性能进行讨论。

## 7.2 具有改善声振特性的摩擦材料

观察整体制动系统的安全性和可维护性，对改善摩擦材料的声振特性是非常重要的。结合结构学理论，已经建立并发展出了一种基于材料科学原理的方法，利用该方法能够抑制摩擦接头处的声振辐射。例如，通过将桐油或亚麻籽油（总体积的0.5%～10%）加入到含有钢纤维、石墨、$BaSO_4$、酚醛树脂和铁粉的混合物中获得摩擦材料。这种构成方式使摩擦系数更加稳定，从而能够降低噪声和振动的水平[22]。

为了减少制动时的噪声并提高摩擦系数的稳定性，会在聚合物模塑组合物中掺杂丁二烯苯乙烯橡胶，该橡胶中次氮基丙烯酸链、短切的黄铜线、玻璃和碳纤维占总质量的27%～35%[23]。

如上所述，用于高温条件下使用的摩擦材料已经被开发出来，这些摩擦材料具有较低的噪声和磨损水平并提高了摩擦系数稳定性[24]。此外，用于摩擦的聚合物复合材料能够消除制动器在高温高压条件下的振动[25]。

如果按以下程序制造摩擦衬里材料，摩擦体预计不会产生明显的颤鸣。制备一种含有石墨粉末及一些比钢更软的金属或合金的特殊混合物,然后将其研磨成粉末并加入到含有钢粉或者石棉纤维、玻璃纤维或铝纤维的黏接剂中。该共混物包含总体积5% ~35%的纤维、10% ~35%的黏接剂、0.5% ~15%的金属,其余为石墨或有机填料[26]。

可通过将诸如高岭土、液体玻璃、硬脂酸钡、三硫化锑或氟石等材料加入组合物中减少制动噪声[27]。

我们还应该提到一系列多孔摩擦材料。这种材料被赋予很高的孔隙率,能够阻碍噪声的产生并抑制声音的传播,从而降低高温条件下摩擦系数的不稳定性。这类材料中的一种包含中空碳微球(15%)、钢纤维(25%)、金属氧化物(10%)、橡胶(10%)、石墨(10%)、氧化物(10%)和热固性树脂(20%)。事实上,这种材料的孔隙率可达到10% ~15%[28]。为了达到上述目的,微孔沸石通常被用作添加剂以增加摩擦材料的孔隙率。然而,应当注意的是,利用多孔材料降低摩擦接头处的噪声水平是以降低功率参数为代价的[29]。

基于三聚氰胺涂料的振动吸收涂层主要成分含有三聚氰胺甲醛树脂以及溶解在芳香烃混合物中的改性醇酸树脂,目前已经得以广泛应用[30]。

除了涂层,还应该提到在工业中广泛使用的振动阻尼层复合材料。这些材料的振动吸收特性能够使对数声音衰减率达到0.04 ~0.5。其成分含有总质量40% ~90%的氧化铁和60% ~10%的黏接剂(聚酯树脂、聚丙烯、聚氨酯、酚醛树脂、环氧化物、丙烯腈丁二烯橡胶)并主要用于降低噪声水平[31]。

通过对科学文献的分析可以提出以下主要方法,文献内容主要包括具有完善声振特性的摩擦材料、摩擦复合材料结构和成分对摩擦副产生噪声与振动的敏感性影响。

(1)根据摩擦静 - 动力学特性的组成优化方法。该方法的本质在于保持动摩擦系数随着滑动速度增加而增大,同时,还要尽可能降低静态接触中静摩擦系数的增大。然而,在实践中静态和动摩擦系数之间的差别通常被最小化。建议采用这种方法防止低频摩擦激励所造成的自激振动和噪声(颤鸣)。

(2)提高阻尼特性方法。该方法主要基于在给定温度区间中增加动态弹性模量和机械损耗因子(机械损耗角的正切值)。这种方法在减少高频(1kHz以上)声辐射(尖叫)方面是最有效的。

上述方法都是以减少受迫振动为目的的。显然,该方向的研究是最复杂的,因为一系列摩擦材料特性需要被优化以同时减少摩擦盘的不均匀磨损及其热屈曲。对于摩擦副产生低频受迫振动的敏感度影响最大的材料特性包括可压缩性、耐久性(抗磨损能力)以及热物理特性。

在本章中主要介绍上述方法在声振特性优化方面的应用,通过实例给出无石棉摩擦复合材料在降低摩擦关节中由摩擦激励所导致的自激振动(颤鸣)以及高频噪声方面的具体研究结果。

## 7.3 基于摩擦静态动力学特性的摩擦材料成分优化

在研究结果中讨论了一种包含 12 种成分的聚合物复合材料的材料配方对其摩擦特性和在制动器中产生相关噪声的影响[10,32,33]。模型复合材料的配方(非商业)如表 7.1 所列。

表 7.1　具有聚合物基质的模型复合材料的配方

| 成分 | | 含量/% | |
|---|---|---|---|
| | | 初始成分组成 | 改进成分组成① |
| 基质及其他有机成分 | 酚醛树脂(PFR) | 10.0 | 8.0 |
| | 腰果壳粉 | 10.0 | 12.0 |
| | 橡胶碎片 | 8.0 | 8.0 |
| 增强纤维 | 芳纶纤维 | 8.0 | 3.7 |
| | 钢纤维 | 4.0 | 3.7 |
| | 矿物纤维 | 10.0 | 14.6 |
| 磨料颗粒和润滑脂 | $ZrSiO_4$(锆) | 3.0 | 1.5 |
| | $Sb_2S_3$ | 3.0 | 3.5 |
| | 石墨 | 10.0 | 11.0 |
| 其他纤维成分 | $BaSO_4$ | 25.0 | 25.0 |
| | $CaCO_3$ | 8.0 | 8.0 |
| | $Ca(OH)_2$ | 1.0 | 1.0 |
| 总含量 | | 100.0 | 100.0 |
| ① 改进组成是基于一种使用有限优化规程的测试结果 | | | |

摩擦复合材料的生产步骤分为混合初始成分、预成形、热压成形、热处理及机械处理。为了保持脆性成分的形状并避免热破坏,应将其分别在两个阶段中混合。预成形操作在 34.3MPa 的压力和 20℃ 的温度下进行;热压压力为

31.6MPa,温度为160℃,持续时间为10min;后固化(热处理)需要在210℃的对流烘箱中持续6h。在其他地方可以找到关于商用制动块制造技术的更多详细信息[34]。摩擦复合材料的摩擦学测试在模拟机动车制动系统操作台架上进行。通过计算机辅助数据存储系统记录摩擦参数(接触压力、滑动速度)和测量结果(摩擦力值、制动盘的表面温度),使用 IR 高温计(3M. Scotchtrak IR-16)测量温度。将每个样品的工作表面进行初步研磨,直到其与制动盘表面能够均匀接触。摩擦表面会经过 50 个制动循环磨合运转,每个循环持续10min。动摩擦系数在恒定滑动速度6.92m/s、接触压力0.687MPa、制动盘初始表面温度100℃的条件下进行测量。在相似的接触压力下,通过高精度扭转传感器测量静摩擦系数。基于 100 次测量数据,能够获得平均动摩擦系数值和平均静摩擦系数值。在摩擦学测试程序[10]中使用的主要参数由表 7.2 列出。

表 7.2　摩擦学实验参数

| 阶段 | 接触压力 /MPa | 滑动速度 /(m/s) | 初始表面温度 /℃ | 制动时间 /min | 制动次数 |
|---|---|---|---|---|---|
| 磨合 | 0.491 | 6.92 | 100 | 10 | 50 |
| 动摩擦系统测量 | 0.687 | 6.92 | 20 | 0.5 | 10 |
| 静摩擦系数测量 | 0.687 | | 20 | | 10 |

根据表 7.2,所研究的摩擦复合材料成分可以根据其用途细分为 4 组。其中前 3 组对摩擦特性和相应摩擦所致自激振动的影响已经在已有研究中进行了分析[10]。通常不考虑第 4 组的影响,因为这些成分对摩擦特性虽有影响但可忽略,因此仅测试了前 3 组中的 9 种组分。针对这一目标,制备了 29 种具有不同成分的基于混合约束设计的摩擦材料样本[35-37]。复合材料中各成分的体积含量在 ±50% 的范围内变化。采用单形重心设计方法选择实验点。通过构造多项式描述相应表面上所得到的结果,从而使其能够以一种统一的形式进行分析。文献[10]中已经采用了这种具有 3 个变量的二阶多项式。混合约束设计的实验点选取如图 7.5 所示。三阶单体重心设计的顶点对应于每组中各组分的总合。

## 7.3.1　纤维填料的作用

在摩擦复合材料配方中引入纤维填料的最主要目的在于提高摩擦物的机械强度。此外,摩擦时纤维填料会对复合材料的物理化学过程产生直接影响,并且能够改变其摩擦特性。尽管目前在制造摩擦材料中使用了众多的纤维填料,但是测试结果表明有 3 种性质(热传导、机械强度、热稳定性和黏合能)差异很大

177

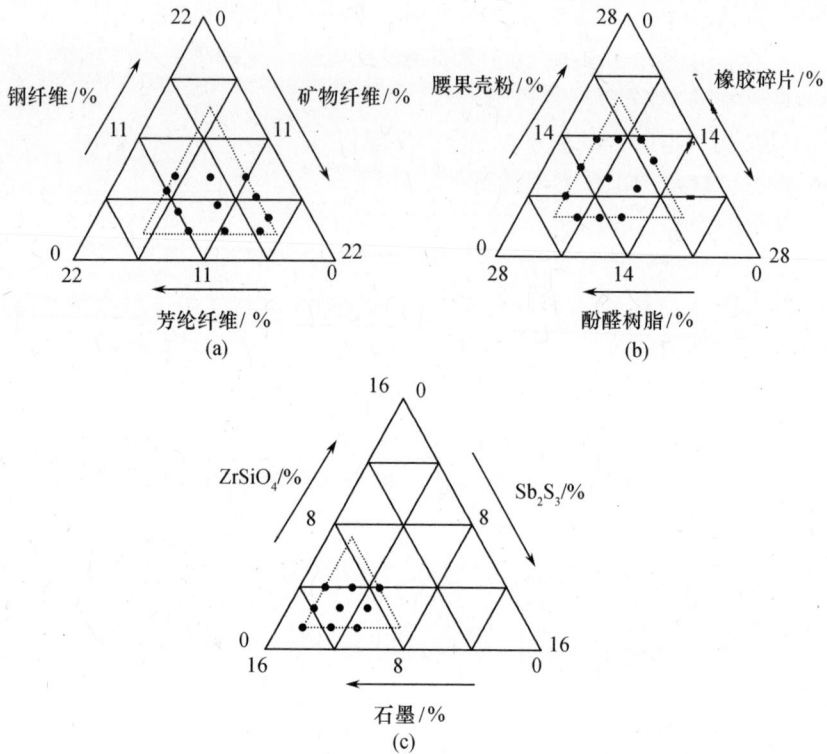

图 7.5 混合约束设计实验点

(a)增强纤维;(b)基质及其他有机成分;(c)磨料颗粒和固体润滑脂。

的纤维类型在上述方面具有典型性,分别是钢、芳纶纤维和矿物填料[10]。通过制备好的 11 个具有不同纤维填料,体积占比量与图 7.5(c)所示设计相似的样本,研究了纤维填料对静 – 动力学摩擦特性的影响。静摩擦系数 $\mu_s$ 和动摩擦系数 $\mu_k$ 的测量结果以及二者的差值 $\Delta\mu = \mu_s - \mu_k$ 如图 7.6 所示。用具有确定系数 0.97、0.87 和 0.85 的二阶多项式近似拟合实验数据,如图 7.6(a) ~ (c)所示。以等值线图(图 7.6(a)、(b))形式所得到的近似结果已经证明,当钢纤维含量增加且矿物纤维含量减少时,静摩擦和动摩擦系数同时增加。与钢纤维及矿物纤维相比,利用芳纶纤维进行填充不会产生任何明显的效果。另一方面,使用钢纤维能够提高静摩擦系数和动摩擦系数之间的差值,而矿物纤维则会使之降低,这会显著改变摩擦所致自激振动等级(图 7.6(c))。因此,通过最小化 $\Delta\mu$ 条件能够为每种成分找到最佳的体积占比。对于文献[10]中所讨论的案例,芳纶纤维、钢纤维和矿物纤维所占体积百分数为 4∶4∶15。

178

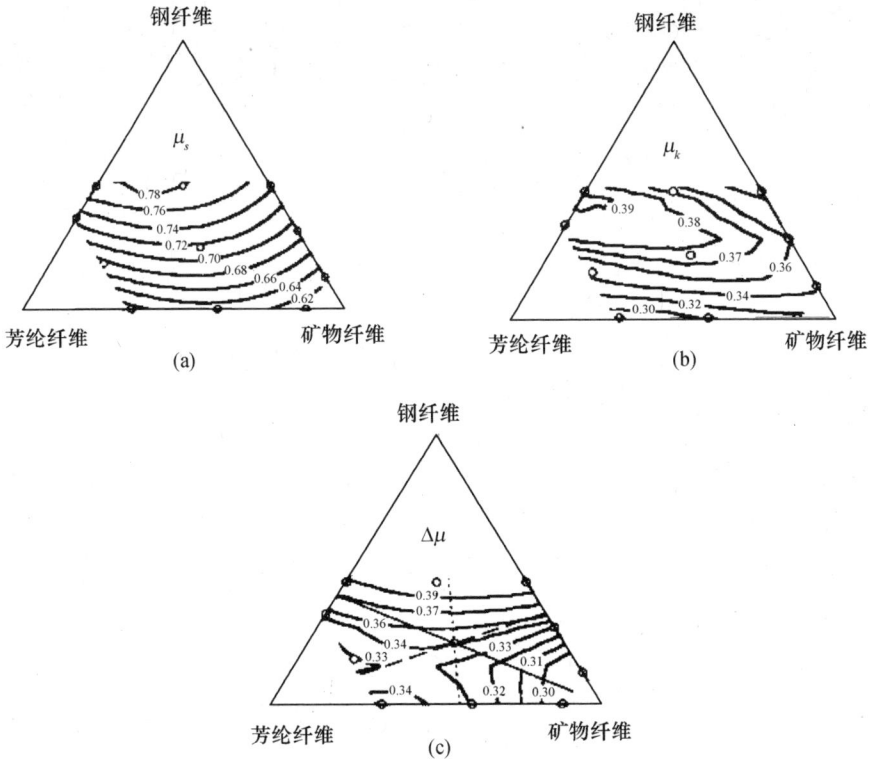

图 7.6　纤维填料对静态(a)和动态(b)摩擦系数的影响及二者之间的差异(c)

## 7.3.2　基质和有机填料的作用

由于内部的热不稳定性,使得摩擦复合材料中所用的基体聚合物和有机填料的性质很难预测。热可塑性酚醛树脂 novolak 或可溶性酚醛树脂 resol 基黏接剂最适合用于制造聚合物摩擦材料。除了上述材料之外,合成橡胶和腰果壳粉常常用于改变基质相。此外,填充腰果壳粉降低了材料在低温下的磨损率,并且增加了高温下的摩擦系数的稳定性。

实验数据的近似结果可以通过等值线图(图 7.7)表示出来,其中确定因子依次为 0.79、0.81 和 0.89,分别对应图 7.7(a)~(c)。数据表明,随着酚醛树脂含量的增加,静摩擦系数下降。如果提高腰果壳粉含量或降低酚醛树脂含量,则动摩擦系数增大。因此,增加酚醛树脂含量会带来 $\Delta\mu$ 的不良增长。另一方面,腰果壳粉含量的增加对控制摩擦所致自激振动的振幅具有积极作用,因为在这种情况下 $\Delta\mu$ 值下降(图 7.7(c))。有机填料中酚醛树脂、腰果壳粉和橡胶含量的最佳比例为 5:14:9。

179

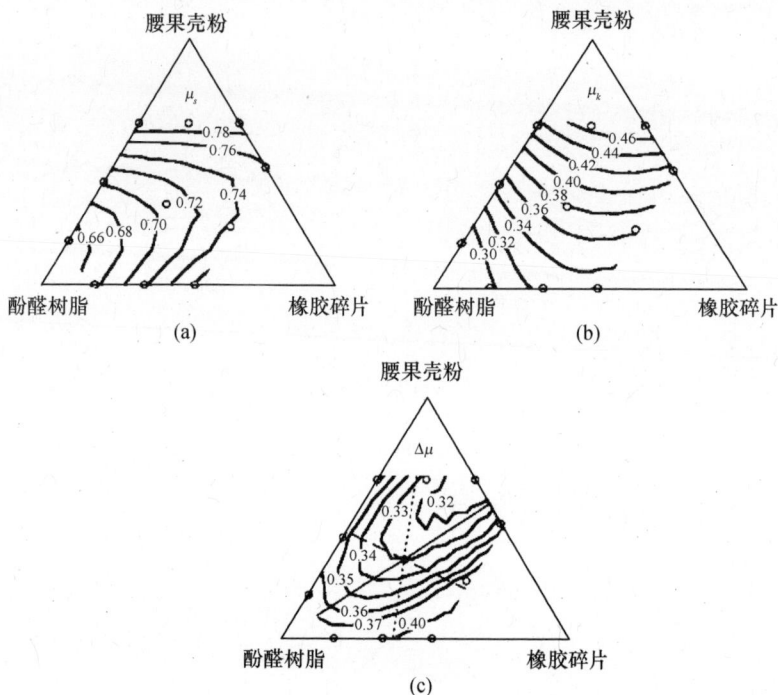

图 7.7　有机填料对静摩擦系数(a)和动摩擦系数(b)及二者之差的影响(c)

## 7.3.3　摩擦改性剂的作用

一般来说,我们可以区分两组摩擦改性剂。首先是润滑脂和磨料颗粒,其能够在所需的摩擦系数值、耐磨性及对抗体材料的排斥之间建立一种平衡。将磨料颗粒引入到摩擦复合物中可以控制摩擦系数,并除去由于热解而在摩擦表面上形成的转移膜。掺入油脂的目的主要是为了防止磨损。在摩擦材料的实际配方中,更多的是使用磨料颗粒和固体润滑剂的组合,以便在更大的温度范围内提供所需的摩擦系数值和形成润滑层。

静摩擦系数、动摩擦系数以及二者差值与不同分散填料(如 $ZrSiO_4$、$Sb_2S_3$ 和石墨)体积占比之间的依存关系如图 7.8 所示。实验数据可以通过具有确定系数 0.87、0.91 和 0.90 的二阶多项式近似拟合,分别如图 7.8(a) ~ (c)所示。

$ZrSiO_4$ 颗粒体积含量的增加或 $Sb_2S_3$ 含量的降低会使静态和动态摩擦系数都有相当大的增加。当石墨、$Sb_2S_3$ 和 $ZrSiO_4$ 的体积比为 11.0∶3.5∶1.5 时,能够使 $\Delta\mu$ 的值达到最小。

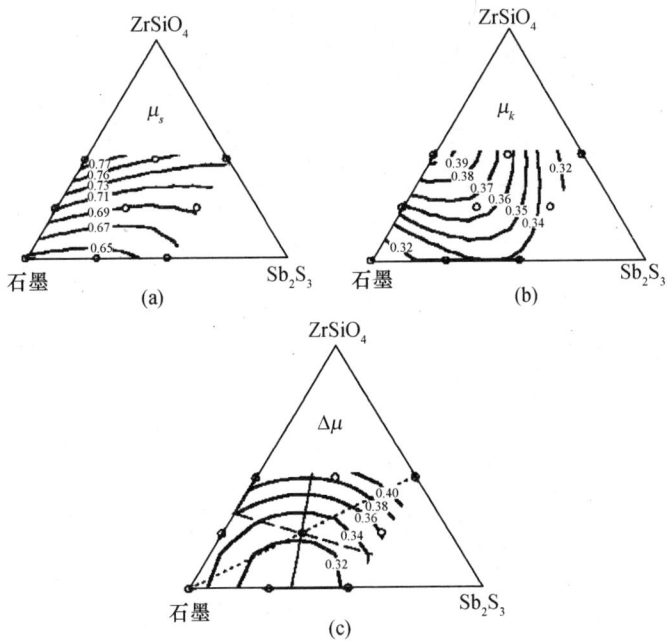

图 7.8 摩擦改性剂对静摩擦系数(a)、动摩擦系数(b)及二者之间差异的影响(c)

### 7.3.4 优化结果

摩擦复合材料配方[10]的优化目标是合理选择上述 3 组成分比例以获得最小的静摩擦系数与动摩擦系数之差。然而,应当注意的是,最小 $\Delta\mu$ 值不是摩擦材料质量评价的唯一标准,即使在关于声振特性方面也是如此。在实际产品的开发中,在一个很宽的温度范围内确保其他很多特性达到需求等级和稳定是非常重要的。这些特性包括摩擦系数值、耐磨性、剪切强度、对产生高频噪声(由阻尼性能估计)和受迫振动(可压缩性、耐久性、热物理性质等)的敏感性。

针对本节开始所讨论的情况,在变量 $\mu_k$ 可变范围 ±10% 内,以 $\Delta\mu$ 最小化作为约束条件,对所有 3 组填料的最优组成进行了估计。上述其余质量标准在研究[10]中均未予以考虑。由于不同样品的动摩擦系数值变化区间保持在 ±10% 以内,因而,纤维填料或摩擦改性剂的含量也应在以上所选范围内变化。有机填料组中的结果表明,选择具有最小 $\Delta\mu$ 的组成不能保证 $\mu_k$ 在可接受范围内变化。表 7.1 中给出了考虑相应限制条件的最优组成。初始材料与优化材料实验结果数据对比情况如图 7.9 所示。数据表明,静摩擦系数和动摩擦系数之差可以通过减小后者来达到最小化。初始材料与优化材料在 0.687MPa 压力下的摩擦动力学特性(动摩擦系数与滑动速度之间的关系)如图 7.10 所示,从图中数据可以看出,优化配方材料动摩擦系数相对滑动速度具有更小的负梯度(曲线的斜率较小),能够更加有效地消除摩擦所致的自激振动(见第4章相关内容)。在4种恒定滑动速度(平稳摩擦模式)条件下,摩擦力随时间的变化关系如图7.11所示。由于制动盘厚度的变化可以忽略不计,所以可以得出结论:摩擦力随时间变化的振荡特性能够导致制动器系统中出现摩擦所致的自激振动。

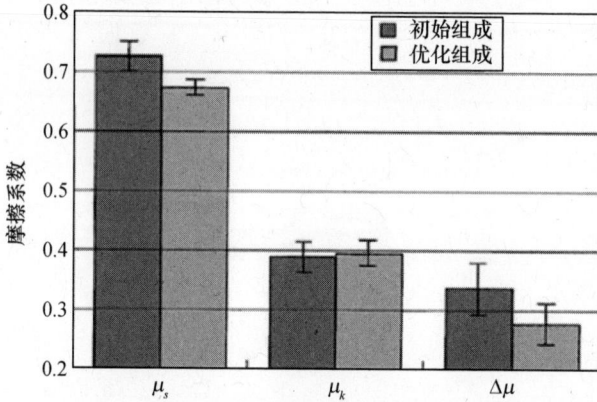

图7.9　初始组成及优化组成的静摩擦系数($\mu_s$)、
动摩擦系数($\mu_k$)及其差值($\Delta\mu = \mu_s - \mu_k$)

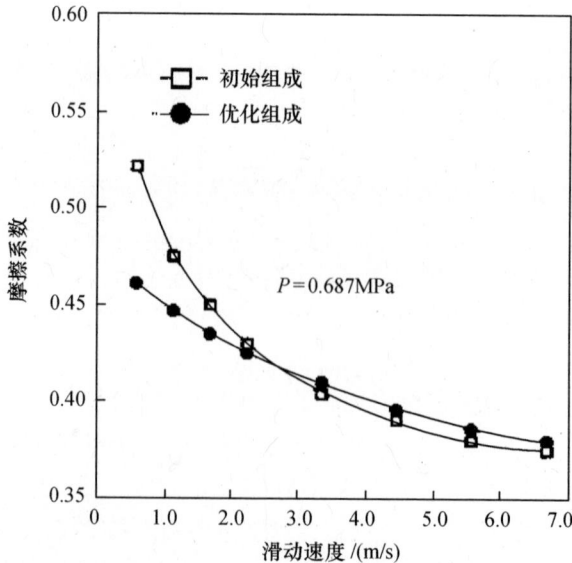

图7.10　摩擦材料初始配方与优化配方的动摩擦特性

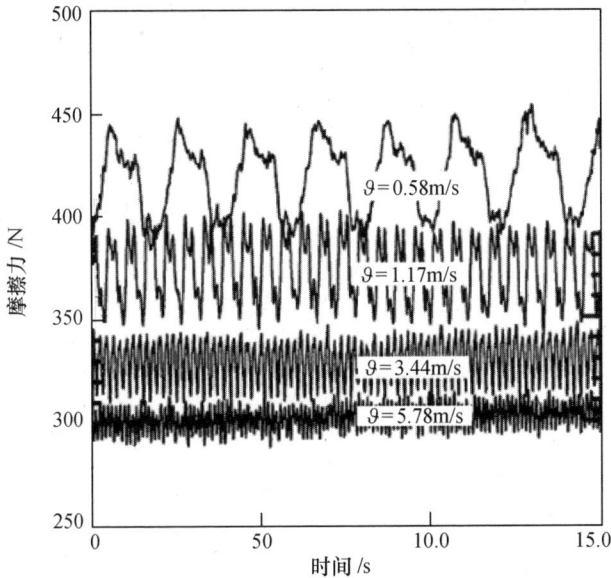

图 7.11　恒定的滑动速度下摩擦力的变化

材料初始配方及优化配方的摩擦力波动幅值随滑动速度的变化如图 7.12 所示。从图中可以看出,优化配方能够降低摩擦力的波动幅度,特别是在低滑动速度时(可以达到 20%)。这很可能会降低振动和噪声载荷,然而,这一点在文献[10]中并未得到支持,在该文献中对直接表征制动单元所产生振动和噪声水平的参数进行了定量估计。

文献[38−41]的作者在重型卡车多片油冷(湿)制动器(MDOB)振动声学实验研究中获得了类似的结果。研究证明,在新型 MDOB 设计中采用具有传统组成和结构的聚合物摩擦材料会显著增加制动力矩低频振荡幅值和制动系统振动幅值,如图 7.13 所示。

制动盘的台架实验(图 5.8)已经证明,制动力矩的稳定性与 MDOB 振动水平和摩擦盘相对滑移量有关。滑动力矩与摩擦盘接触面之间的最大加速度的法线方向一致并会导致摩擦转矩的突然减小。需要强调的是,在这种情况下,MDOB 的摩擦激发自振的水平很大程度上取决于制动盘的摩擦层材料的组成和结构。

具有增强性能的特殊材料可能有助于消除上述缺点,如具有高孔隙率聚合物基体的摩擦材料。在此方面的主要任务是在摩擦材料中建立一种高强度的耐热聚合物结构,使其能够保持液体或边界润滑状态,同时达到与润滑剂黏度无关的静摩擦和动摩擦系数之间的差值最小。文献[42]中讨论了一种最新开发的

183

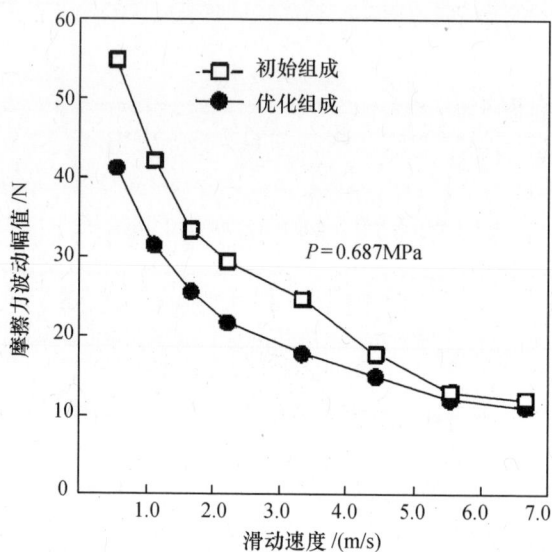

图 7.12　初始配方与优化配方摩擦材料摩擦力波动幅度与滑动速度的关系

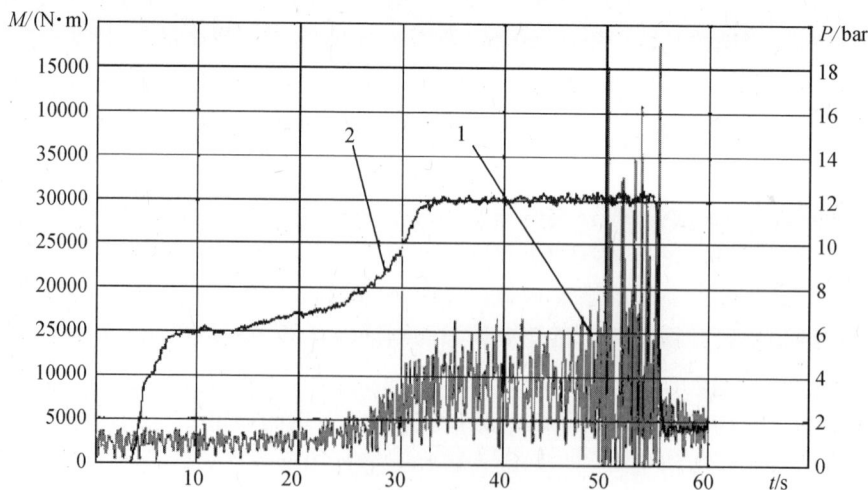

图 7.13　传统结构摩擦材料 MDOB 摩擦转矩变化(1)及
压力变化(2)测试结果(1bar = $10^5$Pa)

各向同性多孔摩擦材料,据称,该材料能够降低接触表面油膜脱落并转变成干摩擦的可能性。对于给定的使用条件和结构,优化后的摩擦材料测试结果表明,制动单元中的摩擦转矩振荡幅值显著下降(图 7.14)。

如果选择的依据是多组分系统优化的数学方法和实验设计方法,则无法解释摩擦复合材料的组分是如何影响摩擦过程的不稳定性,尤其是自激振荡特性。显然,为了理解其中的影响机理,应该借助原子显微镜(AFM)、扫描电子显微镜(SEM)等现代技术的帮助,对每种成分在摩擦过程中的行为进行详细研究。

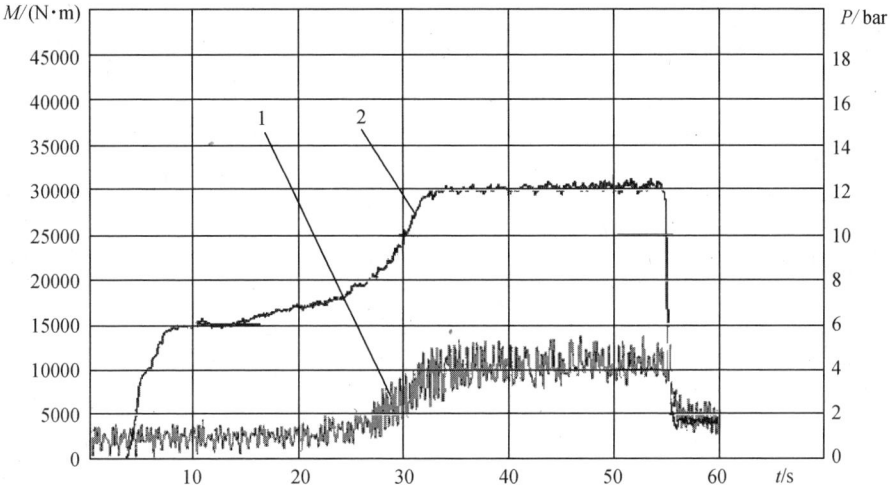

图 7.14　MDOB 中具有改进结构的 FM 测试的动摩擦转矩变化(1)与压力变化(2)

## 7.4　摩擦材料的组成和动态力学特性优化

文献[43-45]研究结果揭示了汽车制动和变速器设计中所使用的摩擦材料配方及结构对其摩擦接头的动态特性与高频声振活动的影响。研究对象是基于热固性黏接剂(含有 novolak 或 resol 型酚醛树脂液体和粉末)的高填充率摩擦复合材料。novolak 型树脂通过六亚甲基四胺(占总质量 8%)固化。散布的加强填充物质量主要包括金属氧化物、重晶石、玄武岩、玻璃、碳和木质素纤维、钢和黄铜碎屑以及铜粉。通过改进黏接剂、纤维和金属填料能够控制材料的黏弹性。使用结构改性剂,如平均含有 28% 丙烯腈链的丁二烯 - 丁腈橡胶、腰果壳液、聚乙酸乙烯酯、三酸甘油脂混合物(含有相等比例的棕榈酸 $C_3H_5(OOCC_{15}H_{31})_3$、亚油酸 $C_3H_5(OOCC_{15}H_{31})_3$ 和 $C_3H_5(OOCC_{17}H_{29})_3$)。腰果壳液(CNSL)是一种腰果酚和卡酚以 9:1 的比例混合的单、双原子烷基酚类化合物。热处理后,当酚环处于间位时,这些化合物的分子中所包含的不饱和脂肪可以由平均组成 $R^{(1-3)} = C_{15}H_{27}$ 所代替。

在 458K ± 5K 温度下,通过热压缩制备测试样品。摩擦组合物以配方、填料和黏接剂含量、成形技术参数不同进行区分。通过从样品材料中提取的可溶性

185

物质,确定基于热固性聚合物基质的摩擦材料的相对硬度。使用硬度计 TR
5006M(GOST 23677 - 79),根据 GOST(国家标准)9012 - 59 测量布氏硬度。测
得样品的硬度为 16 ~ 49HB。选择摩擦系数在 0.55 ± 0.12 内,并具有不同的动
态特性的摩擦材料样品,在全尺寸实验台上进行振动声学测试。上述提及的摩
擦系数水平符合实际摩擦接头摩擦效率的要求。采用黄铜 - 青铜基底上的烧结
金属陶瓷摩擦材料作为对照样本。

### 7.4.1　摩擦学测试

摩擦实验是在平稳摩擦模式下,在实验室摩擦计 SMT-1 和 I-32 M-1 上进行
的,其几何形状类似于转盘 - 不可动压头或在环形底座上部分插入 V 形块。测
试方案如图 7.15 所示。

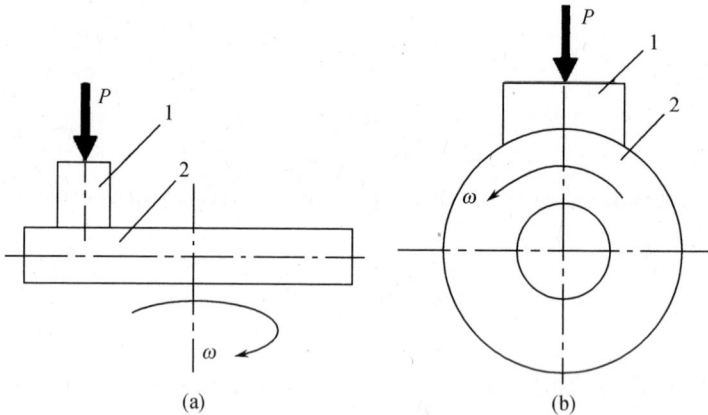

图 7.15　摩擦几何体
(a)转盘 - 固定压头;(b)V 形块 - 环形底座。
1—摩擦材料样本;2—偶件。

摩擦接头的压力在 0.5 ~ 2.5MPa 变化;线速度在 0.5 ~ 2.5m/s。对偶件材
料为 35 ~ 37HRC 硬度的碳钢 65G(GOST 14959 - 79),表面粗糙度 $Ra \leqslant$
1.25μm。实验在 295K ± 2K 温度下的空气中以干摩擦形式进行。采用全尺寸
惯性制动装置模拟制动器和变速器的实际工作状况,从而对非平稳摩擦条件下
的真实摩擦接头进行研究。

### 7.4.2　材料动态特性

材料的动力学特性,即弹性模量和机械损耗因子,能够采用动力学分析的方
法进行研究,其中包括用于定义温度依赖性的非共振法和用于确定静载荷依赖

性的共振幅值法。

非共振法涉及到样品材料在远低于共振频率下经历受迫振动时载荷信号及变形响应信号幅值和相位变化测量。该方法能够将材料的动态特性定义为一个基于时间、温度和频率的函数。

使用动态力学分析仪 DMA-8000（Perkin Elmer），在 293～673K 的温度范围内进行测量。动态力学分析仪的测量方案如图 7.16 所示。

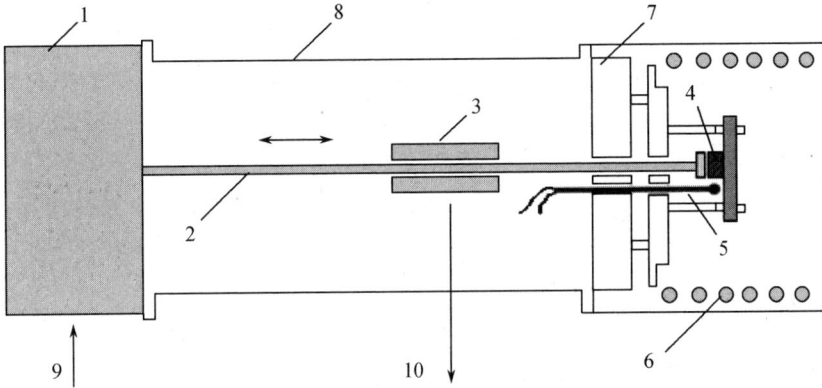

图 7.16 非共振法材料动态特性测量方案

1—振动器；2—推杆；3—位移传感器；4—样本；5—温度传感器；6—加热器；
7—隔热材料；8—壳体；9—驱动力信号；10—合成位移信号。

共振幅值法主要基于黏弹性体（Voight-Kelvin's 模型）样品纵向振动动力学模型参数测量（图 7.17(a)）。

这种方法需要确定共振频率 $f_r$，在此频率下振动幅值和谐振放大系数 $A$ 突然增加，其中 $A$ 等于谐振位移与静载位移之比。测量装置的方案如图 7.17(b)所示。测试系统包括配有加速度计 4513-001（Bruel 和 Kjaer）的电动振动台 S522、信号发生器和计算机辅助记录系统 Pulse 3560B（Bruel 和 Kjaer）。

测量方案中的材料动态弹性模量 $E_d$ 可由下式得出，即

$$E_Д = \frac{4\pi^2 f_p^2 mh}{S}$$

式中：$m$ 为负载质量，kg；$h$ 为加载后样品高度，m；$S$ 为样品面积，$m^2$。

损耗因子 $\eta$ 由以下方程求得，即

$$\eta = \frac{1}{\sqrt{A^2 - 1}}$$

在第 4 章中，文献[46]建议使用一个简化的指标作为验证参数，用以描述

187

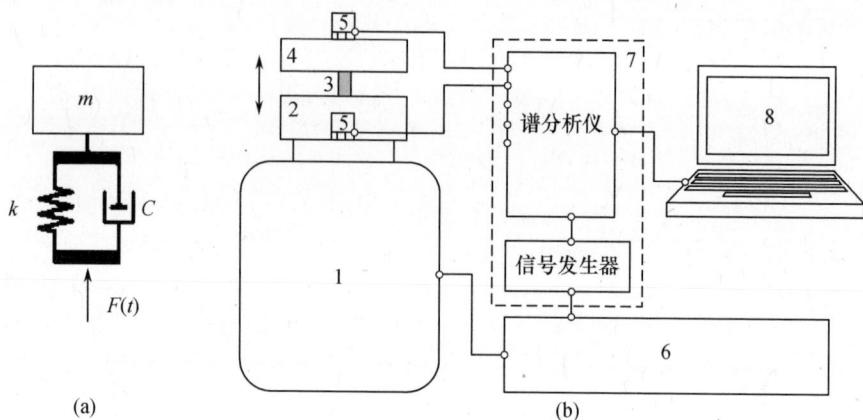

图 7.17 通过共振幅值法确定材料的动态特性(用于估计材料
黏弹性特征的基于 Voight-Kelvin 模型的单自由度振荡系统)

(a)测量装置简图；(b)测量装置组成。

1—激振器；2—振动台面；3—样本；4—负载；5—加速度计；
6—功率放大器；7—数据采集与分析系统。

第 $i$ 种改进的摩擦材料所具有的阻尼性能。其计算公式为

$$\overline{D}_i = \frac{(E_д \cdot \eta)_i}{(E_д \cdot \eta)_{max}}$$

式中：$(E_д \cdot \eta)_i$ 和 $(E_д \cdot \eta)_{max}$ 分别为第 $i$ 种材料及具有最佳阻尼性能的样品
(在已研究的样品中)在 20℃ ±2℃ 温度及 0.25MPa 静态载荷下通过共振法测
量的损耗因子和动态弹性模量的乘积。

### 7.4.3 摩擦接头噪声和振动测量程序

为了优化摩擦接头材料的声振特性,将摩擦和声振台架测试[13,14]合并成一
种方法似乎是合理的。在特殊的密闭室中进行声学测量被认为是获得可靠的噪
声实验证据的必要条件。如果进行声振测试的房间未进行有针对性的特别处
理,那么,所开展的摩擦复合材料对产生振动噪声的敏感性综合实验就会面临以
下主要问题,在整个噪声谱中很难甚至不太可能识别出由摩擦学行为和摩擦接
头材料特性所引起的特征。

通过对同时测量的噪声和振动信号进行相干分析,解决了摩擦所致噪声分
量的识别问题。激光多普勒测振仪能够在系统的任何可接近的位置(包括摩擦
接头处的高温旋转元件)进行非接触式振动测量。摩擦副所产生的声辐射等级
和强度可以利用窄向双麦克风增强探测器进行测量。直接在摩擦副中进行的非

接触式测量能够降低通过机体和连接件所传递的外部振动以及总是存在于测试实验室中的背景噪音的影响。因此,研究中可以将摩擦副内与摩擦过程无关的频谱成分排除。因此,由于采用了高效灵活的信息技术手段,从而能够获得可靠的实验数据。这些技术能够协助识别噪声和振动中与摩擦相关的成分,并在通常条件下对这些成分所产生的量级和可能性进行充分的估计,而不需使用特殊的消声室。

通过激光多普勒测振仪 VH-1000D(Ometron)和声强计 3599(Bruel 和 Kjaer)在平稳与非平稳状态下进行摩擦副的噪声及振动测量,将计算机信号处理和数值分析相结合。摩擦副噪声振动测量实验台总体方案及相应的技术设施如图 7.18 所示。

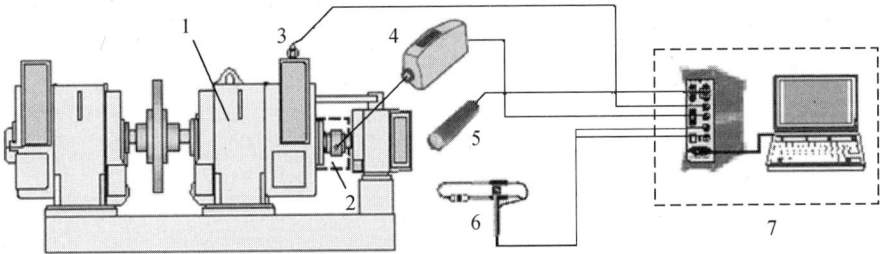

图 7.18　实验装置图

1—测试台；2—摩擦接头；3—三轴加速度计；4—激光多普勒测振仪；
5—应变计；6—密度探针；7—数据存储和处理系统。

特性评价反映了摩擦接头中使用的摩擦材料在结构改进后所具有的摩擦效率,其中会涉及到这些材料的声振性能,主要包括相对噪声频率 $W(N)$、噪声降低水平($R$)与材料阻尼性能指标之间的函数关系。相对噪声频率是测试次数的比值,其分子为采用上述方法测得满足客观识别要求的测试次数,分母为实际完成的总测试次数。对摩擦接头材料进行结构改进后的噪声降低水平可由下式确定,即

$$R_i = 20\lg(p_i/p_{\max})$$

式中:$p_i$ 为第 $i$ 种材料在测试期间平均声压;$p_{\max}$ 为产生最高噪声水平的材料在测试期间的平均声压。

## 7.4.4　结构和组成对摩擦材料动态特性的影响

通过实验,对摩擦材料的动态特性及其在聚合物基质中所具有的功能进行了研究,研究中采用了不同配方和化学结构的基体相塑化剂、不同固化程度的黏接剂以及不同几何形状和填充方向的纤维填料。

1. 基相修正

表7.3给出了不同基体类型和增塑剂等级的摩擦材料所具有的阻尼特性。

表7.3　不同聚合物基质摩擦材料的阻尼特性

| 基体 | | 描述 | $\overline{D}$ |
|---|---|---|---|
| 类型 | I | resol 型树脂 | 0.07 |
| | II | novolak 型树脂 | 0.08 |
| | III | resol 型和 novolak 型树脂的混合物 | 0.09 |
| | IV | 橡胶－聚合物基体① | 1 |
| | V | 金属陶瓷摩擦材料基体 | 0.17 |
| 增塑剂 | VI | 橡胶（质量占比5%）② | 0.31 |
| | VII | 橡胶（质量占比15%） | 0.35 |
| | VIII | 甘油三酯和脂肪酸混合物 | 0.23 |
| | IX | 聚乙酸乙烯酯 | 0.26 |
| | X | 腰果壳液 | 0.32 |

① 选择作为最大阻尼特性材料计算 $\overline{D}_i$；
② 研究中噪声水平最高的摩擦接头实验材料，用其平均值作为 $p_{max}$ 计算 $R_i$

图 7.19(a)~(d)说明了某些摩擦复合材料模型的动态特性与通过非共振方法获得的温度(图 7.19(a)、(b))，以及采用谐振幅度法获取的静态压缩载荷(图 7.19(c)、(d))之间的依存关系。

具有非改进基质(基质 I、II 和 III)的摩擦材料阻尼性能最差。这些样品的阻尼性能在数值上甚至略低于金属陶瓷摩擦材料。然而，在所有研究的材料当中，基于聚合物的摩擦材料阻尼性能会随着的温度增长而获得本质上的提高，并且可以根据组成和结构在很宽的范围内变化(图 7.19(a)~(d))。当使用橡胶聚合物基质时，动态特性表现出最为显著的提高。通过结构改性剂(基质 VI ~ X)对初始摩擦材料(基质 I)进行改进，同样具有明显的效果。

2. 固化程度的影响

图 7.20 说明了不同固化程度的基于聚合物基质摩擦材料特性与温度的相关性(c)。固化程度在基于橡胶－聚合物基质的材料中表现最为明显。不同类型聚合物基体的实验结果表明，固化程度的增加通常导致 $\overline{D}$ 值的升高，这主要是由于 $E_д$ 的增长。耗散分量值 $\eta$ 实际上与固化程度无关(图 7.20)，而是由摩擦材料结构和配方直接决定，其中基质类型的影响占首要地位。

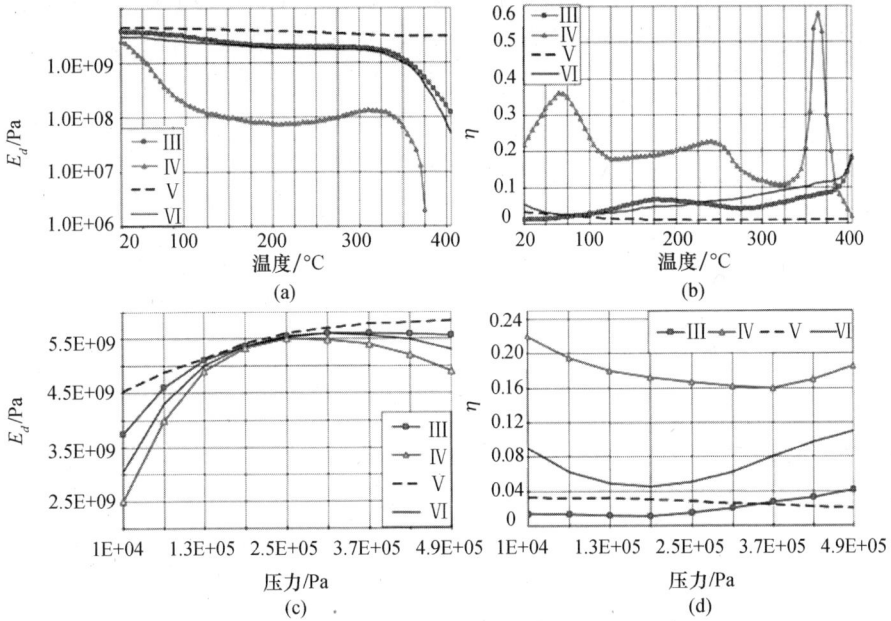

图 7.19　具有不同基相类型的摩擦材料动态弹性模量((a)、(c))、
损耗因子((b)、(d))与温度((a)、(b))、载荷((c)、(d))之间的关系

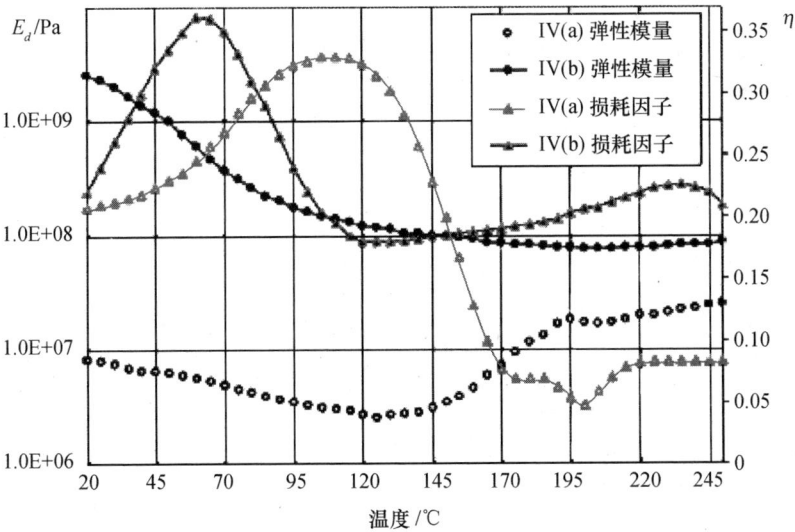

图 7.20　具有不同固化度 0.50(a)、0.85(b) 的橡胶－聚合物基质基摩擦
材料(基质Ⅳ)动态弹性模量和损耗因子与温度的关系

### 3. 纤维填料几何形状和取向的影响

表7.4 给出了不同几何形状纤维填料增强的基体 I、IV 型摩擦材料阻尼性能实验结果,其填充方向分别为相对于样品所受动态载荷的两个方向(平行和垂直),如图7.21 所示。

表7.4 具有不同纤维填料及填充方向摩擦材料的阻尼性能

| 填料 | 几何尺寸 | | 基体 | 方向 | $\overline{D}$ |
|---|---|---|---|---|---|
| | 直径/μm | 长度/mm | | | |
| 玄武岩 | 0.6～3.0 | 1.0～1.5 | I | = | 0.03 |
| | | | | ⊥ | 0.03 |
| | | | IV | = | 0.91 |
| | | | | ⊥ | 0.90 |
| 玻璃粗纱(每根粗纱由6根玻璃丝组成) | 13 | 5～7 | I | = | 0.11 |
| | | | | ⊥ | 0.07 |
| | | | IV | = | 1.00 |
| | | | | ⊥ | 0.90 |
| 玻璃纤维 | 6～10 | 15～20 | I | = | 0.14 |
| | | | | ⊥ | 0.05 |
| | | | IV | = | 0.99 |
| | | | | ⊥ | 0.89 |
| 木质纤维 | 800～2000 | 2.0～5.0 | I | = | 0.15 |
| | | | | ⊥ | 0.14 |
| | | | IV | = | 0.96 |
| | | | | ⊥ | 0.95 |

注:符号"="和"⊥"表示相应的摩擦材料样品中相对于增强纤维的动态载荷的纵向和横向方向

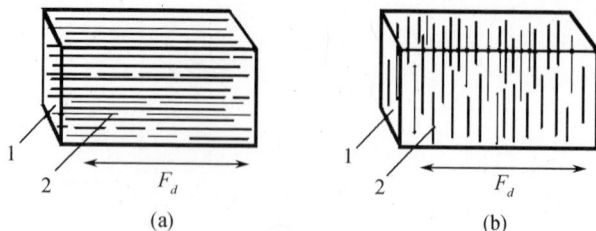

图7.21 摩擦材料样品中纤维填料相对所受动态载荷 $F_d$ 的取向

(a)平行;(b)垂直。

1—基质;2—纤维填料。

基于共振幅值法的动态测试证明,填充纤维并调整其方向能够在多种情况下提高材料的阻尼性能,这主要是缘于 $E_Д$ 的增长。除木质纤维素颗粒外,其他所提到的因素对损耗因子没有显著的影响。表 7.4 中的结果证明,在下列情况下 $\overline{D}$ 增加。

(1)采用长纤维对基质进行增强。

(2)采用具有纤维–多孔结构的填料,如木质纤维素颗粒。

(3)摩擦材料获得了某种特殊的结构各向异性(增强纤维沿着动力作用方向)。

上述规律在所研究的各种基质类型中均能得以保留。

图 7.22 说明了阻尼性能的绝对值与温度(图 7.22(a))以及静态压缩载荷(图 7.22(b))之间的关系,这些规律基于金属基摩擦材料的动态力学特性的测量结果(曲线 2)和腰果酚基摩擦材料的测量结果(曲线 1、3 和 4)。腰果酚基摩擦材料的阻尼性能受温度影响非常大,并且由于组成和结构不同,其阻尼性能在很宽的范围内变化。金属基摩擦材料参数在温度变化时显示出更强的稳定性;与聚合物摩擦材料相比,其损耗因子随温度升高而下降的幅度更小。

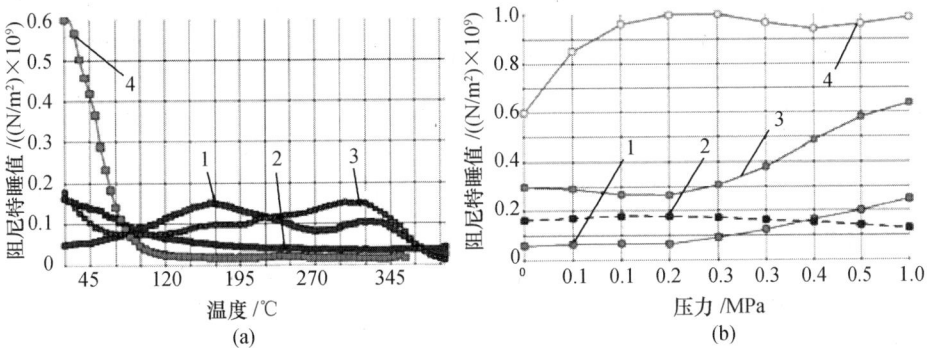

图 7.22　摩擦材料的阻尼性能值随着温度(a)和静态力缩载荷(b)变化

1,3,4—PCFM;2—青铜基底金属陶瓷摩擦复合材料。

## 7.4.5　摩擦材料的摩擦学和振动声学测试结果

1. 实验室摩擦仪测试

选择一系列具有良好摩擦、磨损特性以及所需摩擦效率的材料,利用实验室摩擦计进行振动声学和摩擦学测试。使用全尺寸制动测力计模拟机器中摩擦系统的真实运行模式。表 7.5 列出了在阻尼性能上有显著差异的一些摩擦材料的特征,这些特征与之前讨论过的振动声学参数之间没有明显的差异。

表 7.5　摩擦材料特性

| $i$ | 摩擦材料 | 摩擦系数 | 布氏硬度 /MPa | $I_h \times 10^{-8}$ ($P = 1.0\mathrm{MPa}, V = 1\mathrm{m/s}$) | $D \times 10^8$ /($\mathrm{H/m^2}$) | $L_p$/dB |
|---|---|---|---|---|---|---|
| 1 | 未利用聚合物进行改进(初始组成) | 0.44~0.49 | 46~49 | 2.62 | 0.84 | 82 |
| 2 | 金属基体 | 0.30~0.35 | 36~41 | 2.0 | 1.57 | — |
| 3 | 聚合物增塑基体(改进组成) | 0.60~0.67 | 29~31 | 3.0 | 2.81 | 45 |
| 4 | 橡胶－聚合物基体(改进组成) | 0.49~0.54 | 16~19 | 2.9 | 9.19 | 33 |

利用实验室摩擦仪测得的摩擦副材料动力学特性如图 7.23 所示。所测试的两种聚合物基质摩擦材料在阻尼性能方面具有本质的差异,所在摩擦接头处产生的典型噪声谱如图 7.24 所示。用于摩擦副振动声学估计的摩擦分量谱($f_1 = 13.5\mathrm{kHz}, f_2 = 13.9\mathrm{kHz}$)由图中箭头指出。

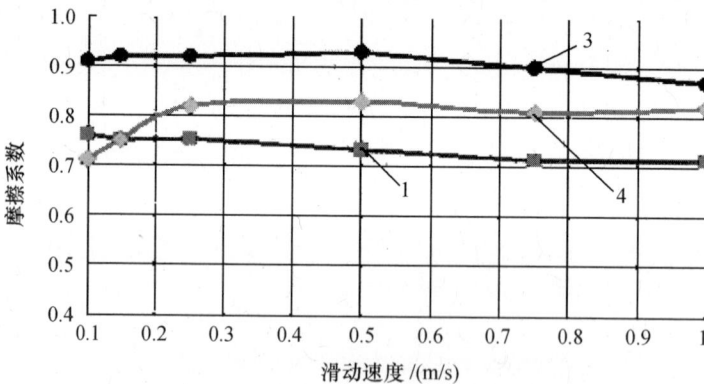

图 7.23　聚合物基质摩擦材料的摩擦系数与滑动速度之间的关系

根据表 7.5 对样品材料 1、3 和 4 的成分优化结果进行分析。在所有研究的载荷和速度范围内,具有最高动摩擦系数的材料(图 7.23 中曲线 3)与具有较小动力学摩擦系数的材料(图 7.23 中曲线 1)相比,显示出较低的噪声水平(表7.5)。这可以归因于,首先材料阻尼性能具有相当大的差异(材料 3 是材料 1 的 3 倍),其次是因为动力学摩擦特性的梯度变化很小(图 7.23)。在低速范围(最高到 0.25m/s)内,仅材料 4(图 7.23 中曲线 4)的动态摩擦特性有显著增长。这与更高的阻尼性能一起确保了摩擦引起的噪声成分具有超过 30dB 的降幅。需要强调的是,这样的显著效果仅出现在摩擦表面温度稳定的情况下,同时,摩擦材料还应具有最大(或接近最大)的阻尼性能(图7.22(a))且摩擦系数梯度应为正值(图7.23)。在上述情况下($P=0.25\text{MPa}$,$\vartheta=0.15\text{m/s}$),摩擦表面温度在55~87℃范围内,这对应于材料阻尼性能提高的区域(与初始材料对比)且具有正摩擦系数梯度的改进配方材料3和材料4。

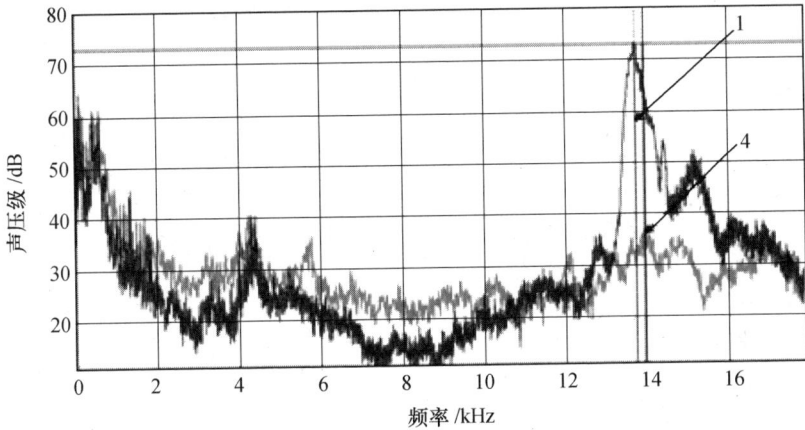

图7.24  由具有不同阻尼性能($P=0.25\text{MPa}$,$\vartheta=0.15\text{m/s}$,$T_1=87℃$,$T_2=55℃$,$\mu_1=\mu_2=0.75$)的FM制成的摩擦计摩擦副在摩擦中产生的噪声谱

2. 测功机试验

采用全尺寸拖曳式测功机模拟车轮牵引力传动的实际工作模式,从而对离合器的摩擦效果、接合平顺度以及声振特性进行测定。测功机的一般视图如图7.25所示[46]。

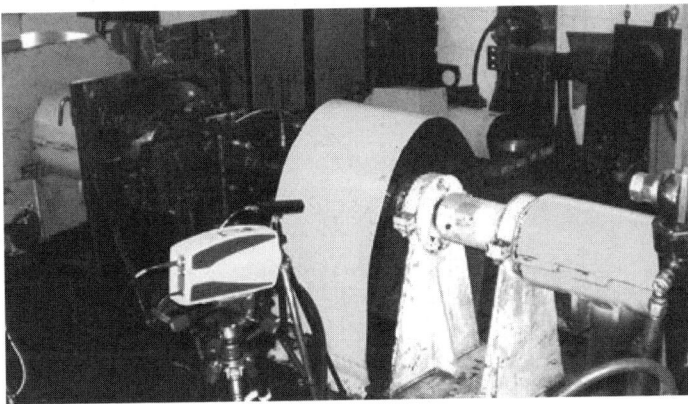

图7.25  用于测试离合器摩擦盘的全尺寸拖曳式测功机总体图[46]

图7.26给出了实验室摩擦台架测试中所得到的噪声源频率和声级的实验

数据,其中摩擦片内衬材料具有相近的摩擦系数和硬度但阻尼性能值不同(表7.5)。在不同的摩擦副中使用类似的摩擦材料,所产生的振动和噪声的频率特性显示出相当大的差异,其结构动力学特性能够证明这一现象。应该注意的是,利用实验室摩擦计对摩擦接头材料的相对声振频率、等级对阻尼性能影响进行研究,所得规律与台架实验中所观察到结果吻合较好(图7.26)。从上述证据出发,可以得出结论:摩擦引起的声振谱成分构成从本质上由摩擦材料结构和性质所决定。

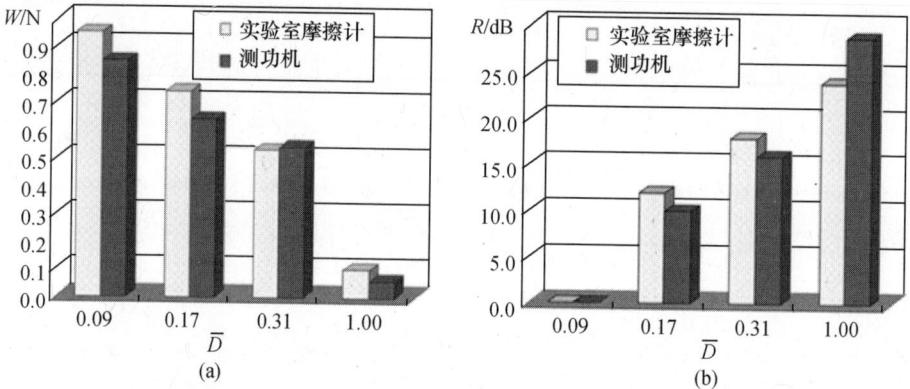

图 7.26 不同摩擦接头设计方案材料测试中,摩擦材料动态特性(损耗因子)
对相对频率(a)以及平稳摩擦自激振动噪声等级降低量(b)的影响
1—实验室摩擦计;2—测功机。

基于具有不同阻尼性能值的摩擦材料测试结果(材料 2 和材料 4 与表 7.5一致),图 7.27 给出了摩擦接头在非平稳滑动时所呈现的典型声压谱随时间变化关系。

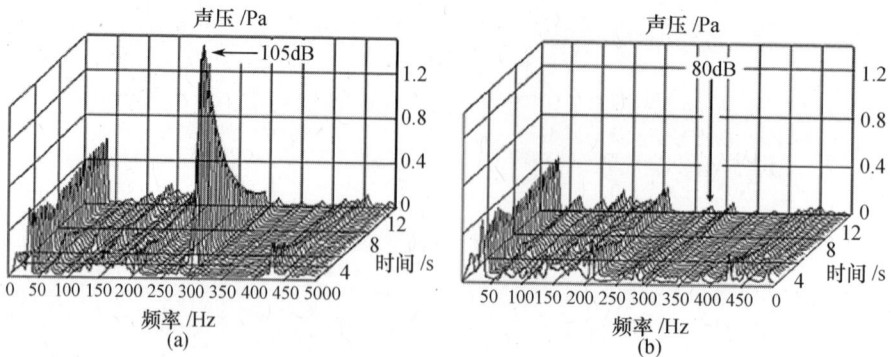

图 7.27 具有不同阻尼性能的金属陶瓷(a)和橡胶 - 聚合物改性基体(b)
摩擦材料测试期间在测功机中产生的噪声 3D FFT 谱

196

从图 7.27 中数据可以看出，当采用低阻尼性能的金属陶瓷摩擦材料作为摩擦盘内衬时，摩擦过程在 292Hz 频率处呈现显著并伴随着强烈噪声（可达 105dB）。以摩擦材料所产生的平均噪声水平作为 $p_{max}$ 计算 $R_i$。

从图 7.26 中可以看出，在摩擦接头中使用的具有增强阻尼性能的 FM 显著降低了噪声产生的相对频率和级别。在具有最佳动态特性（来自开发的模型 FM 样本）的 FM 填充尺度测试中，摩擦接头振动诱导的声压级别不超过 80dB（图 7.27（b））。使用给定材料达到的阻尼性能值作为最大值计算衰减 $\overline{D_i}$。

因此，可以明确的是，已知摩擦复合材料基质的组成、结构和类型能够预先确定其动态特性以及与摩擦接头产生振动噪声的内在联系。由此可以提出一种根据摩擦接头所用材料的动态特性确定摩擦接头噪声振动水平及发生概率的标准流程。

我们认为，阻尼性能在摩擦副的高频声振活动中扮演了关键角色。然而，与静 – 动力学特性一样，由于需要保留材料的所有其他使用特性，很难直接对阻尼性能进行优化并使之在最宽的温度区间内保持增长。

# 7.5    制动器受迫振动消除方法

解决热振动的现代方法就是要消除不均匀发热现象，其中既要避免热点的增加，又要使摩擦面上的热量分布更加均匀的。在减少振动方面，某些方法能够发挥重要作用：增加盘片热传导性和降低摩擦副材料的热膨胀值；优化摩擦材料的可压缩性；最小化衬板接触面积（沿弧形方向）；安装时，避免摩擦盘锥形弯曲；细化盘片设计以防止圆锥化；最小化不平度以和接触碰撞[47]。

事实上，所有汽车制造商针对冷抖动所使用的传统的方法是减少盘片损耗，然而，在实际当中并不能完全避免这一现象。例如，在制造或组装时，偏离公差尺寸范围就可能会导致不均匀的热负荷和磨损。为了减少盘面厚度变化，配件制造商也许会降低滑动摩擦或改变活塞密封件反冲特性。然而，这可能会使汽车的使用寿命发生变化。由于不可能完全消除跳动误差，因此，摩擦材料在引起盘面厚度变化中的作用应该降到最低。材料科学方法在解决这个问题中的高效性得到了一个重要因素的支持，在从摩擦复合材料配方中排除石棉纤维之前，受迫冷抖动的问题似乎并不紧迫。

从另一方面来说，摩擦材料的特性应当既能限制摩擦盘的不均匀磨损，又能降低相应的盘面厚度变化[48]。对于摩擦材料制造商来说，在材料的各种性能之间求得平衡是至关重要的，例如，在防腐蚀性和盘片厚度不均匀性之间达成妥协，从而能够保证所有其他重要的功能，如去除金属腐蚀物的能力保持不变。

### 7.5.1 最小化热变形

在实践中会采用各种方法最大限度地减小热变形量,特别是对于金属制动盘而言。制动盘几何形状的热稳定性取决于材料质量、机械加工前的热预处理以及合理的设计。众多研究[49-52]在防止圆锥化方面对不同的制动盘设计进行了讨论(见第 5 章)。通过使用高碳材料或者在机械加工过程中消除热应变,可以改善制动盘的热变形。在研究[53,54]中讨论了影响制动盘形状变化的技术因素。在这些因素中,可能在事后导致盘片几何形状变化的是:熔化物的过滤和冷却、气隙的位置、铸造原料的状态(条件和储存时间)、盘片热处理参数、退火前后的研磨以及在保温炉中的位置。

制动盘的关键热物理特性列举如下[50,55]。

(1) 比热。比热即累积热能的能力。在制动初始阶段会积累相当多的热量[50],因此,比热是影响短时制动的主要因素。

(2) 散热。散热在长时间制动(2~3min)时成为一个重要因素。这主要对应于连续的下坡慢行模式。热传递的过程也会影响停止点之间的热可恢复性[56]。在几乎所有制动条件下,对流热交换的份额占整个热能的90%[50],因此热辐射可以忽视。对流传热系数与车速的0.8次方成正比[50]。

(3) 导热系数。导热系数是热能重新分配的能力。长时间低强度制动过程中的最大温度值主要取决于材料的导热系数。在短时制动过程中,热导率的影响最小[57]。

(4) 热膨胀系数。热膨胀系数与热应变引起的局部摩擦接触过程相关。它定义了制动盘对形成热点和盘面厚度变化的倾向性。温度梯度可能是由于短时盘面厚度变化或材料不均匀的热膨胀而形成的结果。

与基于灰口铸铁(约450℃)的制动盘相比,铝基体轻质制动盘,特别是经碳化硅增强的轻质制动盘,对温度更加敏感[57]。由于上述材料的比热容不足,所以只能用于总质量达1000kg的汽车。铝基复合材料或具有复合涂层的纯铝的使用,加剧了由于高热膨胀系数和低热容量引起的受迫振动问题[51]。在这种情况下,高热导率对于产生热点和盘面厚度变化的影响可以忽略。

然而,确实存在能够减少制动器中受迫振动的材料,特别是陶瓷材料。例如,刚刚被用于跑车和铁路车辆生产的短纤维增强碳化硅材料(C/SiC)[58]。采用这种材料时,受迫振动的降低主要是由于低热膨胀系数和低磨损。另一方面,低弹性模量使接触压力分布更为均匀,从而阻碍热致盘面厚度变化和热点的形成。陶瓷材料的高耐磨性使其能够用于重型机械的重载制动器当中,此时,传统的铸铁盘通常由于容易热裂化而不能被采用。然而,这些新型材料是相当昂贵的,这限制了它们在汽车这一主要领域的应用。

### 7.5.2 摩擦材料性能优化

为了开发满足特定要求的摩擦材料,设计人员需要考虑20多个参数。它们包括密度、热稳定性、强度(拉伸、压缩、弯曲和剪切)、可制造性、生态安全性、产生吱嘎声和尖啸声的倾向等[59]。在受迫振动方面,可压缩性、偶件材料侵蚀性等比其他参数更为重要。摩擦系数、热膨胀系数、导热性、耐腐蚀性和孔隙率也会或多或少地影响受迫振动。

一般来说,可以将两种方法单独提出来用于优化摩擦材料的组成,这被认为是减轻受迫振动的有效手段。

第一种方法的本质在于制造摩擦材料时减少对制动盘的侵蚀,这可能会减少其厚度不均匀性发展的倾向。这种所谓的被动方式在日本的摩擦材料制造商中应用最为普及。然而,实际上,摩擦盘所固有的初始厚度多样性,在整个使用寿命过程中都在不可避免地阻碍其获得足够高的动摩擦系数,这也是上述方法的主要严重缺陷。该方法的其他缺点是摩擦表面侵蚀物碎屑不能充分去除,造成几何缺陷(平滑化)修复不完全,进而导致不均匀的磨损并产生摩擦所致的自激振动。

与上述相反的另一种方法在于开发具有改进耐磨性能的摩擦材料,其目的在于消除正常制动条件下产生的盘面厚度变化。例如,制动蹄在下列情况下的周期性颤动:不完全的活塞反冲、不均匀的腐蚀、转移膜及其他影响因素。这种所谓的先进方法在欧洲被广泛应用,主要是由德国的摩擦材料制造商所采用。这种方法最明显的缺陷在于显著降低了制动盘的使用寿命。

在符合上述组成成分的摩擦材料台架实验中,每个制动盘的质量损失与温度之间的关系如图 7.28 所示。

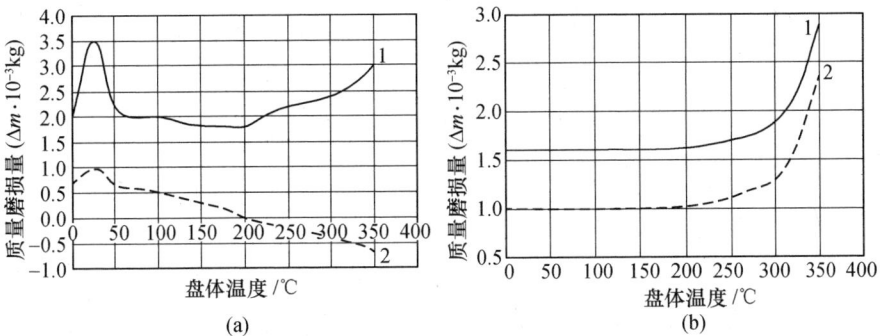

图 7.28　具有"主动"(1)和"被动"(2)组成成分的摩擦材料制动盘(a)和
摩擦衬块(b)的质量磨损与温度之间的关系[67]

涉及到受迫振动的摩擦材料的另一个重要特性是可压缩性或其倒数,称为压缩刚度[60]。根据摩擦材料配方的 2 ~ 3 个因子确定盘面厚度变化的程度[61,62]。在这种情况下,可压缩性应尽可能高,以使接触压力分布尽可能均匀[50,63]。这有助于避免热弹性不稳定以及形成热带和热致盘面厚度变化,但是同时也提高了啸叫声的发生概率。

现代摩擦材料的制动扭矩变化(Brake Torque Variation,BTV)、制动压力变化(Brake Pressure Variation,BPV)与可压缩系数之间呈非线性关系[60]。这在一定程度上是由于随着压缩载荷的增加,材料的刚性逐渐增加[64]。因此,当盘面厚度变化水平相近时,这类材料在紧急制动时的制动压力变化水平更高于平缓减速时。

另一方面,为了确保足够的活塞反冲和更完美的踏板感知,摩擦材料的可压缩性应当尽量小且随着压缩载荷的增加而减小。实际上,合理的可压缩范围相当狭窄,偏离上下任何一个容许值都可能导致报废[65]。传统的复合摩擦材料[66]显示出高灵敏度(压缩时的刚度变化),增加了盘面厚度变化水平[5]。由于存在初始盘面厚度变化(热致盘面厚度变化或由长时间不均匀磨损引起的厚度变化等),具有线性压缩特性的材料与传统材料相比,并不需要更高的安全系数。换句话说,制动盘中具有线性特征的衬块允许厚度误差能够达到 $10\,\mu\mathrm{m}$ 以上。另一种确保完美踏板感知的方法是使用一个与电力控制相适应的新系统。

通过观察其中的物理化学现象,最新的科学证据揭示了摩擦材料与金属偶件之间相互作用过程及其对磨损特性的影响,由此可以对摩擦材料配方提出新的折中策略。这样就可能会消除上述两种方法的缺点。在制动器分离过程中出现周期性接触时,摩擦复合材料会影响制动盘的不均匀磨损及盘面厚度变化,这是当前需要研究的一个现实性问题[67,68]。

现在已经可以确定,在制动盘表面上形成的转移膜含有较高的硫酸钡和碳。它们显示出比含有铜、油脂衍生物及金属硫化物的膜更高的耐磨性[69-72]。毫无疑问,这是摩擦复合材料转移膜中所提到的物质来源。这再次证明,制动器中的受迫振动是现代摩擦材料科学所迫切需要解决的问题。

将复合材料及其主要成分暴露于高能物理效应中,能够控制聚合物复合材料结构和特性,是提高其性能的一种很有希望的方法[73-75]。从该领域中大量的研究论文可以看出,通过将材料暴露于脉冲磁场中,可以使有色金属[76,77]和非金属材料[78]发生结构转变。需要特别指出的是,从已经公开的成果看,经过上述处理的铜及其合金具有了更高的结构分散性和可塑性,以及一些其他效果。在这一方面可以预期,通过暴露于磁场当中,对于完善聚合材料的一系列性能也可能是有效的。

文献[79]中考虑了磁脉冲处理对聚合材料性能影响的可能机理。这项研究以粘胶、聚丙烯腈、聚酰胺、棉纤维素和天然羊毛这样的纤维聚合物材料为例，揭示了最大强度为440A/m的脉冲磁场如何影响这些材料的机械性能。

然而，我们还没有完全了解这类研究中磁效应的机制。由于复现性问题，其本身也是存在质疑的。在这方面，目前最重要的是获取额外的可信依据证明高能物理方法对聚合物复合材料物理化学性质的影响。

# 参 考 文 献

1. I.V. Kragelskii, V. Gitis, *Friction-Induced Self-Oscillations* (Nauka, Moscow, 1987), p. 184
2. V.P.Sergienko, S.N. Bukharov, A.V. Kupreev, Noise and vibration in brake systems of vehicles. Part 1: experimental procedures (review). J. Frction Wear **29**(3), 234–241 (2008)
3. W. Liu, J. Pfeifer, *Introductions to Brake Noise & Vibration, Honeywell Friction Materials* [Electronic resource]. http://www.sae.org/events/bce/honeywell-liu.pdt
4. H. Ouyang, J.E. Mottershead, Friction-induced parametric resonances in disc: effect of a negative friction-velocity relationship. J. Sound Vib. **209**(2), 251–264 (1998)
5. H. Jacobbson, Aspects of disc brake judder. Proc. Int. Mech. Eng. Part D: J. Automobile Eng. **217**, 419–430 (2003)
6. A.K. Pogosyan, V.K. Makaryan, G.S. Gagyan, Design of vibration stability of friction pairs in the disc-block brake systems of machines. J. Friction Wear **12**(2), 225–231 (1991)
7. A.K. Pogosyan, V.K. Makaryan, A.R. Yagubyan, Sound as an ecological characteristic of new frictional materials. J. Friction Wear **14**(3), 539–543 (1993)
8. M.R. North, Disc brake squeal. Proceedings Conferences on Brake of Road Vehicles, Institution of Mechanical Engineers, C38/76, pp. 169–176 (1976)
9. M. Nishiwaki et al., A Study on Friction Materials for Brake Squeal Reduction by Nanotechnology. *SAE paper* 2008-01-2581 (2008)
10. H. Jang, Compositional effects of the brake friction material on creep groan phenomena. Wear **251**, 1477–1483 (2001)
11. Y. Han, X. Tian, Y. Yin, Effects of ceramic fiber on the friction performance of automotive brake lining materials. Tribol. Trans. **51** (2008)
12. Y. Handa, T. Kato, Effects of Cu powder, $BaSO_4$ and cashew dust on the wear and friction characteristics of automotive brake pads. Tribol. Trans. **39**, 346–353
13. H. Abendroth, Worldwide brake—friction material testing standards, challenges, trends. *Proceedings of 7th International Symposium Yarofri, Friction Products and Materials*, Yaroslavl, 9–11 Sept 2008 pp. 140–150
14. H. Abendroth, B. Wernitz, The integrated test concept: Dyno-vehicle, performance-noise, B. *SAE Paper*, 2000-01-2774 (2000)
15. Bo N.J. Persson, *Sliding Friction: Physical Principals and Applications* (Springer, Berlin, 1998), p. 365
16. Yu.M. Pleskachevskii, V.P. Sergienko, Friction materials with polymeric matrix: promises in research, state of the art and market. Sci. Innov. 5(27), 47–53 (2005)
17. A. Ilintskii, Asbestos. Ind. Saf. Soc. Insur. (7), 20–22 (1997)
18. A.I. Sviridenok, S.A. Chizhik, M.I. Petrokovets, *Mechanics of the Discrete Friction Contact* (Science and Technique, Minsk, 1990), p. 272
19. A.A. Dmitrovich, G.S. Syroezhkin, Sintered frictional materials, in *Powder Metallurgy and Protective Coatings in Engineering and Instrument-Making*. (Minsk, 2003) pp. 22–29
20. *Brake Noise, Vibration, and Hardness: Technology Driving Customer Satisfaction* [Electronic resource]. http://www.akebonobrakes.com

21. V. Vadari, M. Jackson, An Experimental Investigation of Disk Brake Creep-Groan in Vehicles and Brake Dynamometer Correlation. *SAE Paper*, 1999-01-3408 (1999)
22. Patent No 61-258886, Japan, 1985
23. Patent No 4702762/05, USSR, 1989
24. Patent No 2173691, Russia, 2001
25. Patent No 1460977, USSR, 1985
26. Patent No 4678818, USA, 1985
27. Patent No 94036316, Russia, 1997
28. Patent No 96113355, Russia, 1997
29. Patent No 62-149786, Japan, 1985
30. Patent No 60-203678, Japan, 1984
31. Patent No 4690960, USA, 1985
32. H. Jang, Effects of ingredients on tribological characteristics of a brake lining. An experimental case study. Wear **258**, 1682–1687 (2005)
33. S. Ganguly, K. Pastor, G. Folta, R. Lanka et al., Reduction of Groan and Grind Noise in Brake Systems. *SAE Paper*, 2011-01-2364 (2011)
34. M.G. Jacko, S.K. Rhee, *Brake Linings and Clutch Facings, Kirk-Othmer Encyclopedis of Chemical Technology*, vol. 4, 4th edn. (Wiley, New York, 1992), p. 523
35. I.G. Zedgindze, *Experimental Design for Investigation of Multicomponent Systems* (Nauka, Moscow, 1976), p. 390
36. J.A. Cornell, *Experimental Design with Mixtures: Design, Models, and the Analysis of Mixture Data*, 2nd edn. (Wiley, New York, 1990)
37. D.C. Montgomery, *Design and Analysis of Experiments*, 3rd edn. (Wiley, New York, 1991)
38. V.I. Kolesnikov, V.P. Sergienko, V.V. Zhuk, V.A. Savonchik, S.N. Bukharov, Friction joints: investigation of tribological phenomena in nonstationary processes and some optimizing solutions. *Proceedings of 7-th International Symposium on Friction Products and Materials.* Yaroslavl, 9–11 Sept 2008, pp. 25–33
39. V.P. Sergienko, S.N. Bukharov, Noise and Vibration in Frictional Joints of Machines. Tribologia **217**(1), 129–137 (2008)
40. V.P. Sergienko, N.K. Myshkin, S.N. Bukharov, O.S. Yarosh, Investigations of the effect of friction material composition on vibroacoustic activity of tribojoints, in *Proceedings of International Science Conferences Actual Problems of Tribology*. Samara (Russia), 6–8 June 2007 pp. 266–278
41. V.P. Sergienko, S.N. Bukharov, A.V. Kupreev, A study of the influence of structure of composite materials on the vibration of frictional pairs, in *Proceedings of 10th International Conferences on Tribology*. Kragujevac, Serbia, 19–21 June 2007, pp. 85–88
42. V.P. Sergienko, Frictional materials with a polymer matrix: research directions and results attained. Tribologia 5(202), 31–40 (2005)
43. V.P. Sergienko, S.N. Bukharov, Formula and structure effect of frictional materials on their damping properties and NVH performance of friction joints. *SAE Paper*, 2009-01-3016
44. V.I. Kolesnikov, V.P. Sergienko, S.N. Sychev, S.N. Bukharov, Optimization of dynamic characteristics of friction materials and their role in friction-induced noise generation. Bull. S. Cent. RAN **5**(4), 3–14 (2009)
45. V.P. Sergienko, S.N. Bukharov, Materials science approach to reduce vibration and noise in the non-stationary friction processes, in *Proceedings of 8-th International Symposium on Friction Products and Materials*. Yaroslavl, 28–30 Sept 2010, pp. 81–86
46. V.P. Sergienko, S.N. Bukharov, Vibroacoustic activity of tribopairs depending on dynamic characteristics of their materials. Mech. Mach. Mech. Mater. **9**(4), 27–33 (2009)
47. J.R. Barber, Thermoelastic instabilities in the sliding of conforming solids. Proc. Royal Soc. Ser. A **312**, 381–394 (1969)
48. T. Hodges, Development of refined friction materials, in *Proceedings of 5th International Symposium of Friction Products and Materials*, Yaroslavl, 2003, pp. 203–208
49. H. Inoue, Analysis of brake judder caused by thermal deformation of brake disc rotors, in

*Proceedings of 21st FISITA Congress*, Belgrade, 1986, pp. 213–219, paper 865131

50. T.K. Kao, J.W. Richmond, M.W. Moore, The application of predictive techniques to study thermo-elastic instability of brakes. *SAE Paper*, 942087 (1994)

51. T. Steffen, R. Bruns, Hotspotsbildung bei PkwBremsscheiben. Automobiltechnische Zeitschrift **100**, 408–413 (1998)

52. S. Koetniyom, P.C. Brooks, D.C. Barton, Finite element prediction of inelastic strain accumulation in castiron brake rotors, in *Proceedings of International Conferences on Automotive Braking*. Technologies for the 21st Century, Brakes 2000, pp. 139–148

53. Thermal Judder. *Eurac technical bulletin* 00034056. [Electronic resource]—Mode of access: www.eurac-group.com/documents/thermaljudder.doc

54. S. Gassman, H.G. Engel, Excitation and transfer mechanism of brake judder. *SAE Paper*, 931880, (1993)

55. M.D. Hudson, R.L. Ruhl, Ventilated brake rotor air flow investigation. *SAE Paper*, 971033, (1997)

56. M. Donley, D. Riesland, Brake Groan Simulation for a McPherson Strut Type Suspension. *SAE Paper*, 2003-01-1627 (2003)

57. D.G. Grieve, D.C. Barton, D.A. Crolla, J.K. Buckingham, Design of a lightweight automotive brake disc using finite element and Taguchi techniques. Proc. Instn Mech. Eng. Part D: J. Automobile Eng. **212**, 245–254 (1998)

58. R. Krupka, A. Kienzle, Fiber reinforced ceramic composite for brake discs. *SAE Paper*, 2000-01-2761, (2000)

59. R.H. Martin, S. Bowron, Composite materials in transport friction applications, in *Brakes 2000, International Conference on Automotive Braking—Technologies for the 21st Century*, London, 2000, pp. 207–216

60. K. Augsburg, H. Brunner, J. Grochowicz, Untersuchungen zum Rubbelverhalten von Pkw-Schwimmsattelbremser. Automobiltechnische Zeitschrift 101 (1999)

61. R. Avilés, G. Hennequet, A. Hernández, L.I. Llorente, Low frequency vibrations in disc brakes at high car speed. Part I: experimental approach. Int. J. Veh. Des. **16**(6) 542–555 (1995)

62. A. De Vries, M. Wagner, The Brake Judder Phenomenon. *SAE Paper*, 920554 (1992)

63. P.C. Brooks, D. Barton, D.A. Crolla, A.M. Lang, D.R. Schafer, A study of disc brake judder using a fully coupled thermo-mechanical finite element model, in *Proceedings of 25th FISITA Congress*, Beijing, 1994, pp. 340–349

64. T.K. Kao, J.W. Richmond, A. Douarre, Brake disc hot spotting and thermal judder: an experimental and finite element study. Int. J. Veh. Des. **23**(3/4), 276–296 (2000)

65. B.B. Palmer, M.H. Weintraub, The role of engineered cashew particles on performance, in *Proceedings of International Conferences on Automotive Braking. Technologies for the 21st Century*, Brakes 2000, pp. 185–195

66. J.W. Richmond, T.K. Kao, M.W. Moore, The Development of Computational Analysis Techniques for Disc Brake Pad Design, in *Advances in Automotive Braking Technology*, ed. by D.C. Barton (MEP Ltd., London and Bury St. Edmunds, 1996), p. 158

67. D. Eggleston, Cold judder. *Eurac Techical Bulletin* 00029711 [Electronic resource]—1999. Mode of access: http://www.eurac-group.com. Date of access: 07 March 2012

68. S. Kim, S. Lee, B. Park, S. Rhee, A Comprehensive Study of Humidity Effects on Friction, Pad Wear, Disc Wear, DTV, Brake Noise and Physical Properties of Pads. *SAE Paper*, 2011-01-2371 (2011)

69. A. Wirth, R. Whitaker, An energy dispersive x-ray and imaging x-ray photoelectron spectroscopical study of transfer film chemistry and its influence on friction coefficient. Phys. J. D Appl. Phys. **25**, A38–A43 (1992)

70. A. Wirth, K. Stone, R. Whitaker, A study of the relationship between transfer film chemistry and friction performance in automotive braking systems. *SAE Paper* 922541 (1992)

71. A. Wirth, R. Whitaker, S. Turners, G. Fixter, X-ray photoelectron spectroscopy characterisation of third body layers formed during automotive friction braking. J. Electron Spectrosc. Relat. Phenom. **68**, 675–683 (1994)

72. A. Wirth, D. Eggleston, R. Whitaker, A fundamental tribochemical study of the third-body layer formed during automotive friction braking. Wear **179**, 75–81 (1994)

73. V.V. Klubovich (ed.), *Actual Problems in Strength* (UO VGTUU Publ., Vitebsk, 2010), p. 435

74. Yu.M Pleskachevsky, V.V. Smirnov, V.M. Makarenko, *Introduction in the radiation materials science of polymeric materials* (Nauka i Tekhnika, Minsk, 1991), p. 191

75. Yu.I Voronezhtsev, V.A. Goldade, L.S. Pinchuk, V.V. Snezhkov, *Electric and magnetic fields in the technology of polymer composites* (Nauka i Tekhnika, Minsk, 1990), p. 263

76. A.G. Anisovich, E.I. Marukovich, T.N. Abramenko, Variations in the heat state of diamagnetic metals under the effect of magnetic field. Bull. RAS Ser. Met. 6, 108–110 (2003)

77. H.G. Anisovich, Method of nonthermal changing the structure of nonferromagnetic metals and nonmetallic phases, in *Proceedings of Korea-Eurasian Seminar, Seoul*, November 2008. pp. 166–171

78. V.V. Azharonok, I.I. Filatova, I.V. Voshchula, V.A. Dlugunovich et al., Variation of optical properties of paper under the effect of magnetic component of the HF magnetic field. J. Appl. Spectro. **74**(4), 421–426 (2007)

79. A.Yu. Persidskaya, I.R. Kuzeev, V.A. Antipin, The effect of impulse magnetic field on mechanical properties of polymeric fibers. Chem. Phys. **21**(2), 90–93 (2002)

# 第8章　噪声和振动对人类生理
# 方面的影响及其标准

众所周知,较高的噪声和振动等级会对人类机体产生不良影响。从物理学角度来看,噪声和振动之间没有本质的区别,其差异主要体现在人类对该现象的感知方式。振动通过触觉及前庭器官加以感知,而噪声则是通过听觉器官。低于20Hz的机械体振荡表现为振动感;高于20Hz的振动,随着频率的提高则被认为是噪声现象。因而,低频直线振荡(低于15Hz)能够通过静态视觉器官感知到,旋转振荡则可以通过内耳前庭器官感知。与振动体直接接触时,可以通过皮肤神经末梢感知振动。本章针对噪声与振动作用下人类的生理反应及相关标准问题进行了阐述。

## 8.1　噪声对人体的影响

从生理学角度来看,噪声通常在很多方面被认为是一种消极的、对健康有害的因素。

强烈的噪声(大于80dBA)会导致部分或全部的听力损失。人类听觉器官的敏感度会受到噪声持续时间及强度的影响而成比例降低,最终表现为一个暂时性的听阈切变,这种情况通常能够随着噪声的停止而恢复。如果噪声持续时间较长且具有一定强度,就可能会导致不可逆的听力损失(听觉减退),其主要特征为听阈的永久改变。

在工厂中,我们经常会遇到为了掩盖噪声而影响可听度的情况。在某些企业中,隔声等级有时设置过高,这会导致很难听到声音信号或说话声。在工艺过程中,维持嘈杂制造环境下的可听度以保证人员间的交流及安全是非常关键的。同时,需要注意的是,无法交谈也会对人员精神产生不良影响。

图8.1给出了噪声干扰下的语音识别能力变化曲线。当干扰水平为20dB时,语音识别能力未受影响,但会随着干扰等级的提高逐渐受到削弱。识别能力为初始值的75%时(对应干扰水平40dB)仍然可以接受。大于45dB的遮蔽噪声会严重削弱语音可识别性,75dB以上则会变得难以辨别。

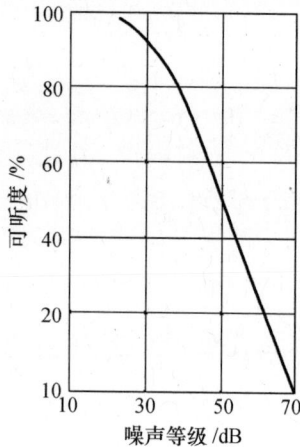

图 8.1　可听度与噪声之间的关系[1]

尽管人耳能够在嘈杂环境下长时间承受各种功能性障碍,但过度的刺激因素累加起来最终会对听觉器官造成伤害。

在嘈杂环境中工作的人员,其听力损害程度取决于噪声强度与频率。使听觉器官感到疲劳的最小负荷与所感知到的声音频率有关。听觉损伤程度可以通过不同频率下听阈的变化来定量表示。声音频率在2000~4000Hz范围内,其疲劳效应的起始值为80dB,当频率为5000~6000Hz时,其起始值为60dB。通常,我们缺乏噪声影响之前的听力测试数据,因此听力损伤程度需要采用阈值进行估计。人能够听到交谈的最小听阈已经具有相关衡量标准。

听觉疲劳应当被看作是听力损失或耳聋的早期预警。听觉器官疾病的症状包括头痛、耳鸣,有时会失去平衡和呕吐。随着听力的丧失,耳膜发生增厚和轻微的扩张,并使耳蜗内听觉神经末梢发生异常变化。同时,由于调节耳营养的皮层下听觉中心过度紧张,也会影响到感官细胞的营养供应。

今天,我们已经能够估计出大于80dB的生产噪声对人耳造成影响的合理位置。听觉器官损伤程度取决于声级、持续时间以及人员个体的耐受度。

医学统计数据表明,听觉迟钝近期已经占据职业病的榜首,其发病率始终居高不下[2,3]。

暴露在噪声当中的不仅仅只有耳朵。噪声的刺激会通过听觉神经组织传导至中枢及植物神经系统,对机体内部造成影响并导致功能紊乱。精神状态受到伤害后可以表现为焦虑和易怒。即使噪声等级足够低(40~70dBA),也会对暴露在其中的植物神经造成显著影响,这与个人的主观感受无关。由于皮肤和黏膜毛细血管收缩以及动脉张力的增加(超过85dBA),多数植物神经系统反应表现为外周血循环障碍。植物神经系统反应与噪声之间具有显著的相关性,与之相比,人类的心理则没有这样的一致性。30dBA 的噪声就能够引起人类心理反应的变化,其有害程度在心理评价中的决定因素取决于个体感知。声级和频率的提高或频带范围的缩小都会增加心理负担。

中枢神经系统暴露在噪声中会增加视觉运动反应时间,干扰神经传导过程,导致脑电图数据变化,扰乱大脑活动并使机体功能产生显著变化。50~60dBA 的噪声会使脑电位产生实质上的变化并导致脑结构生物化学性质的改变。

脉动和不规则噪声会加剧其影响,在听力损失出现之前,中枢及植物神经系统就会在较低的声级下产生功能状态的变化。

噪声病具有复杂的临床症状,其具体表征包括听力损伤、胃酸降低所致的消化不良、心血管功能下降以及内分泌失调。

长期在噪声环境下工作的人员会受到以下困扰:烦躁易怒、头痛、眩晕、健忘、容易疲劳、食欲不振、耳痛等。上述器官和系统失调可能会对人的精神状态产生消极影响甚至产生应激性。噪声接触会降低注意力、扰乱生理功能、导致由代谢率增加和精神紧张而产生的疲劳、语音不清。以上因素会降低工作效率、产品质量及职业安全。图8.2 给出了一个工作日当中平均噪声等级与劳动生产率之间的函数变化关系。对于需要高度注意力的工作,当噪声等级从 70dBA 增加到 100dBA 时,生产率下降了 30%,因此,产品利润也相应减少。事实证明,嘈杂生产场所工人的总患病率也偏高 10%~15%。从噪声作用于整个有机体的观点出发,已经提出了以下假说:平均声级低于 80dBA 的噪声也许不会对听力造成损伤,但是它所带来的疲劳效果与劳动强度的影响相类似。因此,应当将噪声影响视为工作方式和劳动量的一部分,它们同时作用于整个人类有机体并具有叠加效应,如某些现场操作人员即是如此[4]。

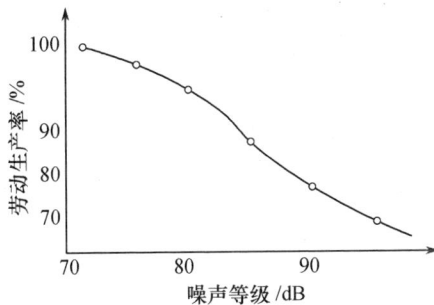

图 8.2 劳动生产率与噪声等级之间的关系

文献[4]当中提出了噪声接触等效于精神负担的观点。作者首先假定了中等音量噪声对神经系统的直接和间接影响,并考虑到声级变化 10dBA 时所对应的音量变化2倍。该思想已由社会学及卫生学的研究所证实,生理学及临床医学方法也能够证明相同的观点。该思想为相关技术规范及法律行为的制定打下了基础,从而能够在考虑劳动强度的条件下限制工作场所的噪声等级。

## 8.2 振动对人体的影响

振动是一种剧烈的生理活动。不同功能系统的生理异常行为、趋势以及程度取决于振动等级、谱结构以及人体生理特征。在这些反应的产生过程中,前庭、视觉、皮肤及其他分析器官扮演了重要角色。振动可能会导致心脏活动失调、神经系统紊乱、血管痉挛、关节变化甚至行动不便。长期接触振动能够造成机体的顽固性病变。对上述病理过程的深入分析奠定了与之相联系的一种单独的职业病研究的基础,在疾病分类学中称为振动病。该疾病只有在早期才能够进行有效治疗。因此,一个众所周知的事实是:通常,机体内部所发生的不可逆改变会导致残疾。

我们同样不能忽视人体的生物化学特征在振动主观感受中的重要作用,它包括了接触面物理现象的影响、振动在组织中的传播、器官和组织的直接反应以及由于机械感受器受到刺激而产生的受体与主观反应。

现在我们已经有大量的实验及临床证据证明,中枢神经系统(CNS)对振动环境中的人体神经肌肉器官功能变化具有调节作用。这些研究证实,由接触振动而引发的运动功能障碍可能是由于中枢神经系统的调节作用受到干扰而对肌肉造成直接影响的结果。影响作用的扩散大体上可以归因于脊髓结构的变化,然而,肌肉局部的变化更多地表现为明显的直接损伤。调节周围血管状态的交感神经系统以及主导振动触觉的周围神经系统对局部振动尤为敏感。

血管病变首先与振动参数有关。当振动频率超过35Hz时会发生血管痉挛现象,低于这一频率则主要造成毛细血管张力降低或呈现痉挛－松弛状态。35～250Hz频率范围内的振动最容易造成血管痉挛的危险。

振动可能会直接影响性能或间接降低效率。有些研究者认为,振动是影响人类神经运动功能、情感以及心理活动的一种应激因子,会增加紧急状况发生的可能性。

区分局部或全身振动取决于身体的哪个部分受到机械振动的作用。发生局部振动时,只有身体的一部分接触到振动表面,例如用手抓住某些工具、振动物体或机械零件。有时,振动会通过相连的关节传递到身体的其他部分,由于振动在人体组织特别是软组织中会逐渐衰减,因此,这部分振动幅值较小。全身振动能够在人的整个身体中传播,其来源通常为工人所处工作平面(地板、椅子、振动台等)的振动。

振动属于前庭刺激的一种,能够干扰时间感知和判断、降低信息处理效率。通过一系列研究已经证明,低频振动会破坏协调性,这种情况在 4 ~ 11Hz 频率范围内能够观察到最为明显的变化。

振动病居于职业病发病率的前列。造成这种现象的原因在于广泛使用了不符合卫生规范的便携式电动工具。由于劳动专业化程度的快速发展,工人可能会受到持续的振动作用。振动疾病的风险随着振动时间和强度的增加而增加,而个体敏感程度在其中具有关键作用。噪声、寒冷、疲劳、肌肉拉伤、酒精中毒等因素会加剧振动的不良影响。

局部振动引起的振动病主要表现为手部疼痛(多发于夜间)、手指苍白(寒冷天气下)、体弱多病、脾气急躁,也可能出现心脏疼痛,其主要临床症状是周围血管循环障碍。发病初期,血管紊乱现象主要发生在所受振动更为剧烈的一侧手臂中。随着病程的发展,这一过程不仅会蔓延到另一只手臂的血管,也会扩散到足部、心脏以及大脑等位置。该疾病通常伴随着手部和足部的疼痛并对感知造成干扰,随着手脚皮肤温度的下降,疼痛感会变得非常强烈。随着时间的推移和病情的加重,对病人的影响也会加剧,从而导致内分泌、内部器官和代谢过程紊乱。高振幅振动会影响肌肉、韧带和骨骼,使患者感到虚弱、易疲劳、脾气暴躁、头痛以及失眠。

相比于局部振动,受到全身振动时可能会导致脑神经紊乱等临床症状。这严重影响了前庭器官,从而引起头疼和头晕。其病理过程按照病情程度可以分为 4 个阶段:Ⅰ - 早期、Ⅱ - 中期、Ⅲ - 显著期、Ⅳ - 扩散期(非常少见)。对应上述阶段,该病具有以下显著症状:血管张力障碍、血管痉挛、前庭错觉、多发性神经炎。

低频全身振动,特别是发生共振的情况,可能会导致椎间软骨和骨组织永久性损伤、腹腔器官移位、胃肠运动变化、腰部疼痛等,也可能引起脊柱的退行性改变、慢性腰骶神经根炎和慢性胃炎。

# 8.3　噪声与振动的标准化

为了限定噪声和振动的大小,根据噪声和振动特性制定具有科学依据的规范是至关重要的,这也就是噪声和振动的标准化。我们需要区分两种类型的标准化,即卫生规范(为工作和娱乐场所的噪声特性设定标准)和技术规范(对各种机器所产生噪声和振动等级的允许范围加以限制)。卫生规范限制了一般情况下噪声对人的影响,而不受噪声源特性和量级的限制。技术标规范是根据机器的用途和操作条件而定的。因此,在这一方面至今还没有关于噪声和振动的任何统一的技术规范。

在很多情况下,针对某些生产活动或产生噪声和振动的机器已经制定了相关卫生和技术规范,但这些规范之间有着根本的区别(如文献[5-8]中所述)。国际标准化组织(ISO)建议使用一族有限谱对噪声进行标准化。这些谱线考虑到了人类听觉器官的等音量曲线(图3.1)的变化情况(图8.3)。

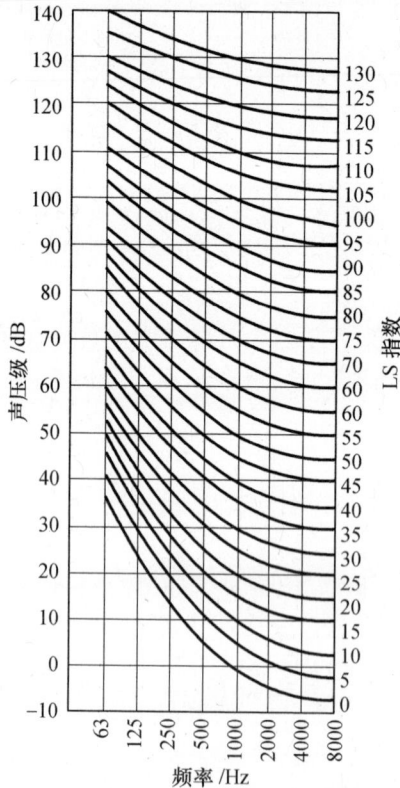

图 8.3 ISO 建议采用的有限噪声谱

采用有限谱进行标准化要求对标准倍频程中以分贝为单位测量的噪声频谱值不超过给定的有限谱值(有限谱数定义为倍频带中点 1kHz 处的谱值)。在某些情况下,建议通过限制 dBA 尺度中的整体噪声等级对使用有限谱的标准化过程加以补充。

需要指出的是,有时关于噪声的分支规范并不仅仅限于 LS 和 dBA 标准,而是表现出相当复杂的特性(如民用航空噪声规范[8,9])。

近期,对于超声及次声频率范围内的振动规范已经实现了标准化[10]。

为了估计振动对人体健康、舒适性和灵敏度的影响,与噪声相似,整个频率范围被细分为若干主要范围。振动等级并不是在所有频率范围进行测量,而是仅在倍频程和 1/3 倍频程的某些频带(间隔)中测量。倍频程中上下限频率之比 $f_\beta/f_\text{н} = 2$,1/3 倍频程为 $\sqrt[3]{2}$。从振动速度和加速度参数出发,能够对振动进行标准化处理。需要记住的是,振动参数的绝对值会在很宽的范围内变化,因此,在实践中引入振动速度和振动加速度参数等级的概念是非常方便的。

振动等级的容许范围与振动频率及类型有关。人类对低频振动(2 ~ 100Hz)的感知阈所对应的振动加速度值为 0.05 ~ 0.1m/s²。当振动加速度值达到 3 ~ 4m/s² 时即认为超过容许范围[11]。

俄罗斯国家标准 GOST12.1.012 – 2004 中根据振动在人体中的传播方式细分为两类:通过支撑面传递的全身振动;主要通过手臂传递的局部振动。振动沿着正交坐标系的轴线作用,对于全身振动,$Z$ 为垂直轴且垂直于支承面;$X$ 为水平轴,方向由背部指向胸部;水平轴 $Y$ 由右侧肩膀指向左侧肩膀[12]。在局部振动中,$X$ 轴与包络线重合,$Z$ 轴位于 $X$ 平面上,指向进给或力的作用方向(图8.4)。

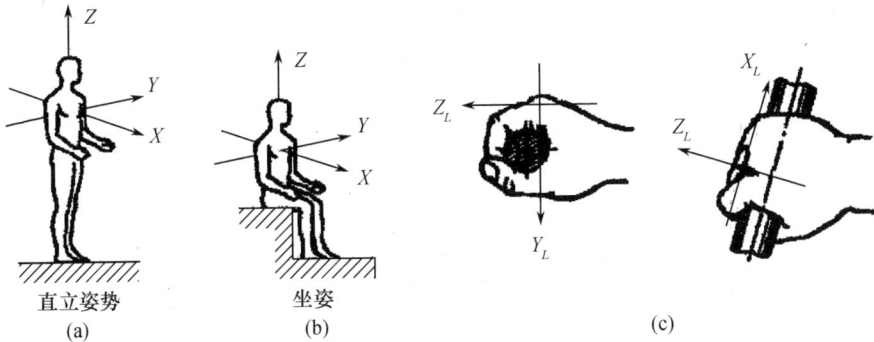

直立姿势 (a)   坐姿 (b)   (c)

图 8.4  整体((a)、(b))及局部(c)振动的
坐标方向(局部振动中球面及圆柱面上的手部姿势)
$Z$—与平面正交的垂直轴;$X$—由脊柱指向胸部的水平轴;$Y$—由右肩指向左肩的水平轴。

现在,我们可以区分 6 种类型的全身振动。根据振源可以分为车辆运动过程中所产生的运输振动、机器在工作过程中所产生的输送及工作振动、固定设备运行过程中出现的工作振动或传递到工作现场的不明来源振动。其中第 3 类全身振动可以细分为以下类型。

(1) 生产部门中的特定工作场所。

(2) 工作场所中的仓库、食堂、宿舍及没有振动机器的工作室或操作间。

211

（3）工作场所中的行政办公室、设计室、实验室、培训教室、微机室、卫生部门、办公室、工作室及其他脑力劳动者的工作地点。

对于各个方向上的整体振动，可以在以下频段处进行标准化：0.8Hz，1.0Hz，1.25Hz，1.6Hz，2.0Hz，2.5Hz，3.15Hz，4.0Hz，5.0Hz，6.3Hz，…，80.0Hz。通常选择强度最大的振动方向作为标准。

对于局部振动影响也有相关规范，如针对操作手持机械工具的工人等。相比于整体振动，局部振动规范所涉及的频率范围更宽：8Hz，16Hz，31.5Hz，63Hz，125Hz，250Hz，500Hz，1000Hz[11]。

随着噪声与振动的日趋增强，相关规范也在不断进行修订。

# 参 考 文 献

1. S.P. Alekseev, A.M. Kazakov, N.N. Kolotilov, *Noise and Vibration Abatement in Mechanical Engineering* (Mashinostroenie, Moscow, 1970), p. 208
2. E. Andreeva–Galanina, S. Alekseev et al. (eds.), *Noise and Noise Disease* (Meditzina, Leningrad, 1972), p. 303
3. E.N. Ilkaeva, A.D. Volgareva, E.R. Shaihlislamova, Estimation of the probability of the occupational hearing disorder formation for the operators subjected to industrial noise. Labor Med. Ind. Ecol. **9,** 27–30 (2008)
4. G.A. Suvorov, L.N. Shkarinov, E.I. Denisov, V.G. Ovakimov, Theoretical bases of hygienic normalizing of noise. Bull. AMS USSR 1, 62–66 (1981)
5. Noise in the jobsites, motor vehicles, residential and public buildings, and on the territory of apartment blocks: Sanitary regulations and norms (SanPiN) of Nov. 16, 20111, No. 15, Minsk, Rep. Center of Hygiene, epidemiology and public health, p. 22 (2011)
6. Acoustics. Description, measurement and estimation of ambient noise. Part 1. The main units and evaluation methods. ISO/R 1996:1971; [Electronic resource] (2012), http://www.iso.org/iso/catalogue_detail?csnumber=28633. Accessed 21 March 2012
7. Acoustics. Description, measurement and estimation of ambient noise. Part 2. ISO 1996-2:2007. Determination of amvient noise levels. [Electronic resource] (2012), http://www.iso.org/iso/catalogue_detail?csnumber=41860. Accessed 21 March 2012
8. A.G. Munin, V.E. Kvitka (eds.), *Aviation Acoustics* (Mashinostroenie, Moscow, 1973), 446p
9. A.M. Mhitaryan (ed.), *Noise Reduction of Jet Airplanes* (Mashinostroenie, Moscow, 1975), p. 264
10 E.Y.Yudin (ed.), *Noise abatement in industry.* (Mashinostroenie, Moscow, 1985), p. 400
11. Industrial vibration, vibration in apartment and public buildings. SanPiN 2.2.4/2.1.8.10-33-2002. Minsk, Republican Center of Hygiene, Epidemiology and Public Health, p. 22 (2002)
12. Vibration safety. General requirements. State Standard GOST 12.1.012-90, Moscow, Standartinform, p. 20 (2004)

# 第9章 结 论

本书分析了非平稳摩擦过程中声振现象的研究成果,从现代摩擦学的角度阐明了摩擦系统中的噪声与振动产生的机理。介绍了制动器噪声研究的解析、数值、设计以及实验方法,并从获得合适的设计模型方面对其中的不足进行了分析。本书同样考虑了利用设计方法对摩擦接头的声振行为进行预报所能得到的结果。

近年来,模拟低频振动的各种设计方法与实验结果之间往往不能进行有效匹配。因此,在低频振动领域仅对所关注的模拟方法进行了概述。同时,研究预测制动系统高频声振现象的设计方法则已经越来越普遍。为避免设计失误所造成的高昂代价,设计方法的实现源于对各种结构变体可能性的尝试,以及对它们的声振参数所进行的优化,

在第5章和第6章中强调了阻尼方法、不稳定摩擦源消除方法以及相关摩擦连接的声振行为等内容。这些方法主要可以分为两大类:与改善摩擦连接的摩擦及黏弹性特性有关的基于材料科学的方法;摩擦单元整体动力学特性设计与优化方法。摩擦导致的自激振动所能削弱的程度取决于上述两类方法在摩擦连接设计中的应用,但若要彻底消除,则只能依赖于前者。

在这一方面,开发众多新型摩擦材料并使其在正常工作温度及滑动速度范围内具有理想的热物理学、静/动力学和阻尼特性以及稳定的摩擦系数无疑是减轻制动系统噪声和振动的最有发展前途的方向之一。

本书总结了摩擦材料及其声振测试流程的有关信息。书中强调了解决摩擦连接噪声与振动问题的必要性,由此提出了基于聚合物基底的摩擦复合材料结构与组成优化的关键问题。

对于摩擦材料科学而言,不仅仅存在上述未解决的问题。在开发具有良好声振特性的摩擦复合材料过程中需经历一个高成本时期,在此期间需要在很宽的工作温度范围内对众多材料参数进行检定和优化。例如,在初始设计阶段,主要特性(摩擦和磨损)会通过实验室和台架实验进行优化。但只有在台架实验和运行实验末期,才可以得到能够说明摩擦材料是否容易产生噪声和振动的真实数据。

对于理论分析而言,其难点在于复合材料方程的复杂性以及摩擦磨损参数对材料成分变化的敏感性。在实际工程中,我们通常会进行大量的实验研究,利用实践经验得到所需的理想结果。此外,现在并没有任何通用的材料构成方法能够满足所有的材料特性,同时,也没有方法能够在不破坏其他特性的前提下对其中某一种特性进行控制。

在改变复合材料性质和结构方面(如类似复合物及其成分的高能物理效应)寻求新的方法和手段是未来研究中的一个新挑战。

作者并没有对有关摩擦连接的振动声学行为问题进行详尽阐述。受科学兴趣范围的限制,本书仅致力于描述作者所关注的方法。对某些有争议的观点提出批评是合理的,因此,我们期待着读者对本书中所谈及的本质问题进行评论并提出质询。